现代传感器
原理与应用

王立勇　贾然　陈涛 ◎等编著

XIANDAI CHUANGANQI
YUANLI YU YINGYONG

U0231621

内容简介

《现代传感器原理与应用》依托北京信息科技大学的研究生课程建设，结合国内现代测控技术专业的本科及研究生教学与教材的实际使用情况编写而成。全书系统、全面地介绍现代传感器的原理及典型应用，共分八章，内容包括传感器技术的基础知识、现代工业常用传感器及其选用、新型传感技术及智能传感器等，最后四章用较大篇幅阐述了现代传感技术在关键领域的应用，如在工业自动化、数字孪生、物联网、无人车等方向的应用，其中包含了智能制造、工业机器人、环境监测、环境感知等新兴方向。全书理论与实践相结合，对读者有一定的指导作用。

本书可以作为高等院校机械工程、车辆工程、测控技术、机械电子、电子信息工程、自动化等专业的教材，也可作为传感器、检测技术、设备维修等相关专业工程技术人员的专业参考书。

图书在版编目（CIP）数据

现代传感器原理与应用/王立勇等编著. —北京：化学工业出版社，2023.12

ISBN 978-7-122-44064-8

Ⅰ．①现… Ⅱ．①王… Ⅲ．①传感器 Ⅳ．①TP212

中国国家版本馆 CIP 数据核字（2023）第 161389 号

责任编辑：雷桐辉
文字编辑：郑云海
责任校对：边 涛
装帧设计：王晓宇

出版发行：化学工业出版社
　　　　　（北京市东城区青年湖南街 13 号　邮政编码 100011）
印　　装：中煤（北京）印务有限公司
787mm×1092mm　1/16　印张 15¼　字数 373 千字
2024 年 1 月北京第 1 版第 1 次印刷

购书咨询：010-64518888
售后服务：010-64518899
网　　址：http://www.cip.com.cn
凡购买本书，如有缺损质量问题，本社销售中心负责调换。

定　　价：98.00 元

编写人员名单

王立勇　贾　然　陈　涛　唐长亮　马　超

吴健鹏　籍永建　苏清华　周福强

前言
PREFACE

为适应信息时代发展，加快复合型、创新型人才培养，促进新一轮科技革命与产业变革，国家陆续推出创新发展战略、科教强国战略和新工科发展等一系列战略举措。机电装备智能测控与运维技术是机械工程学科的新兴发展方向，相关行业对此类人才的需求十分迫切。现代传感技术作为智能测控与装备领域的核心技术之一，已经渗透到科学研究、工程实践和日常生活的各个方面。随着 5G 技术的普及与应用，物联网、智能汽车、新能源技术、智能电网等行业蓬勃发展，现代传感技术作为智能制造的重要支撑，对我国未来智能制造技术发展起着至关重要的作用。

从当前传感技术的教学现状来看，存在课堂教学重理论轻应用，重单元检测、电路讲解，轻综合应用、案例分析，课程实验设置覆盖面小等问题。由于传感器原理枯燥，传感器测量涉及电路分析及综合知识的应用，相对抽象、不够直观，导致学生灵活应用传感器的能力相对欠缺，传感器综合应用的设计能力更是不足。编者在多年教学和科研实践的基础上，编写了《现代传感器原理与应用》一书，本书在编写过程中紧密结合现代传感技术教学改革和课程建设，强调案例教学和学生实际动手实践，注重教学内容理论联系实际。本书参考了国内外相关教材和学术研究成果，在系统阐述传感技术基础理论的同时，将现代传感技术的实际典型应用贯穿始终。

本书内容包括传感技术的基础知识，现代工业常用温度、压力、流量等传感器的特性及应用，新型传感技术及智能传感器，现代传感技术在工业自动化、数字孪生、物联网及无人车中的应用等内容。本书可以作为高等院校机械工程、车辆工程、测控技术、机械电子、电子信息工程、自动化等专业的教材，也可以作为从事传感器、检测技术、设备运维等相关工程技术人员的专业参考书。

本书由北京信息科技大学机电系统测控北京市重点实验室王立勇、贾然、陈涛、唐长亮、马超、吴健鹏、籍永建、苏清华、周福强编写，北京理工大学马彪教授、北京化工大学王华庆教授和北京工业大学崔玲丽教授审阅了全稿，并提出了许多宝贵的意见和建议。本书受到北京信息科技大学研究生课程建设项目的资助。在编写中参考并引用了许多专家、学者的教材和论著，在此向各位文献作者表示感谢！

现代传感技术是多学科交叉知识的综合，内容丰富，应用广泛且发展迅速，由于编者水平有限，书中疏漏之处在所难免，敬请读者批评指正。

编著者

目 录
CONTENTS

第7章 现代传感技术在物联网中的应用

第 **1** 章

绪 论

1.1 传感器概论

1.1.1 传感器介绍

在自然世界的发展历程当中，人类逐渐形成了通过视觉、听觉、嗅觉、味觉、触觉来感受外界信息，并通过大脑的思维对外界信息进行处理，最终控制肢体做出相应动作的机制。在机械装备及工业系统中，以计算机控制的自动化装备正在快速发展，并将逐步代替人的劳动。在此过程中，电子计算机相当于人的大脑，可实现对各类信息的分析、处理并制定决策；而传感器则相当于人的感官，实现对各类信息的采集，如图 1-1 所示。

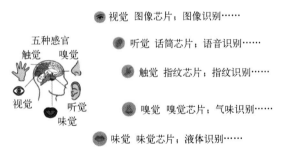

图 1-1　人类感官与传感器

电子计算机作为人脑的一种模拟，发展极为迅速，但是起五种感觉作用的传感技术的发展却相对缓慢。如果不进行传感技术的研发，现在的自动控制系统将处于一种无法适应实际需要的状态。如同为了更好地将体力劳动和脑力劳动进行协调一样，先进的自动化、智能化的控制系统也要求传感器、计算机和执行器三者相互协调发展。传感器作为获取自然领域中信息的重要途径与手段，逐渐被视为现代科学的中枢神经系统。因此，研究先进的传感原理及技术已日益受到人们的普遍重视，也逐渐成为现代科学技术发展体系中不可或缺的关键研究内容，如图 1-2 所示。

传感技术是现代科技的前沿技术，许多国家已将传感技术与通信技术和计算机技术列为同等重要的位置，并称之为信息技术的三大支柱。目前，敏感元器件与传感器在工业部门的应用普及率已被国际社会作为衡量一个国家智能化、数字化、网络化程度的重要标志。

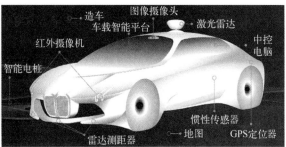

图 1-2 先进传感技术

传感技术作为一种与现代科学密切相关的新兴学科，正迅速发展，并且被越来越广泛地应用在工业自动化、军事国防、宇宙开发、海洋开发等尖端科学与工程的重要领域。同时，传感技术也以自己的巨大潜力，向着与人们生活密切相关的方方面面渗透。目前，在生物工程、医疗卫生、环境保护、安全防范、家用电器、网络家居（图 1-3）等方面的传感器已层出不穷，并在日新月异地发展。

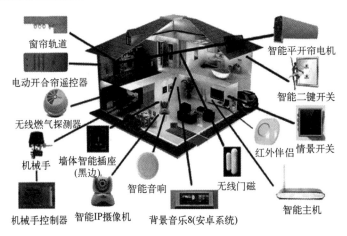

图 1-3 生活中的传感器应用案例

1.1.2 传感器的定义

传感器（sensor）也被称为换能器或变送器（transducer），近年国际上多采用"sensor"一词。我国国家标准《传感器通用术语》中定义：传感器是能感受规定的被测量并按一定规律将其转换为有用信号的器件或装置。国际电工委员会 IEC 的定义为：传感器是测量系统中的一种前置部件，它将输入变量转换成可供测量的信号。传感器一般利用物理定律和物质的物理、化学或生物特性，将非电量（如位移、速度、加速度、力等）转换成电量（电压、电流、电容、电阻等），并以一定的精度在被测量与转换得到的电信号间建立确定的对应关系。

传感器作为一种常见的检测装置能够感知和测量外界信息，是实现信息采集不可或缺的基础元件，也是实现信息传输、处理、存储、显示、记录和控制等目标的首要环节。传感器的核心价值在于将被测量以某种信号（一般为电信号）的形式进行准确显示和表征。由于不同种类传感器功能的广泛性以及检测性能的灵敏性，使得物理世界中大量难以或无法直接观测的信息得以被检测和采集，极大提高了人类认知世界的能力。

传感器的定义主要包含以下几方面：

① 传感器是测量装置，能完成检测任务；

② 其输入量是某一被测量，可能是物理量，也可能是化学量、生物量等；

③ 其输出量是某种物理量，这种量要便于传输、转换、处理、显示等，这种量可以是气、光、电量，但主要是电量；

④ 输入量与输出量之间存在特定的对应关系，且应有一定的精度。

1.1.3 传感器的地位

传感器是信息采集系统的首要部件，它既是现代信息技术系统的源头或"感官"，又是信息社会赖以存在和发展的物质与技术基础。如果没有高度保真和性能可靠的传感器、没有先进的传感技术，那么信息的准确获得和精密检测就成了一句空话，通信技术和计算机技术也就成了无源之水，现代测量与自动化技术亦会如此。因此研究、发展与应用传感器及传感技术是信息化时代的必然要求。

（1）传感器的国际地位

当今，随着各类社会场景智能化水平的不断提升，传感器在各类生产生活中变得日益重要，其在科学技术体系中的地位也逐步上升。传感器在物联世界中有着重要神经触角的作用，其应用范围遍布全球的各行各业。当前，全球各国都十分重视传感技术的发展，其作为新技术革命和信息社会的重要技术基础，是现代科技的开路先锋。

传感器是实现信息监测的重要部件，其能否正确感受信息并将其按相应规律转换为可用信号，对系统能否实现状态监测及控制起决定性作用。尤其对于工业系统而言，系统自动化程度愈高，对传感器的依赖性就愈大。所以，传感技术在发达国家备受重视，尤其是美、日、英、法、德等国都把传感技术列为国家重点开发的关键技术之一。德国工业 4.0 战略、美国再工业化，都给予了传感器产业无限广阔的发展空间。美国早在 20 世纪 80 年代就声称世界已进入传感器时代，且成立了国家技术小组（BTG），帮助政府组织和领导各大公司与国家企业部门的传感技术开发工作，事关美国国家长期安全和经济繁荣至关重要的 22 项技术中有 6 项与传感器信息处理技术直接相关。关于保护美国武器系统质量优势至关重要的关键技术，其中 8 项为无源传感器。美国空军 2000 年提出 15 项有助于提高 21 世纪空军能力的关键技术，其中传感技术名列第二。智研咨询发布的《2022—2028 年中国智能传感器行业市场深度分析及发展趋向分析报告》声明，早在 2020 年北美智能传感器产业占比 43.3%，为全球最高。日本则把传感技术列为十大科技之首，其有关人士声称"支配了传感技术就能够支配新时代"。日本对开发和利用传感技术相当重视，并将其列为国家重点发展的 6 大核心技术之一。日本科学技术厅制定的 20 世纪 90 年代重点科研项目中有 70 个重点课题，其中有 18 项与传感技术密切相关。此外，日本拥有十分发达且先进的半导体产业，也为其传感技术的发展奠定了扎实的技术基础。

（2）传感器的国内地位

在当前新工业革命与制造业迅猛发展的背景下，我国在大力推进以产业结构调整为核心的供给侧结构性改革的同时，更加注重互联网+、智能制造、智慧城市等工作的同步开展。宏观经济形势在整体向好发展的同时，以智能化为核心的社会变革、产业变革在各行各业持续推进，与此密切相关的传感器产业迎来了大好发展机遇。"十四五"规划提出，要深入实施制造强国战略，加强产业基础能力建设，"实施产业基础再造工程，加快补齐基础零部件及元器件、基础软件、基础材料、基础工艺和产业技术基础等瓶颈短板"。国家产业基础专家委员会发布的《产业基础创新发展目录（2021 年版）》中，也有 7 个领域共计 25 项传感器相关产品与技术在列。北京市人民政府印发的《关于支持发展高端仪器装备和传感器产业的若干政策措施》通知中也明确指出大力支持创新团队开展传感器技术及产业研究，推动产业技术创新、装备研制和产业发展。整体而言，我国传感器技术已初步形成产业化规模，但传感器制造行业以中小企业为主。目前，我国传感器产业正处于由传统型向智能型发展的关键阶段，未来将朝着智能化、微型化、集成化和网络化的方向快速发展。传感器技术持续普及，新技术、新产业、新模式的出现将推动制造业不断发展，为传感器产业提供新的机遇。

1.1.4 传感器的应用

传感器是一切数据采集的源头，它无处不在。在当前新工业革命的浪潮中，新能源、智能制造（工业互联网、3D 打印等）、无人机、无人汽车驾驶等技术磅礴发展，包括我国在内的世界各国纷纷制定相应政策，实施以互联网为基础、以新能源为驱动、以智能制造为手段、无人驾驶、物联网的智慧城市、智慧工业（图 1-4）、智慧农业等新工业革命发展战略。而传感器是智能最前端所需要的态势感知的基础，无论是智能制造、智慧城市、智慧医疗，还是智能设备和大数据分析，再庞大的智能系统，都要从传感器的针尖上开始。

图 1-4　传感器与智慧工业

传感器早已渗透到诸如工业生产、宇宙开发、海洋探测、环境保护、资源调查、医学诊断、生物工程甚至文物保护等极其广泛的领域，并且随着智能时代逐渐到来，传感器将变得更加不可替代。随着信息时代的发展，传感器在各类产品上的应用更加广泛。微型化、数字化、智能化的传感器迅速地被普及，进而改变我们的生活方式。传感器让物体有了触觉、味觉和嗅觉等感官，在工业生产、智能家居、环境保护等方面都有巨大潜力，传感器将在智能时代发挥无可替代的作用。从茫茫的太空，到浩瀚的海洋，几乎每个现代化项目都离不开传感器。由此可见，传感技术在发展经济、推动社会进步以及科技进步方面具有十分重要的地位。本小节将针对传感器在不同领域的应用展开描述。

（1）传感器在日常生活中的应用

传感器在我们日常生活中随处可见，尤其是在各类家用电器以及智能家居产品中，传感器已经成为一种不可或缺的基础测量元件。随着人们生活水平的不断提高，对提高家用电器产品的功能及自动化程度的要求更为强烈，家庭自动化正在逐步走进人们的生活。随着智能家居系统的快速发展，家居系统正逐步由中央控制装置的微型计算机，通过各种传感器代替人监视家庭的各种状态，并通过控制设备进行着各种控制。智能家居系统的主要内容包括：安全监视与报警、空调及照明控制、耗能控制、太阳光自动跟踪、家务劳动自动化及人身健康管理等。智能家居系统的实现，可使人们有更多的时间用于学习、教育或休息娱乐。而要想实现家庭自动化甚至是家庭智能化的终极目的，首先要使用能检测模拟量的高精度传感器，以获取正确的控制信息。传感器在这个发展过程中充当着"心脏"的作用。

近几年发展火热的车辆自动驾驶技术中也充满了各种各样的传感器，其中常规车辆中一般会有超过 300 个不同类型的传感器，包括转速传感器、压力传感器、温度传感器、位移传感器、角度传感器等。而自动驾驶技术的发展也使得车辆系统中增加了摄像头、毫米波雷达、超声波雷达或激光雷达等先进传感器，如图 1-5 所示。因此，在未来如果想要实现真正的无人驾驶，就必须依靠各种智能传感器对汽车进行装备，使其拥有完整的感官，这样才能保证汽车的安全可靠运行。

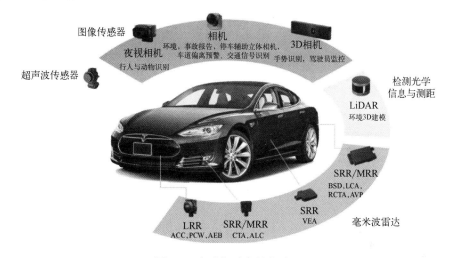

图 1-5　自动驾驶中的传感器

不仅如此，传感器在生活中其他领域的应用也十分广泛。例如，一部手机里面有十多个传感器，拍照用的相机其实是一个图像传感器，指纹解锁用的是光学传感器，指南针用的是磁力传感器，此外还包括温度传感器、距离传感器、加速度传感器、陀螺仪等，如图 1-6 所示。一列高铁有两千多个传感器，一架飞机上安装有 2000～4000 个传感器。

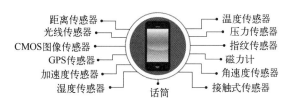

图 1-6　手机中的传感器

（2）传感器在医疗健康中的应用

传感器在医学中的应用也相当普遍，极大程度地为人类的健康保障提供了服务。从一些常见的高发性疾病到各类疑难杂症的诊断都会见到传感器的影子，例如压力传感器、心音传感器、血流传感器、呼吸传感器、血压计、体温计、B 超机、运动传感器等，如图 1-7 所示。其中压力传感器在临床诊断、外科手术和病人监护中的使用是较多的，其实现血压、颅内压、眼内压、肠内压及脉搏压等信息的测试。心音传感器是实现心音机械振动监测的重要手段，该类传感器通过记录由心肌收缩、心脏瓣膜关闭和血液撞击心室壁、大动脉壁等引起的振动所产生的声音，为心脏健康监测提供基础数据。角度传感器、加速度传感器多数运用在运动系统、康复系统的评估与治疗中。如国产的被动运动仪采用加速度传感器，在康复病人被动运动中，通过测量仪器的位移变量，再通过公式计算换算成角度，进行一定的角度康复治疗。压电式传感器多用于平衡的评估中，通过强大的数据库对比，采取不同的方式测量患者的跌倒指数。由此可见，传感器在医疗领域的作用已经达到非常关键的程度，尤其是在对人类身体的健康状况的检测上，发挥着极其重要的作用。

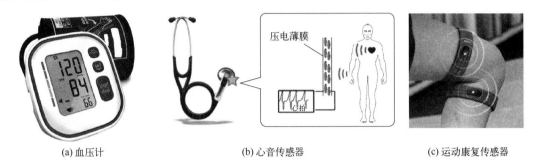

(a) 血压计　　　　　　　　　(b) 心音传感器　　　　　　　(c) 运动康复传感器

图 1-7　医疗中的传感器

　　此外，一些新兴的可穿戴式传感器也逐渐在医疗领域中开始应用。该类传感器的主要特点在于传感器基体采用薄膜材料，通过特殊的材料或工艺，将柔性薄膜制成具有信号检测功能的传感系统，进而通过将传感器黏附于皮肤表面或直接穿戴，实现特定病变、生物信息及环境信息的检测。

　　图 1-8 为加利福尼亚大学圣地亚哥分校（UCSD）的工程师们开发出的一款柔软而有弹性的皮肤贴片。其配备了一个血压传感器和两个化学传感器（一个用于测量汗液中乳酸、咖啡因和酒精的水平，另一个用于测量组织液中葡萄糖的水平）。血压传感器位于贴片中心附近。它由一组小型超声换能器组成，这些换能器通过导电墨水焊接到贴片上。施加在换能器上的电压将超声波传送到体内，当超声波从动脉回传时，传感器可以检测到信号并转换为血压读数。化学传感器则是两个电极，由导电油墨丝网印在贴片上。贴片的右侧印有可检测乳酸、咖啡因和酒精的电极，其工作原理是将一种称为毛果芸香碱的药物释放到皮肤中诱导出汗，并检测汗液中的化学物质；另一个感应血糖的电极印在左侧，其工作原理是使温和的电流通过皮肤以释放组织液，并测量其中的葡萄糖。通过将该皮肤贴片贴附于皮肤表面就可实现连续监测佩戴者的血压和心率，同时测量葡萄糖、乳酸、酒精或咖啡因的含量，有助于人们实时监测自身的身体健康状态。

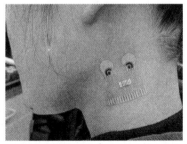

图 1-8　可穿戴柔性医疗传感器

（3）传感器在工业生产中的应用

工业是产品制造的物理、化学、电气或机械的完整生产过程，在此过程中，连续测量和精确控制每个生产过程的状态是避免不稳定的生产条件和意外情况出现的必要手段。因此，对于工业系统运行过程而言，通过监视生产设备和公用设施的状态并执行最佳维护管理，对最大化基础设备的性能具有重要意义。在我国的现代工业生产，尤其是智能化生产过程中，通常要用各种传感器来监视和控制生产过程中的各个参数，见图 1-9。这些放置在生产过程中的传感器连续检测被测物的状态，并将其作为过程数据传输到控制单元，进而实现工业系统的反馈控制，以使被监视对象保持在稳定受控且最佳的工作状态。因此可以说，没有大量的优良传感器，现代化工业生产也就难以实现。

随着科技的不断发展，大量传感器的融合应用使得无人车间成为了现实。传感器不仅可以代替人类进行全方位的生产观测，而且还能减少人类在高危场景（如超高温、超低温、超高压、超高真空、超强磁场等）下的工作，同时促进现代工业实现高精密生产、高难度生产、高危险生产等工作。此外，随着数字技术及智能工业技术的快速发展，智能传感器成为智能工业体系中的重要设备。未来智能传感器将在各类工业生产中继续提供广阔的服务，并在智能生产环节中表现出不可替代的重要作用。

图 1-9　智能化工业生产中的传感器

（4）传感器在军事领域中的作用

传感器在军事上的应用极为广泛，可以说无时不用、无处不用。大到两弹、飞机、舰船、坦克、火炮等装备系统，小到单兵作战武器；从参战的武器系统到后勤保障、从军事科学试验到军事装备工程、从战场作战到战略战术指挥、从战争准备与战略决策到战争实施，到处都可以看到传感器的身影，如图 1-10 所示。

传感器已在各类高技术武器和军用装备中得到广泛应用。高技术武器发展的主要特征是电子化、信息化和智能化，其核心技术则是传感技术和信息技术。武器装备靠各种内部传感器测定火控系统、发动机系统等各部位的各类参数，通过计算机控制保证武器本身处于最佳状态，发挥最大效能。此外，军用传感器另一个重要作用是

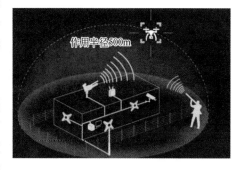

图 1-10　传感器在军事领域的应用

在战场上快速发现与精确测定敌方目标，并通过计算机控制火控系统引导武器系统的战斗部分，快速精确地打击敌方目标并将其摧毁。而一个军事目标，无论是动态的还是静态的，无论采用何种手段加以伪装或防护，它的存在决定了它一定有各种可以

探测的物理因素，如目标的形状、颜色、速度、振动，目标本身反射或发出的无线电波、红外线、雷达波、音响噪声等。这些被称为目标信息的物理因素构成了目标的可探测性和可攻击性。依据上述各类信息，武器装备上的传感器在对敌侦察、目标探测和自我防护中发挥了重要作用。

传感技术与计算机技术已在高新技术武器和军用装备中共同起到"军力倍增器"的作用，而且随着现代电子战的需求和发展，传感技术在研制新一代高技术武器和军用装备过程中将发挥越来越重要的作用。在当今的中国社会，我们所知道的"大国重器"都极度依赖传感器。"辽宁号""山东号"航空母舰、093型攻击型核潜艇、094型弹道导弹核潜艇、055型导弹驱逐舰、歼20战斗机等，无不遍布各种光电、红外、惯性导航（惯导）传感器。东风-31A、东风-41、东风-5B等洲际弹道导弹，以及其他各种制导武器，依赖惯性测量单元（IMU）、激光传感器、红外传感器、毫米波传感器、光电传感器、雷达等各种传感器进行制导，以精确命中目标。可以说，现代武器已经完全离不开传感器了。

1.2 传感器的构成、分类与支撑技术

1.2.1 传感器的构成

（1）常规传感器的构成

传感器一般由敏感元件、传感元件和测量转换电路组成，其构成如图1-11所示。其中，敏感元件主要将被测量（非电量1）变换成另一个与被测量有确定关系的物理量（非电量2），而非电量2需易于通过传感元件转换为电量。以应变式压力传感器为例，传感器中的弹性膜片将被测量（压力）转换为另一非电量（应变）。值得强调的是，有些类型的传感器中只有敏感元件，如热电偶传感器，它将两种不同的导体或半导体连接成闭合回路，并通过感受两接合点间的温差，直接输出电动势。

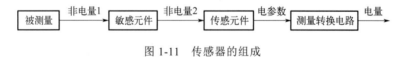

图1-11　传感器的组成

传感元件的作用是将这一非电量转换成电参量（如电阻、电容、电感）。传感元件输出的信号幅度很小，而且不可避免地会混杂干扰信号和噪声，因此传感器的输出信号通常需要必要的测量转换电路以进行信号的调理、放大和转换，并起到滤波、线性化作用，从而转化成易于测量、传输、处理、记录和显示的电量形式，如电压、电流、频率等。此外，测量转换电路通常也要完成传感器输出与后续测量电路之间的匹配。测量转换电路的类型与传感器的工作原理有关，常见的测量转换电路主要包括：放大电路、电桥、阻抗变换电路及振荡器等。而由于空间结构的限制，测量转换电路一般不和敏感元件及传感元件集成装配在一起。

不少传感器需通过测量转换电路才能输出便于测量的电量，因此要把测量转换电路作为传感器的组成环节之一。但有些传感器由敏感元件和传感元件组成，无须测量转换电路，例如压电式加速度传感器；而有些传感器只由敏感元件和测量转换电路组成，如电容式位移传感器。

常规传感器主要实现单一物理量的检测，采用不同种类的单一传感器实现不同物理参数

的检测在复杂的信息检测场景中展现出了明显的缺陷。随着现代科学技术的快速发展，传感器的规模化应用以及智能化的分析需求显著提升，因此，智能传感技术近年也得到了快速的发展。

（2）智能传感器的构成

① 基本构成原理

从原理结构上看，智能传感器的基本结构如图 1-12 所示。可见，智能传感器的核心特征在于增加了微处理器，使得智能传感器具备数据采集、分析及处理的能力。因此，常规传感器（即敏感单元）在智能传感器框架中仅占据一部分，而信号处理及分析算法则成为智能传感器的重要组成部分。智能传感器应用过程中，仍然面临常规传感器所涉及的各类问题，包括线性度、灵敏度漂移、零点漂移、准确度及动态标定等；但智能传感器的结构框架中包含微处理器，这使得智能传感器一般具有自适应的传感器特性补偿、标定与校准功能。

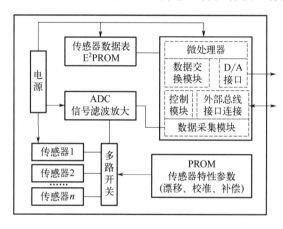

图 1-12　智能传感器基本结构

智能传感器硬件可分三大部分：传统传感器、微处理器（信息处理单元）和通信模块。各模块的基本功能如下：

a. 传统传感器。传统传感器是构成智能传感器的基础，其在智能传感器中主要实现信号感知的功能，因此其性能的好坏很大程度上决定着智能传感器的工作性能。由于微机械加工工艺以及电子技术的逐步发展，传统传感器的工作性能正逐步提高，其所具有的某些缺陷（如输入输出的非线性）也得到了较大程度的改善。

b. 信息处理单元。信息处理单元以微处理器为核心，通过对传统传感器的输出信号进行处理，如标度变换、线性化补偿、数字调零、数字滤波、模型构建、智能分析等，使得智能传感器除具备传统传感器的信息检测能力外，还具备了数据分析和挖掘的能力，极大程度地提高了传感器的工作性能。随着微处理器计算能力的提升，智能传感器逐步向边缘计算领域发展，这极大促进了复杂检测场景中传感器的网络化和规模化。

c. 通信模块。智能传感器的通信模块一般以软件硬件协同工作的方式实现，它一般与智能传感器的信号处理模块集成在一起。实现智能传感器目前主要有三种方式：第一种是将信号感知与调理模块、信号处理模块、通信模块等通过导线的方式组合在一起。该方式适合用户已部署大量传统传感器，后需要增强传感系统智能化程度的应用场合。第二种方式是利用微机械加工、微电子加工等技术将这些模块集成在一片芯片上，实现了智能传感器的微型化。这是商品化智能传感器的最佳选择，这种智能传感器使用方便，性能稳定、可靠。第三方式是将这些模块集成在两片或多片芯片上，然后由这些芯片构成智能传感器，这是目前商品化智能传感器的一种较好选择。

② 主要设计结构

智能传感器主要设计结构有两种：一种是数字控制的模拟信号处理（DCASP），另一种是数字传感器信号处理（DSSP）。两种结构中一般都包含两个传感器，即被测量传感器和温度传感器，其中温度传感器主要用于对被测量传感器进行温度补偿，以提高被测量传感器的检测精度。其中，DCASP 结构如图 1-13 所示，可见传感器和模拟输出之间直接采用了一个模拟通道，因此，被测量的分辨率和响应时间几乎不受影响。温度补偿和校正都在并联回路中实现，且并联回路能够改变信号放大器的失调和增益，调整传感器模拟输出端的特性。如要进一步获得数字输出信号，可在输出端增加 A/D 变换器。

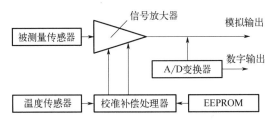

图 1-13 智能传感器 DCASP 结构

更为精确的智能传感器一般采用 DSSP 结构，如图 1-14 所示。该结构中传感器信号经多路调制器送到 A/D 变换器，然后再送到微控器进行信号的补偿和校正。校正时可用传感器输出的算法趋近或多表面逼近法进行信号处理，每个给定传感器的校正系数都被单独储存在永久性寄存器中。如果需要模拟输出，可另外加一个 D/A 变换器。

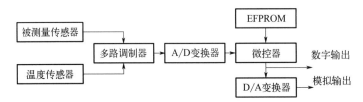

图 1-14 智能传感器 DSSP 结构

1.2.2 传感器的分类方法

（1）按被测量分类

将传感器按照不同用途进行分类，可以把常见的传感器大致分类为：位移传感器、速度传感器、温度传感器、压力传感器等。按照被测量分类可明确地说明传感器的用途，使用者可以容易地根据测量对象选择所需要的传感器；缺点是将原理互不相同的传感器归为一类，很难找出每种传感器在转换机理上有何共性和差异。如压电式传感器，可以用来测量机械振动中的加速度、速度和振幅等，也可以用来测量冲击和力，但其工作原理是一样的。

（2）按工作原理分类

传感器也可以按照内部敏感元件的转换原理来进行分类，这里的原理不限定于物理学原理，但是传感器使用的原理需要可知、可控，这样才能准确地确立输入量和输出量的对应关系。例如在一个理想平板的中心施加一个方向已知的力，想要测量其大小，可以有无数种方法，可以通过拉力计将力转化成位移，可以在平板上贴上应变片，将力的变化转化成位移再变成电阻变化，甚至可以用两块玻璃板将力的变化转化为云纹条纹数……每一种现象都对应一种传感器测量原理。

（3）按输出信号分类

传感器的输出可以分为开关量、数字量和模拟量，这种分类方法与传感器的敏感元件和转化元件无关，只关注传感器输出信号的特性，更利于采集输出信号的后处理。输出信号为开关量的传感器，发出的是通断信号，电阻测试法测量结果为电阻 0 或无穷大；输出信号为数字量的传感器，其输出在时间和数值上都是断续变化的离散信号，可以理解为是多个开关量的叠加；输出信号为模拟量的传感器发出的是连续信号，用电压、电流、电阻等表示被测参数的大小，是一个在一定范围内变化的连续数值，该类传感器可以最大程度地复现被测量的变化状况。

（4）按构成特点分类

将传感器按照其构成特点不同进行分类。可将传感器初步分为：传感器依赖其结构参数变化实现信息转换的结构型传感器，依赖其敏感元件物理特性的变化（物质定律）实现信息转换的物性型传感器，敏感元件工作时实现能量转换的能量转换型传感器等。

① 结构型传感器

结构型传感器指因自身结构变化而产生相应输出信号的传感器，还是比较常见的，例如电容式传感器。电容式传感器是以各种类型的电容器作为敏感元件，由于被测量变化将导致电容器电容量变化，通过测量电路，可把电容量的变化转换为电信号输出。测知电信号的大小，可判断被测量的大小。这便是电容式传感器的基本工作原理，其本质上就是一个具有可变参数的电容器。最常用的是平行板形电容器或圆筒形电容器。电容式传感器广泛用于位移、角度、振动、速度、压力、成分分析、介质特性等方面的测量。

② 物性型传感器

物性型传感器，顾名思义就是根据物理现象而输出特定信号的一类传感器。运用在传感器测量上的物理现象常见的有热电效应、压电效应等。热电偶是一种基于热电效应的测温元件，其基础结构为两种不同成分导体组成的闭合回路。热电偶测温的原理是当闭合回路两端存在温度梯度时，回路中就会有电流通过，此时回路两端之间就存在微弱的电动势——热电动势。电气仪表再将热电动势转换成温度信息，实现介质温度的检测。压电式传感器是一种基于压电效应的传感器。它的敏感元件由压电材料制成。压电材料受力后表面产生电荷，此电荷经电荷放大器与测量电路放大和变换阻抗后就成为正比于所受外力的电量输出。压电式传感器用于测量力和能变换为电的非电物理量。它的优点是频带宽、灵敏度高、信噪比高、结构简单、工作可靠和重量轻等；缺点是某些压电材料需要防潮措施，而且输出的直流响应差，需要采用高输入阻抗电路或电荷放大器米克服这一缺陷。

③ 能量转换型传感器

能量转换型传感器根据在能量转换过程中是否需要外加电源，进一步细分为能量控制型与能量转换型。当外加电源被用来"控制"传感元件时称为能量控制型，如电容传感器等。电容传感器工作时外部电源加载到电容上，如若没有外部电源的加载，其将无法正常工作，此时外部电源如同一只无形的"手"控制着传感器运行。然而当传感元件不需要外加电源，依靠自身就能转换出信号则称为能量转换型，如压电传感器、光电传感器等。与控制型不同的是，转换型则是将动能和光能等通过传感元件转化为电能进行输出。磁电式传感器就是很好的例子，该传感器工作时，线圈切割磁感线进而产生感应电压，通过检测电压值得出相应的测量物理量。

1.2.3　新型传感器的支撑技术

（1）传感材料

先进的材料是传感器技术发展的重要基础，传感器材料是指对声、光、电、磁、热等信号的微小变化作出高灵敏应答的功能材料，以及制造传感器所需的结构材料，主要包括半导体、金属及复合材料等。随着材料科学的进步，人们可以设计和使用各种功能材料来制造出各种性能优异的新型传感器。常见的用于传感器的材料主要包括：陶瓷材料、光导纤维、导电高分子材料、碳基材料、纳米材料等。以下对不同材料在传感器中的应用作出简要介绍。

陶瓷材料以其耐热、耐蚀、耐磨、重量轻及其潜在的优良电磁、光学性能等优点得以应用于智能材料与结构以及传感器制造中，如图 1-15。这种陶瓷材料包括氧化物、碳化物、氮化物、硫化物以及它们的复合化合物的多晶烧结体、厚膜和薄膜。陶瓷传感器能检测气体、离子、热、光、声、位置和电磁场等。其中气敏、湿敏、热敏方面的传感器多用半导体氧化物陶瓷材料制成，声敏、力敏、加速度和红外敏感方面的传感器多用铁电压电陶瓷材料。有的用一种材料完成多种敏感功能，有的将几种陶瓷材料组合一起制成多功能组合式陶瓷传感器。通过化学气相沉积、物理气相沉积或其他工艺技术能制成高灵敏度的薄膜，与其他材料相互组合成为陶瓷功能薄膜传感器，还可以同半导体集成电路复合实现信息检测一体化。

图 1-15　陶瓷材料在传感器中的应用

光导纤维（光纤）的应用是传感材料的重大突破，如图 1-16 所示。光纤传感器与传统传感器相比有许多特点：灵敏度高、结构简单、体积小、耐腐蚀、电绝缘性好、光路可弯曲、便于实现遥测等。而光纤传感器与集成光路技术的结合，加速了光纤传感器技术的发展。将集成光路器件代替原有光学元件和无源光器件，光纤传感器又具有了高带宽、低信号处理电压、可靠性高、成本低等特点。

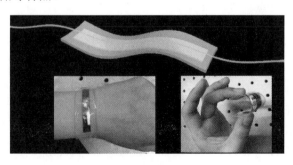

图 1-16　光导纤维材料传感器

导电高分子材料的一个重要特性是其电导率的变化范围非常大，可以变化十几个数量级，这就使这种高分子材料具有从绝缘体、半导体、导体、超导体范围内进行变化的可能，且在绝缘体到半导体的变化过程中，掺杂和脱掺杂是完全可逆的过程，这种特殊性能是其他材料无法比拟的。另外，导电高分子材料还具有密度小、易加工、耐腐蚀、可大面积成膜和生物传感特性等优异性能。这使得导电高分子材料在传感器领域具有良好的应用前景。

导电高分子材料在传感器方面可通过掺加复合材料来达到受刺激与未受刺激部位显示不同的导电性和绝缘性的效果，目前可对多种刺激进行有效的反应。如将水凝-导电高分子复合材料制作为压力传感器。水凝胶使用的是环境响应型材料，其中包括温敏水凝胶、DH 敏感型水紧胶、微波敏感型水凝胶等，这就使得传感器对于不同的环境变化可以产生不同的响应，而导电高分子材料起到的作用是在受到外界压力时，会在结构上作出响应从而转换成可以直接检测的电信号。这种复合材料可以用于压力传感器、PH 开关和微波智能给药系统中。另外，导电高分子材料还可以用在气体检测传感器、石油探测、运动损伤恢复传感器和智能给药系统中，导电高分子材料可以通过掺杂显示不同的电导率，从而对多种刺激作出有效的反应，但是在实际开发过程中，这种材料还存在着电性不够稳定、对刺激的响应不够灵敏等问题。高分子聚合物材料制造的压力传感器如图 1-17 所示。

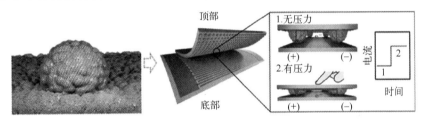

图 1-17　高分子聚合物材料制造的压力传感器

纳米材料是指在三维空间中至少有一维处于 0.1～100nm 尺度范围或由它们作为基本单元构成的材料。利用纳米技术制作传感器可大幅缩减传感器尺寸，提高传感器精度及性能。纳米传感器是站在原子尺度上，利用纳米材料的表面与界面效应、小尺寸效应、量子尺寸效应及宏观量子隧道效应等特性制成的传感器。纳米材料具有巨大的比表面积和界面，对外部环境的变化十分敏感。温度、光、湿度和气氛的变化均会引起表面或界面离子价态和电子输出的迅速改变，而且响应快、灵敏度高。纳米材料的应用极大丰富了传感器的设计理论，推动了传感器的制作水平，拓宽了传感器的应用领域。应用纳米技术研究开发纳米传感器，有两种情况：一是采用纳米结构的材料（包括粉粒状纳米材料和薄膜状的纳米材料）制作传感器；二是研究操作单个或多个纳米原子有序排列成所需结构而制作传感器。目前，纳米传感器现已在生物、化学、机械、航空、军事等领域获得广泛的发展。氧化铜纳米线在一氧化碳传感器中的应用见图 1-18。

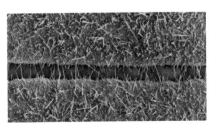

图 1-18　氧化铜纳米线在一氧化碳传感器中的应用

碳基材料在许多新材料中具有优异的高温稳定性、耐腐蚀性和抗干扰性，因此碳基传感材料越来越受到人们的重视。近年间，科研界流行的石墨烯和碳纳米管材料，由于其优异的力学、电和热性能，逐渐应用于多种传感器的设计和制造中，有效解决了传统传感材料中的诸多问题。

石墨制品具有良好的耐高温、电、化学和可塑性、耐热振等特殊性能，是工业生产中不可缺少的高性能材料。目前，石墨、炭黑等碳基材料广泛应用于柔性测力传感器中。将炭黑、石墨等低电阻碳系微纳米材料填充到绝缘聚合物基体中，可形成半导体或半导体材料。以二甲基硅油为稀释剂和增塑剂，将导电炭黑纳米粒子注入有机硅弹性体复合材料中，制备潜在的应变传感器。碳纳米管和石墨烯属于石墨材料。从结构上看，碳纳米管是螺旋形的，而石墨烯是片状的，但它们都具有石墨的一些共同特征，比如优异的导电性。石墨材料在传感器中的应用如图 1-19 所示。

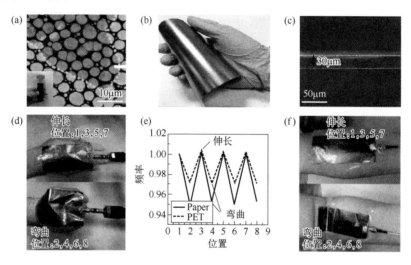

图 1-19　石墨材料在传感器中的应用

石墨烯是一种单层平面薄膜，由碳原子构成六角形蜂窝晶格。石墨烯材料因其特殊的结构而具有优异的电学和力学性能，在工程领域引起了广泛的关注。制作传感器被认为是石墨烯最有前途的应用之一，如图 1-20 所示。目前，已经开发了几种方法来获得高质量的石墨烯薄膜，例如通过化合物对石墨进行化学剥离、在不同基底上进行化学气相沉积（CVD）、石墨晶体的机械开裂以及其他化学合成方法。

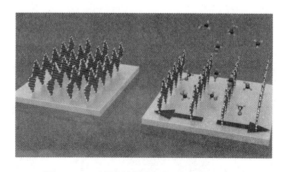

图 1-20　石墨烯材料在传感器中的应用

碳纳米管是一种电极材料，具有比传统炭电极更好的电化学性能，可用于检测多种气体，如 NO_2 和 NH_3。由于其尺寸小、比表面积大、颗粒表面和内部的键状态不同、表面原子的配位不完全，碳纳米管也成为导电材料的理想添加剂。虽然碳纳米管作为电化学传感器仍处于起步阶段，但它们也显示出巨大的潜力。经过化学修饰后，碳纳米管还可以作为生物分子传感器，其具有高灵敏度和高选择性。碳纳米管的振动特性非常重要。当碳纳米管用于传感器等领域时，振动特性决定了传感器的工作状态和性能；碳纳米管增强材料的变形性和透射率也取决于振动特性。因此，研究碳纳米管的振动有助于研究人员更好地了解碳纳米管的力学性能，探索碳纳米管的应用领域。美国麻省理工学院工程师使用特殊的碳纳米管设计了一种新型传感器，可在没有任何抗体的情况下检测新冠病毒，并在几分钟内给出结果，如图 1-21 所示。该传感器把碳纳米管包裹在不同的聚合物中，利用激光照射下会自然发出荧光，创造出通过化学识别特定目标分子而作出反应的传感器。新传感器基于可快速准确诊断的技术，不仅适用于新冠疫情，还适用于未来的流行性疾病的检测。

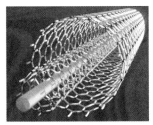

图 1-21　碳纳米管以及其在新冠病毒检测传感器中的应用

随着新材料技术的不断发展，柔性材料制成的传感器被科学家们广泛研发和使用，并且开始逐渐走入大众的生活，如图 1-22。相比于传统的"硬质"传感器，柔性传感器"生来"柔软轻便，特别适合于可穿戴的传感系统，具体来说，在医疗康复、运动指导等领域都有很大的应用前景。为了实现"柔软"的特性，现有的柔性传感器大多基于硅胶等弹性体作为载体进行制作。此外，基于液态金属、柔性导电聚合物以及弹性光纤等材料的柔性传感技术也得到了快速的发展。相比于液态金属传感器和导电聚合物传感器，弹性光纤传感器具有易于加工、低迟滞、高精度等特点。弹性光纤传感器利用了光路在传播过程中的损耗来检测弹性体变形，其中内层使用高折射率的材料，外层使用低折射率的材料，在光纤的一侧装配 LED，另一侧装配光电二极管。通过检测输出光信号的强弱变化，即可实现诸如拉伸、弯曲和压缩等形变检测功能。

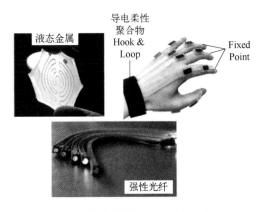

图 1-22　柔性材料在传感器中的应用

（2）微纳加工技术

随着微机电系统及微纳传感系统需求的显著增加，传感器的微纳加工技术呈现多样化的趋势，如图 1-23 所示。传感器的微纳加工技术是指结构尺寸在微米到纳米尺度的加工工艺，主要包括光刻、剥离、刻蚀、氧化、扩散、注入、溅射、蒸馏、薄膜淀积等微加工技术。目前，该技术已成功实现将数百亿个晶体管集成于几英寸❶的硅片上。通常，基底通过多次的离子束金属沉积、化学气相沉积、掺杂或离子刻蚀等方法实现微/纳米尺度结构，再采用自组装技术，将生物材料以化学共价键或吸附的方式与微/纳器件结合形成特定功能的传感器件。相比于传统的制造工艺，该技术构建的生物传感器成本低、产能高、体积小，可实现小尺度上的精准探测，同时易与 IC 工艺兼容，与执行单元、微能源、信号处理单元、微电子电路集成，构成具有传感、数据处理等功能的微型智能系统。

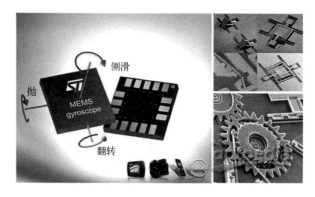

图 1-23　传感器微纳加工技术

传感器的微纳加工技术包括微电子机械系统 MEMS（micro-electro-mechanical system）与纳电子机械系统 NEMS（nano-electro-mechanical system），前者是在微电子技术（即半导体制造技术）的基础上发展形成的一种独立的微加工技术，其加工尺寸精度可以达到微米甚至纳米量级。后者是在 MEMS 技术的基础之上发展形成的一类超小型机电一体化的加工技术，其特征尺寸更小，可以达到亚纳米量级。在该尺寸量级下，易产生量子效应和界面效应。传感器的微纳加工技术包括多重工艺流程，其中，光学光刻工艺是最普遍的微纳图形制造方法。首先在基底材料上旋涂一层光敏物质，通过紫外曝光、显影使感光层受到辐射或未受辐射的部分留在基底表面；然后通过沉积或腐蚀等技术手段将感光层的图案转移到基底表面，完成微纳平面结构制造。目前该技术已经在微纳传感器的设计和制造过程中得到广泛应用。传感器的光刻、刻蚀、镀膜加工技术如图 1-24 所示。

图 1-24　传感器的光刻、刻蚀、镀膜加工技术

❶ 英寸（in），1in=25.4mm。

　　此外，传感器的微纳加工技术还有纳米压印光刻（NIL）技术（图 1-25）、电镀技术、飞秒激光加工技术（图 1-26）等。纳米压印光刻是一种制作纳米级图案的微纳加工工艺，是加工聚合物结构最常用的方法，拥有成本低、工期短、产量高、分辨率高等优点。成熟且常用的纳米压印技术工艺主要有：纳米热压印（T-NIL）技术、紫外光固化压印（UV-NIL）技术、微接触印刷（μCP）。电镀是利用电解原理使金属或合金沉积在基底表面，以形成均匀、致密、结合力良好的金属层的过程。与 CVD、PVD 等薄膜沉积技术相比较，电镀可以利用金属的电解沉积原理来精确复制某些复杂或特殊形状的器件，并且可以无限增加金属厚度。飞秒激光加工过程中会产生飞秒激光，其超短脉冲持续时间和超高峰值功率为科学研究提供了前所未有的极端物理条件，例如高时间分辨率、高电场和磁场强度、高压和高温。由于这些特点，飞秒激光主要应用于两个领域：基于飞秒时间尺度的时间分辨光谱学和基于高激光功率密度的材料微加工。该技术改变了微小结构，出现了超快物理过程，大大促进了微纳光学系统、微光传感器和其他器件的发展和应用，也为物理、化学、生物和医学工程领域的基础研究和实际应用提供了精密仪器。

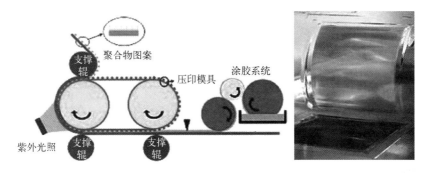

图 1-25　传感器纳米压印光刻技术

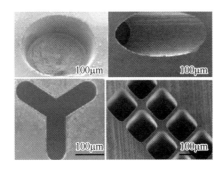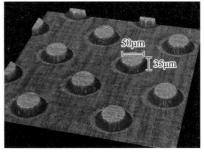

图 1-26　飞秒激光加工技术

（3）3D 打印技术

　　在科技发展日新月异的今天，人们对智能化的需求日益增加，传感器作为感知、测量信息的重要元件在航空航天、生物医疗、环境保护、电子器件以及人机交互等领域起到了举足轻重的作用。在弯曲、拉伸等需要嵌入曲面的复杂测量情况时，传统的半导体和金属材料传感器易发生不可逆变形而失效，柔软、可拉伸、结构形式多样的柔性传感器可实现上述柔性测量，这推动了可穿戴设备、软体机器人和医学检测等领域的发展。但柔性传感器的功能受到了加工手段的制约，使用涂覆、沉积、注入印刷等传统技术很难加工功能结构复杂的柔性传感器，所以 3D 打印这种特殊的加工方式受到了人们的广泛关注。3D 打印是一种通过三维模型数据，用粉末状金属、塑料甚至是活细胞通过粘接、光固化等快速成形方式逐层构造物体的过程。与平面加工的传感器相比，具有更精确的微结构和更优异的性能。

采用 3D 打印技术制造传感器时具有多个优点，包括较低的成本、快速的制造速度和高精度。除了具有固有打印整个传感器的功能外，还可以在制造过程中的任何时候开始或停止 3D 打印，从而使用户可以轻松地将传感器嵌入到已打印的结构中。先进的 3D 打印技术已经能够在大容量和多种使用模式下打印微米级电子产品，因此，目前 3D 打印技术已成功集成到多种类型的传感器的设计、开发和制造中，包括力、应变、压力、触觉、位移、电磁、脑电图（EEG）、声学、光学、超声和生物传感器等。美国麻省理工学院科研团队采用 3D 打印技术创造出首个完全数字化制造的卫星等离子传感器，如图 1-27，其展示出的性能与最先进的半导体等离子传感器一样出色，可应用于轨道航天器以探测大气化学成分和离子能量分布。西北工业大学黄维、中国科学技术大学朱纪欣等通过 3D 墨水打印的方法构建了结合 2D MXene 与水凝胶化学键连接的传感器，如图 1-28。该器件具有较好的灵敏度和较宽的工作区间，不仅能够基于应力响应监控人体的运动，而且能够对具有形状记忆能力的太阳能电池板铰链作精确的温度传感。

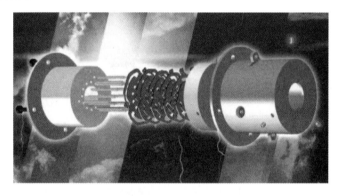

图 1-27　卫星等离子传感器

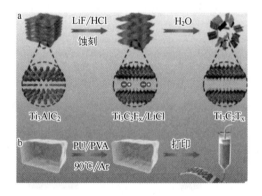

图 1-28　水凝胶-MXene 传感器

（4）摩擦纳米发电技术（TENG）

摩擦纳米发电技术由王中林团队于 2012 年发明，是一种基于机械界面摩擦起电与静电感应耦合效应的纳能源技术。摩擦纳米发电技术的原理如下：当两种不同材料在外力驱动下互相接触时，它们的表面由于摩擦起电作用，会产生等量的正负静电荷；而当两种材料在机械力的作用下分离时，正负静电荷在空间上发生分离，并相应在材料的上下表面电极上产生感应电势差；当两个电极之间短路或接入外电路负载时，感应电势差将会驱动电子在两个电极之间流动，实现电能的供给。摩擦纳米发电技术的主要目标是收集小尺度的机械能，该技术为无源传感技术的发展提供了新思路，同时摩擦纳米发电现象自身也为新型传感器的研制提供了新的敏感机制。

图 1-29 所示为两种典型的摩擦纳米发电机结构，两结构可将不同类型运行的摩擦能量转换成电能，进而通过收集电能实现传感系统的供电。在水平滑动式摩擦纳米发电机结构中，在初始状态下，上层金属和下层的聚合物薄膜完全重合。在接触摩擦后，由于两种材料的摩擦电负性不同，电子将从上层金属的表面转移到聚合物薄膜的表面，使得金属表面产生大量的正电荷，而在聚合物薄膜表面产生等量的负电荷。此时，由于静电平衡状态，上层金属和附着于聚合物薄膜背面的电极之间没有电势差。当上层金属在外力的作用下向右滑动时，两个摩擦面之间的接触面积逐渐减小，导致平面内的电荷分离。此时，相互接触部分的正负电荷仍然相互束缚，而分离部分的正负电荷将会在电势差的作用下驱动外部电子流动以达到平衡状态。随着滑动距离的不断增加，电荷将不断在外电路中流动，直到上下两个摩擦面完全滑动分离。相反地，随着上层金属向左滑动，两个摩擦层的接触面积不断增加，原本聚集在电极上的电子将会沿着原路返回以保持静电平衡，此时在外电路形成一个反向的电流。转盘式结构的摩擦纳米发电机则通过转子与定子的周期性重叠与分离，实现对旋转机械能量的回收，并转化为电能利用。

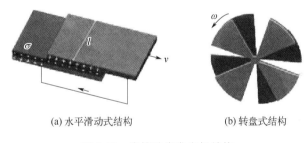

(a) 水平滑动式结构　　　　　　　　(b) 转盘式结构

图 1-29　摩擦纳米发电机结构

如图 1-30 所示，在人体运动能收集方面，置于衣服和鞋底的自驱动微系统，可以在关节弯曲、穿衣、步行等低频（约 1Hz）日常活动下，轻松驱动电子表、温度计、计算器、计步器等微电子和 MEMS 器件持续工作。其中，在完全无电源的情况下，将摩擦纳米发电机集

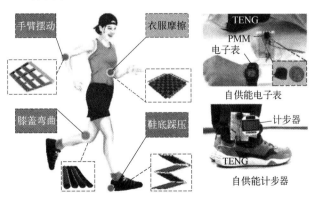

图 1-30　人体运动能的采集、管理和应用

成在护肘内，通过弯曲手肘一次，就可驱动电子表工作15s；将摩擦纳米发电机集成在鞋垫里，正常走动 8 步即可开启基于 MEMS 加速度计的计步器，并可在步行时保证其持续稳定地计步与显示。这些基于摩擦电的便携式电子有望在穿戴式智能装备中完全实现由人体活动供能。

中国科学院北京纳米能源与系统研究所开发了一种自供电螺旋纤维应变传感器（HFSS），如图 1-31 所示，它可以响应小于 1% 的微小拉伸应变。研究人员基于该应变传感器开发了一种自供电智能穿戴式实时呼吸监测系统，可以测量一些关键的呼吸参数，用于疾病预防和医疗诊断。该传感器基于两种摩擦电材料（PTFE和尼龙）的耦合接触带电和静电感应实现。由于 PTFE 和尼龙的相反摩擦电极性，它们的表面上将感应出等效的正负摩擦电荷。一旦传感器被外力拉伸，接触面开始分离，将在两个表面上建立电势差，从而驱动自由电子。研究者还研究了拉伸应变对传感器电输出的影响。在 1 Hz 的固定拉伸频率下测量长度为 10cm 的传感器。结果表明，开路电压（VOC）、短路电流（ISC）和短路电荷转移（QSC）随着拉伸应变（1%～80%）的增加而增加，这是由于在更大的拉伸应变下，两根编织纤维之间的接触和分离更充分。在拉伸应变为 1% 的情况下，该传感器仍然可以有 0.5 V 的稳定电输出，这表明该传感器对应变具有高敏感性。

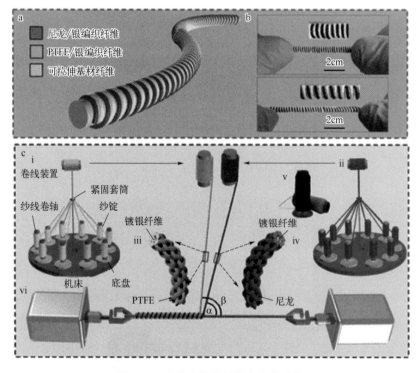

图 1-31　自供电螺旋纤维应变传感器

1.3　传感技术的发展趋势

随着电子技术、信息技术、材料科学、微纳制造等技术的协同发展，传感技术也取得了长足的进步，不同工作原理、不同结构形式、不同检测场景的新型传感器层出不穷。传感技术的发展不仅促进了传统产业的改造和更新换代，同时为未来智慧化社会、智慧化工业及智慧化科技的发展提供了基础的技术保障。未来传感技术的发展主要围绕以下几点。

（1）智能化

随着大数据、AR、VR、云计算及人工智能等新技术的发展与应用，世界从原有的电子时代逐步进入智能时代，传感器技术也迎来一个新的智能化时代。传感器的智能化，主要表现在自主感知、自主决策等方面能力的升级和增强，同时与人之间也形成流畅交互。智能传感器是装有微处理器的传感器，不但能够执行信息处理和信息存储，而且还能够进行逻辑思考和结论判断。智能传感器能够在复杂而多变的环境中迅速、有效、准确地获取、分析、处理和综合传感器信息，并基于多传感器信息融合、模式识别来作出正确的描述和决策。智能传感器的输出不再是单一的模拟信号，而是经过微处理器后的数字信号，甚至具有执行控制功能。由此可见，传感器智能化发展也是促进智能装备、智能工业以及其他智能系统的重要技术支撑。

21世纪以来，传感器逐渐由传统型传感器向智能型传感器方向发展。2018—2023年全球传感器市场规模对比，如图1-32所示。

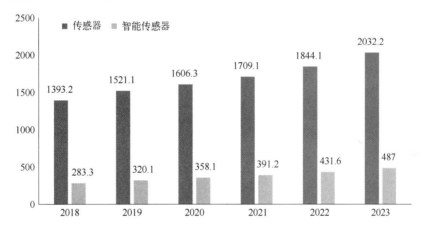

图 1-32　2018—2023 年全球传感器市场规模对比

现阶段，我国已经初步形成智能传感器产品体系，未来有待进一步发展。生活中常见的智能手环便是一种典型的智能传感器。其通过内部安装的重力传感器检测人在睡眠过程中的动作幅度和频率，进而通过内部集成的微处理器，对上述动作信息进行分析和处理，最终可实现佩戴者睡眠质量的检测与评估，如图1-33所示。

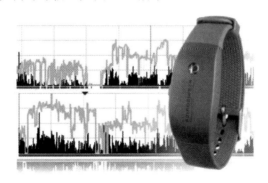

图 1-33　智能手环

（2）集成化

随着传感器应用场景的日益复杂，采用传统的单一传感器采集单一信息的模式会造成信息检测场景中所需的传感器数量急剧增加。这使得大量传感器安装所需的空间成本和经济成本均会大幅提升。为了降低传感器规模化应用时的系统复杂度以及空间占有率，同时降低传感器安装应用的成本，集成化是传感技术未来重要的发展趋势。集成化的传感器可以同时感知不同环境信息，获取和传输多种数据，能够展现出更高的作用和价值。除此以外，集成化的传感器还没有成本压力。

传感器的集成化分为传感器本身的集成化和传感器与后续电路的集成化。传感器本身的集成化是指在同一传感器上，或将众多同一类型的单个敏感元件集成为一维线型、二维阵列（面）型传感器，使传感器的检测参数实现由点到面再到体的多维变化；或者将多种不同类型的敏感元件共同集成在单一传感器上，使得传感器具有多种信息的检测能力，甚至能加上时间序列，变单参数检测为多参数检测。传感器与后续电路的集成化是指将传感器与调理、补偿等电路集成一体化，使传感器由单一的信号变换功能，扩展为兼有放大、运算、数字信号输出、信息存储和记忆、逻辑判断、双向通信、决策、自检、自校准、自补偿、数值处理等功能，实现了横向和纵向的多功能扩展。

不同种类的传感器逐步增加、融合、协同工作，使得电子设备的功能更丰富，更符合消费者需求。传感器融合技术在产业中的主要表现为：按照数据采集方式及传感技术结构，将同类别的传感器进行硬件集成，并通过特定算法进行数据校正及优化，降低串扰。不同传感器之间协同工作，性能互补，为用户提供更丰富的功能，赋予消费电子行业更大商业价值。可穿戴设备是消费电子市场中迭代非常明显的一类产品，从外观到功能的进化就可以清晰地看到传感器融合的轨迹。

图 1-34 为一款集成的多功能油液分析传感器，该传感器内部分别设置了水含量敏感元、油液黏度测试单元、油液密度测试单元及温度测试单元。该传感器被广泛应用于机械装备润滑油液的监测过程，以促进机械装备健康状态的管理。可见，通过多参数测试单元的集成化设计，使得传感器具有强大的检测功能，同时较小的体积为现场安装提供了明显的便利条件。

（3）微型化

在自动化和工业应用领域，要求传感器本身的体积越小越好。微型化是未来传感器发展的必然趋势之一。传感器的微型性是指敏感元件的特征尺寸为"毫米（mm）-微米（μm）-纳米（nm）"。传感器的微型化绝不仅仅是特征尺寸的缩微或减小，而是一种有新机理、新结构、新作用和新功能的高科技微型系统，其制备工艺涉及 MEMS 技术、IC 技术、激光技术、精密超细加工技术等。

图 1-34　多功能油液分析传感器

从生产及加工的角度上看，传感器微型化代表了生产成本的下降，还可以节约资源与能源。从性能上看，微型传感器的能耗得到大幅降低。从产品角度看，传感器的缩小可以释放更多空间，间接提升产品最终的用户体验。这种充分利用已有微细加工技术与装置的做法已经取得巨大的效益，极大地增强了市场竞争力。

美国相关机构已经开发出了名为"智能灰尘"的 MEMS 传感器，如图 1-35 所示。这种传感器的大小只有 1.5mm³，重量只有 5mg，但是却装有激光通信、CPU、电池等组件，以及速度、加速度、温度等多个传感器。以往做这样一个系统，尺寸会非常大，智能灰尘尺寸如此之小，却可以自带电源、通信，并可以进行信号处理，可见传感技术进步速度之快。MEMS传感器目前已在多个领域有所应用。比如，很多人使用的 iPhone 手机中就装有陀螺仪、麦克风、电子快门等多个 MEMS 传感器。

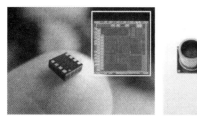

图 1-35　MEMS 传感器

（4）无源化和网络化

传感器多为非电量向电量的转化，电源及电线的存在对于传感器的应用环境限制很大，传感器工作时离不开电源，在野外现场或远离电网的地方，往往用电池或太阳能供电。因此研制微功耗的无源传感器是必然的发展方向，既节省能源，又能提高系统寿命。同时，在工业领域中，由于机械装备内部空间的限制以及待观测元件的运动，使得常规大体积的、有线的传感器难以在设备内部进行安装，因此，研究无源化的新型传感技术也是解决运动设备状态监测的必要手段。当前，利用 RFID 技术实现的传感器无源供电以及无线信息传输已经在工业场景中得到一定程度的应用。

传感器与数据、信息紧密相连，收集和传输数据信息是传感器的主要使命。如今，随着进入信息时代，网络化也是未来传感技术发展的重要趋势。传感技术网络化指传感器在现场实现 TCP/IP 协议，使现场测控数据就近进入网络，在网络所能及的范围内实时发布和共享信息。要使网络化传感器成为独立节点，关键是网络接口标准化。目前已有"有线网络化传感器"和"无线网络化传感器"。无线传感器网络是由布设在无人值守的监控区内具有通信与计算能力的微小传感器节点组成，根据环境自主完成指定任务的"智能"自治测控网络系统。许多工业及医疗场景中复杂的机械及人体结构无法满足传感器电源及线路的排布，也需要解决无线化和网络化的问题。图 1-36 为无线传感网络体系结构。

2019 年以来，5G 商用的开启已经为传感技术网络化发展带来重大利好，在 5G 网络高速率、低延时、大容量的优势支持下，传感器得以实现更加顺畅、迅速的数据联通和传输，自身性能也获得全面提升。在未来，传感技术还需加速与 5G 融合发展，进一步深化传感器网络化的应用。

（5）柔性化

柔性化是未来传感技术发展的一个重要方向。传感器的柔性化是指采用柔性材料，使传感器具有良好的柔韧性、延展性，甚至可自由弯曲折叠，而且结构形式灵活多样，可根据测量条件的要求任意布置，能够非常方便地对复杂被测量进行检测。

传感器柔性化的目的主要有三个：便携、仿生、融合。便携性主要基于柔性电子方向的发展，目的是改变电子器件刚性结构，使得产品设计上能够有所突破，在外形上可以折叠卷曲，更加便于携带、使用。目前大家能够接触到的传感器柔性化例子除了各种"智能鞋垫、枕头、床垫"之外，折叠屏手机最具代表性，未来手机可能会越来越"软"，像纸一样折起来放在口袋，或者像隐形眼镜一样戴在眼中。仿生方向是通过柔性传感器来模拟人体皮肤，为机器人的感知进行赋能，这产生了诸多新的应用。法国已研制出了模仿人类眼睛的视觉晶片，可以模仿人类眼睛，分辨不同颜色并观测动作。奔腾处理器每秒能处理数百万条指令，这种视觉晶片每秒能处理大约两百亿条指令。这种仿生视觉晶片将会引起感测与成像的革命，并在国防领域得到广泛的应用。生物融合则是针对人体开展的传感器研究。柔性材料可以更加贴合人体器官，在不被人体察觉的状态下，对身体生物变量进行监测。图 1-37 为在柔韧轻薄材料上印刷附着力强、耐弯折、灵敏度高的柔性纳米功能材料，从而制作的对压力高灵敏度检测的薄膜柔性压力传感器。

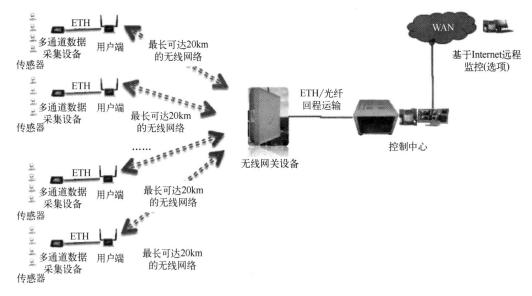

图 1-36　无线传感网络体系结构

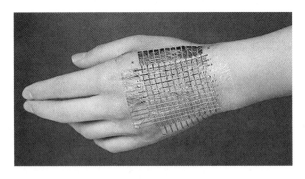

图 1-37　薄膜柔性压力传感器

柔性传感器结构形式灵活多样，可根据测量条件的要求任意布置，能够非常方便地对特殊环境与特殊信号进行精确快捷测量，解决了传感器的小型化、集成化、智能化发展问题，目前，柔性传感器等仍处在早期开发阶段。在未来，这些柔性传感器将拥有更多创新应用，如人造皮肤、可穿戴传感器和微动传感等。

（6）创新化

随着科技的进步发展，研究开发工程需要更多种的新型传感器和传感技术系统，加速新型传感器的研究、开发、应用意义重大。传感技术的创新性主要包括利用新原理、新效应、新技术，研究开发工程和科技发展迫切需求的多种新型传感器和传感技术系统。

从传感器性能的角度来看，传感器需具备一定的准确度、稳定性和可靠性，因此对传感器的研究大多数集中在硬件改进方面，不断利用新原理、新技术、新效应来制作传感器核心器件，提高传感器的测量性能。纳米传感器是利用纳米技术制作而成，与传统传感器相比，尺寸减小、精度提高、性能大大改善。量子传感器利用量子效应研制而成，如共振隧道二极管、量子阱激光器、量子干涉部件等，具有高速（比电子敏感器件快 1000 倍）、低耗（能耗比电子敏感器件低 1000 倍）、高集成度、高效益等优点。图 1-38 为纳米传感器和用于测量光合有效辐射的量子传感器，都反映出了传感器不断创新的发展趋势。

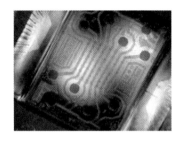

图 1-38　纳米传感器和量子传感器

参考文献

[1] 张弛，付贤鹏，王中林. 摩擦纳米发电机在自驱动微系统研究中的现状与展望 [J]. 机械工程学报，2019，55（07）：89-101.

[2] 徐开先，徐秋玲. 传感器与物联网 [C]. //中国仪器仪表学会仪表元件分会第五届仪器仪表元器件研讨会暨广东省仪器仪表学会第二次学术会议论文集，2011：54-72.

[3] 张子栋，吴雪冰，吴慎山. 智能传感器原理及应用 [J]. 河南科技学院学报，2008，36（2）：4.

[4] 程鸣凤. 智能传感器技术问题研究 [J]. 科技致富向导，2014（29）：1.

[5] 苏艳阳，李锐，陈宇，等. 传感技术综述 [J]. 数字通信，2009，36（4）：7.

[6] 李仲明，李斌，武思蕊，等. 基于 3D 打印技术制造柔性传感器研究进展 [J]. 化工进展，2020，39（5）：9.

[7] 段成丽，齐文杰. 军用传感器的发展趋势与对策 [J]. 传感器技术，2003，22（11）：4-8.

[8] 刘佳. 机电一体化传感器测控实验系统的研制 [D]. 武汉：华中科技大学，2003.

[9] 张金明. 传感器研究进展 [J]. 科技展望，2010，000（011）：78-79.

[10] 王成. 基于 PLC 的矿井皮带机远程监控系统的研究 [D]. 阜新：辽宁工程技术大学，2011.

[11] 杨宝峰. 浅论光电式传感器 [J]. 呼伦贝尔学院学报，2003，011（006）：103-105.

[12] 李春雨. 煤矿地面设备安全检测智能传感器设计 [D]. 青岛：山东科技大学，2012.

[13] 赵丹，肖继学，刘一. 智能传感器技术综述 [J]. 传感器与微系统，2014，33（9）：4.

[14] 傅建红，胡绍忠. 浅析传感器发展的新趋势 [J]. 科技广场，2009（3）：2.

[15] 沙雪风. 感器技术的现状与发展趋势 [J]. 中国电子商务，2012（7）：1.

第 **2** 章

传感器技术基础

传感器的基本特性是指传感器的输入-输出关系特性,是传感器的内部结构参数作用关系的外部表现。不同的传感器有不同的内部结构参数,这些参数决定了它们具有不同的外部特性。传感器的基本特性是传感器的技术基础,也是传感器标定与校准的重要依据。

2.1 传感器基本特性

传感器以一定的精确度将被测量转换为与之有确定关系的、易于精确处理和测量的某种物理量,通常是将非电量转换为电量来输出。传感器的特性是其内部参数所表现的外部特征,决定了传感器的性能和精度。换言之,传感器能否完成检测任务,关键在于传感器的特性。传感器的基本特性主要包括静态特性和动态特性,主要根据传感器的输入-输出关系来确定,只有良好的基本特性才能保证信号不失真地转换。

根据输入信号随时间的变化情况,传感器的输入量分为静态量和动态量。静态主要包括稳态和准静态,静态的信号是不随时间变化或变化比较缓慢;动态主要包括周期变化和瞬态,动态的信号则是随时间变化而变化,含有时间变量。

传感器要尽量准确地反映输入物理量的状态,所表现出的输入和输出特性也就不尽相同,即存在不同的静态特性和动态特性。

2.1.1 静态特性

传感器的输出输入关系或多或少地存在非线性问题,在不考虑迟滞、蠕变、不稳定等因素的情况下,传感器静态特性可用多项式代数方程表示为

$$y = a_0 + a_1x + a_2x^2 + \cdots + a_nx^n \tag{2-1}$$

式中,x 为输入量;y 为输出量;a_0 为零位输出;a_1 为传感器的线性常数;$a_2, \cdots, a_n$ 为非线性项的待定系数

静态特性曲线过原点,分为如下四种情况:

① 理想线性。理想线性如图 2-1 所示,满足关系式:

$$y = a_1x \tag{2-2}$$

② 非线性项仅有奇次项。非线性项仅有奇次项如图 2-2 所示,满足关系式:

$$y = a_1x + a_3x^3 + \cdots + a_nx^n \tag{2-3}$$

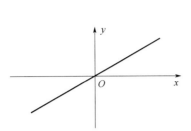

图 2-1　理想线性静态特性曲线

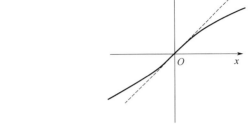

图 2-2　非线性项仅有奇次项静态特性曲线

曲线原点对称，有较宽的线性范围，比较接近理想特性。通常差动技术能够改善传感器静态特性的非线性，使灵敏度提高 1 倍。

③ 非线性项仅有偶次项。非线性项仅有偶次项如图 2-3 所示，满足关系式：

$$y = a_2x^2 + a_4x^4 + \cdots + a_nx^{2n} \tag{2-4}$$

曲线过原点，但不对称，线性范围较窄，一般传感器设计很少采用这种特性。

④ 普遍情况。普遍情况下如图 2-4 所示，满足关系式：

$$y = a_1x + a_2x^2 + \cdots + a_nx^n \tag{2-5}$$

曲线过原点，但不具有对称性。这种普遍情况在实际应用中广泛存在，目前普遍利用校准数据获得多项式的最佳估计值，建立传感器的数学模型。

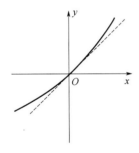

图 2-3　非线性项仅有偶次项静态特性曲线

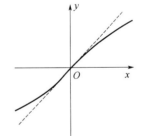

图 2-4　普遍情况下静态特性曲线

静态特性指标主要有灵敏度、线性度、迟滞、重复性/再现性、漂移、准确度和不准确度、精度、分辨力、测量范围、死区。

（1）灵敏度

灵敏度是传感器静态特性的一个重要指标，其定义是输出量增量 Δy 与引起输出量增量 Δy 的相应输入量增量 Δx 之比，如图 2-5 所示。用 k 表示灵敏度，即

$$k = \frac{\Delta y}{\Delta x} \tag{2-6}$$

它表示单位输入量的变化所引起传感器输出量的变化，显然灵敏度 k 值越大，表示传感器越灵敏。

对于线性传感器，灵敏度就是特性曲线的斜率；而非线性传感器的灵敏度是变量，用 $\mathrm{d}y/\mathrm{d}x$

表示某一点的灵敏度。

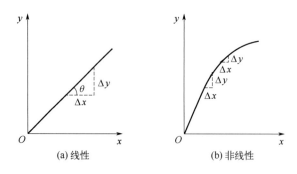

图 2-5　线性和非线性传感器灵敏度

（2）线性度

传感器的线性度，是指传感器的输出与输入之间数量关系的线性程度。

传感器的输出与输入的关系，可分为线性特性和非线性特性。从传感器的性能看，希望具有线性关系，即理想输入输出关系，但实际遇到的传感器大多为非线性。传感器实际特性与理想特性曲线如图 2-6 所示。传感器的输出与输入关系多项式可以表示为：

$$y = a_0 + a_1 x + a_2 x^2 + \cdots + a_n x^n \tag{2-7}$$

式中，x 为输入量；y 为输出量；a_0 为零位输出；a_1 为传感器的线性常数；$a_2, \cdots, a_n$ 为非线性项的待定系数。

传感器的线性度，指在全量程范围内实际特性曲线与拟合直线之间的最大偏差值 $\Delta L_{\max}$ 与满量程输出值 y_{FS} 之比，如图 2-7 所示。线性度也称为非线性误差，用 γ_L 表示，即

$$\gamma_L = \pm \frac{\Delta L_{\max}}{y_{FS}} \times 100\% \tag{2-8}$$

式中，$\Delta L_{\max}$ 为最大非线性绝对误差；y_{FS} 为满量程输出值。

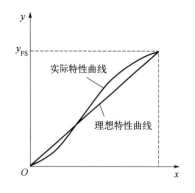

图 2-6　传感器实际特性与理想特性曲线

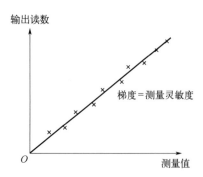

图 2-7　传感器线性度

在实际使用中，为了标定和数据处理的方便，希望得到线性关系，因此引入各种非线性补偿环节。如，采用非线性补偿电路或计算机软件进行线性化处理，从而使传感器

的输出与输入关系为线性或接近线性。但如果传感器非线性的幂次不高，输入量变化范围较小时，可用一条直线（切线或割线）近似地代表实际曲线的一段，使传感器输入输出特性线性化。所采用的直线称为拟合直线。

直线拟合用连续曲线近似地刻画或比拟平面上传感器输入和输出离散点组所表示的坐标之间的函数关系。直线拟合用解析表达式逼近离散数据，即离散数据的公式化，来更加确切和充分地体现出其固有的规律。直线拟合的方法很多，不同拟合方式得到的结果不相同，在实践中应选择使用。常用的几种直线拟合方法有理论拟合、过零旋转拟合、端点连线拟合，端点平移拟合以及最小二乘拟合。同一个传感器，若是拟合方法不同，其线性度也是不同的。

① 理论拟合。理论拟合直接用切线拟合传感器的输入输出特性曲线，如图 2-8 所示。理论拟合方法十分简单，但一般来说 $\Delta L_{\max}$ 较大。

② 过零旋转拟合。过零旋转拟合常用于曲线过零的传感器，拟合时，使 $\Delta L_1 = |\Delta L_2| = \Delta L_{\max}$。这种方法也比较简单，非线性误差比理论拟合方法小很多，如图 2-9。

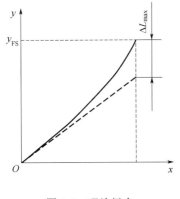

图 2-8　理论拟合

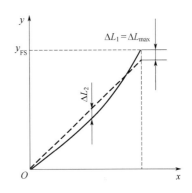

图 2-9　过零旋转拟合

③ 端点连线拟合。端点连线拟合把输出曲线两端点的连线作为拟合直线。这种方法比较简便，但 $\Delta L_{\max}$ 也较大，如图 2-10（a）。

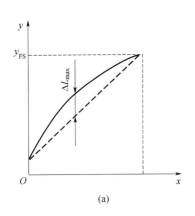

(a)

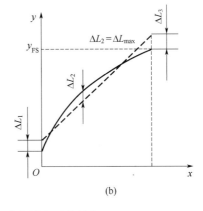

(b)

图 2-10　端点连线拟合与端点平移拟合

④ 端点平移拟合。图 2-10（b）端点平移拟合中在图 2-10（a）基础上使直线平移，移动距离为原先 $\Delta L_{\max}$ 的一半，这样输出曲线分布于拟合直线的两侧，$\Delta L_2 = |\Delta L_1| = |\Delta L_3| = \Delta L_{\max}$，

与图 2-10（a）相比，非线性误差减小一半，提高了精度。

⑤ 最小二乘拟合。最小二乘法（最小平方法）是一种数学优化技术，它通过最小化误差的平方和寻找数据的最佳函数匹配，最小二乘法可用于曲线拟合。最小二乘拟合如图 2-11 所示。设拟合直线方程为：

$$y = kx + b \tag{2-9}$$

残差为：

$$\Delta_i = y_i - (kx_i + b) \tag{2-10}$$

最小二乘法拟合直线的原理就是使 $\Sigma \Delta_i^2$ 的值最小，即

$$\sum_{i=1}^{n} \Delta_i^2 = \sum_{i=1}^{n} \left[y_i - (kx_i + b) \right]^2 = \min \tag{2-11}$$

求解有

$$\frac{\partial}{\partial k} \sum_{i=1}^{n} \Delta_i^2 = 2\sum_{i=1}^{n} \left(y_i - kx_i - b \right)\left(-x_i \right) = 0 \tag{2-12}$$

$$\frac{\partial}{\partial b} \sum_{i=1}^{n} \Delta_i^2 = 2\sum_{i=1}^{n} \left(y_i - kx_i - b \right)\left(-1 \right) = 0 \tag{2-13}$$

得到：

$$k = \frac{n\sum_{i=1}^{n} x_i y_i - \sum_{i=1}^{n} x_i \sum_{i=1}^{n} y_i}{n\sum_{i=1}^{n} x_i^2 - \left(\sum_{i=1}^{n} x_i \right)^2} \tag{2-14}$$

$$b = \frac{\sum_{i=1}^{n} x_i^2 - \sum_{i=1}^{n} x_i \sum_{i=1}^{n} x_i y_i}{n\sum_{i=1}^{n} x_i^2 - \left(\sum_{i=1}^{n} x_i \right)^2} \tag{2-15}$$

（3）迟滞

传感器在输入量由小到大（正行程）及由大到小（反行程）变化期间，其输入输出特性曲线不重合的现象称为迟滞。也就是说，对于同一大小的输入信号，传感器的正反行程输出信号大小不相等，这个差值称为迟滞差值。迟滞产生的主要原因：传感器机械部分存在不可避免的缺陷，如配合元件摩擦、界面间隙等。

传感器在全量程范围内最大的迟滞差值 $\Delta H_{\max}$ 与满量程输出值 y_{FS} 之比称为迟滞误差，用 γ_H 表示，即

$$\gamma_H = \frac{\Delta H_{\max}}{y_{FS}} \times 100\% \tag{2-16}$$

传感器的迟滞特性表明传感器的正反行程输出信号大小不相等，如图 2-12 所示。在相同

工作条件下，正行程和反行程输出的不重合程度、迟滞大小通常由实验确定。

（4）重复性/再现性

重复性和再现性的含义基本相同，二者应用在不同环境下。重复性描述在测量条件、传感器和观察者、位置、使用条件相同时，短时间内重复相同的输入时输出读数的接近程度。再现性描述在测量方法、观察者、测量传感器、测量位置、使用条件和测量时间发生变化时，相同的输入所对应的输出读数的接近程度。

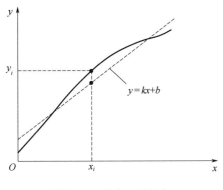

图 2-11　最小二乘拟合　　　　　　　　　图 2-12　迟滞特性

这两个术语均描述了在相同的输入时，输出读数的分布特性。这种特性在测量条件不发生变化时称为重复性，而在测量条件发生变化时则称为再现性。

重复性是指传感器在输入量按同一方向做全量程连续多次变化时，所得特性曲线不一致的程度。重复性误差属于随机误差，常用标准差 σ 计算，也可用正反行程中最大重复差值 Δ_{max} 计算，即

$$\gamma_R = \pm \frac{(2 \sim 3)\sigma}{y_{FS}} \times 100\%$$
（2-17）

$$\gamma_R = \pm \frac{\Delta_{max}}{y_{FS}} \times 100\%$$
（2-18）

传感器在测量过程中，重复性和再现性的程度是其精度的另一种表达方式，计算如下：

$$\delta_K = \pm \frac{\Delta R_{max}}{y_{FS}} \times 100\%$$
（2-19）

$$\delta = \sqrt{\frac{\sum_{i=1}^{N}(Y_i - \overline{Y})^2}{N-1}}$$
（2-20）

（5）漂移

漂移是指在外界干扰的情况下，在一定的时间间隔内，传感器输出量发生与输入量无关的变化的程度。这种因外界环境因素变化对传感器的测量影响主要是零点漂移和零点灵敏度漂移。灵敏度漂移系数定义了传感器特性敏感的每个环境参数单位变化引起的漂移量的多少。

零点漂移是描述传感器的零时读数受环境条件变化影响的程度，它导致了存在于整个传

感器测量范围内的恒定误差。零点漂移通常通过校准来消除。

导致灵敏度漂移的原因是传感器内部的组件会受环境波动（如温度的变化）的影响，如弹簧的弹性模量就受温度的影响，如图 2-13 为传感器的几种漂移形式。

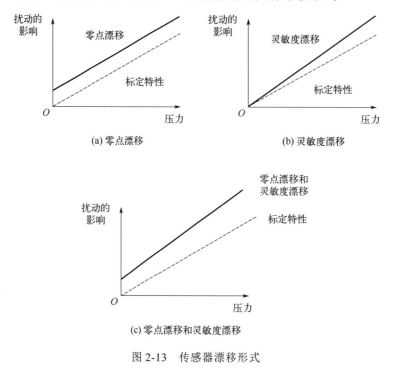

(a) 零点漂移

(b) 灵敏度漂移

(c) 零点漂移和灵敏度漂移

图 2-13 传感器漂移形式

（6）准确度和不准确度

传感器的准确度是衡量传感器的示值与真值的接近程度。真值，是指被测量在一定条件下客观存在的、实际具备的量值，真值是不可确切获知的。示值，是由传感器给出的量值，也称测量值或测量结果。准确度是测量结果中系统误差与随机误差的综合，表示测量结果与真值的一致程度，由于真值未知，因此准确度是个定性的概念。

在实践中，更常引用的是一个传感器的不准确度或测量的不确定度，而非准确度。不准确度或不确定度是指其中一个读数可能是错误的程度，经常被引述为传感器满量程（ y_{FS} ）读数的百分比。

传感器测量的不准确度表示测量结果不能肯定的程度，或者表征测量结果分散性。它只涉及测量值，是可以量化的，且经常由被测量算术平均值的标准差、相关量的标准不准确度等联合表示。

（7）精度

精度（precision）是描述传感器自由度随机误差的一个术语，如果用高精度传感器测得的大量读数的值相同，那么这些读数的误差会非常小。精度往往会与准确度相混淆。精度高并不意味着准确度高。高精度的传感器可能准确度低。高精度传感器中的低准确度通常是由测量过程中的偏差引起的，而偏差可通过重校校准来消除，如图 2-14 所示。

（8）分辨力

分辨力是描述传感器感受到被测量最小变化的能力，如图 2-15 所示。常用满量程中能使输出量产生阶跃变化的输入量的最小变化值作为衡量分辨力的指标，定义为传感器的分辨力

（$\Delta_{\max}$），也可以用分辨率表示，即

$$\frac{\Delta_{\max}}{y_{FS}}\times100\%\qquad(2\text{-}21)$$

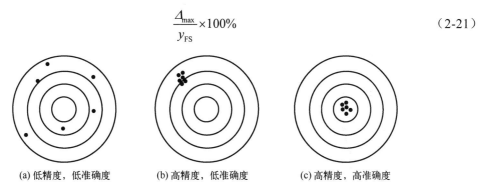

(a) 低精度，低准确度　　(b) 高精度，低准确度　　(c) 高精度，高准确度

图 2-14　精度与准确度图解

（9）测量范围

每个传感器都有一定的测量范围，如图 2-16，超过该范围进行测量时，会带来很大的测量误差，甚至将其损坏。在实际应用时，所选择传感器的测量范围应大于实际的测量范围，以保证测量的准确性并延长传感器及其电路的寿命。

满量程输出值 $y_{FS}=y_{\max}-y_{\min}$，量程为 $x_{\max}-x_{\min}$。

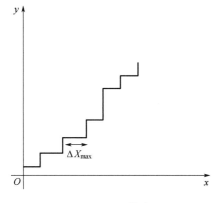

图 2-15　分辨力

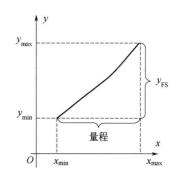

图 2-16　传感器的测量范围与量程

（10）死区

死区是输入不同值时输出值没有变化的范围，如图 2-17 所示。任何展示出迟滞的传感器均会显示死区，然而，一些传感器在没有受任何显著迟滞效应影响时仍然表现出在输出特性上的死区。例如，在机械传感器中，传动齿轮的齿隙是死区产生的典型原因，齿隙通常在齿轮组平移和旋转运动之间的转换中产生。

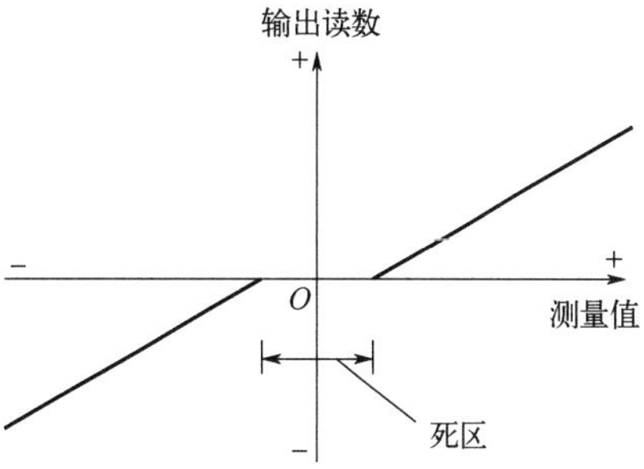

2.1.2　动态特性

（1）传感器的动态特性定义

传感器的动态特性，是指传感器的输出对输入动态信号的响应特性，反映了输出值真

图 2-17　传感器死区

实再现变化的输入量的能力。实际工程测量中，被测信号大多是动态信号，此时传感器的输入输出所表现出的就是传感器动态特性。当被测输入量随时间变化较快时，传感器的输出量不仅受输入量变化的影响，同时也会受传感器动态特性的影响。

传感器的理想动态特性：当输入量随时间变化时，输出量能立即随之无失真地变化。

实际上，存在弹性、惯性、阻尼元件、输入量、输入量的变化速度、输入量变化的加速度等影响因素。

工程上常用线性时不变系统理论来描述传感器的动态特性，应用常系数线性微分方程表示传感器输出量与输入量的关系：

$$a_n \frac{\mathrm{d}^n y}{\mathrm{d}t^n} + a_{n-1} \frac{\mathrm{d}^{n-1} y}{\mathrm{d}t^{n-1}} + \cdots + a_1 \frac{\mathrm{d}y}{\mathrm{d}t} + a_0 y = b_m \frac{\mathrm{d}^m x}{\mathrm{d}t^m} + b_{m-1} \frac{\mathrm{d}^{m-1} x}{\mathrm{d}t^{m-1}} + \cdots + b_1 \frac{\mathrm{d}x}{\mathrm{d}t} + b_0 x \qquad (2\text{-}22)$$

线性时不变系统具有两个重要的性质：

① 叠加性。如果 $x_1(t) \rightarrow y_1(t)$ $x_2(t) \rightarrow y_2(t)$，则 $\left[x_1(t) \pm x_2(t)\right] \rightarrow \left[y_1(t) \pm y_2(t)\right]$。

② 频率保持特性。如果 $x(t) = X_0 \cos(\omega t)$，则 $y(t) = Y_0 \cos(\omega t + \varphi_0)$。

传感器的动态特性，指其输出对随时间变化的输入量的响应特性。当被测量随时间变化，即是时间的函数时，传感器的输出量也是时间的函数，它们之间的关系要用动态特性来表示。对时间变化的输入，常用的激励信号有：

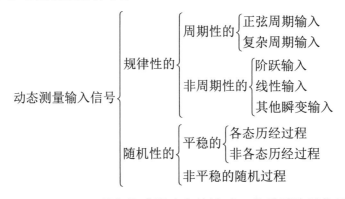

研究传感器动态特性时，常采用阶跃信号和正弦信号作为输入信号。传感器的动态特性可以从时域和频域两个方面，分别采用瞬态响应法和频率响应法来分析。一个动态特性好的传感器，其输出随时间变化的规律能再现输入随时间变化的规律，即具有相同的时间函数。

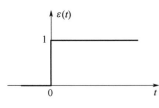

图 2-18　阶跃信号

对于阶跃输入信号（图 2-18），传感器的响应称为阶跃响应或瞬态响应。

阶跃信号的时域表达如式（2-23）所示，阶跃信号的时域积分特性如式（2-24）所示。

$$\varepsilon(t) \stackrel{\text{def}}{=} \lim_{n \to \infty} \gamma_n(t) = \begin{cases} 0, & t < 0 \\ \dfrac{1}{2}, & t = 0 \\ 1, & t > 0 \end{cases} \qquad (2\text{-}23)$$

$$\int_{-\infty}^{t} \varepsilon(\tau) \mathrm{d}\tau = t\varepsilon(t) \qquad (2\text{-}24)$$

阶跃输入函数是一种理想化的模型，因为在实际中，信号总是连续的，不可能在 0 点出现这样的"突变"。但是，建立这样一种模型，可以使问题的分析大为简化，抓住主要因素，忽略次要因素。

单位阶跃函数 $\varepsilon(t)$ 和单位冲激函数 $\delta(t)$ 这样的信号形象地被称作"钥匙"函数，因为它们可以看作是打开"信号与系统"中连续时间信号、系统分析这扇大门的钥匙。对应于正弦输入信号，如图 2-19，传感器的输出为频率响应或稳态响应。

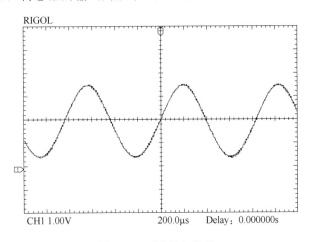

图 2-19　正弦输入信号

系统的频率响应由幅频特性和相频特性组成，幅频特性表示增益的增减同信号频率的关系；相频特性表示不同信号频率下的相位畸变关系。根据频率响应可以比较直观地评价系统复现信号的能力和过滤噪声的特性。建立在频率响应基础上的分析和设计方法，称为频率响应法。它是经典控制理论的基本方法之一，在控制工程中又称为频率特性，是系统对不同频率的正弦信号的稳态响应特性。

（2）动态特性数学模型

动态模型是指在准动态信号或动态信号作用下，描述传感器输出与输入间的一种数学关系，一般可用微分方程和传递函数来表示。

微分方程为：

$$a_n\frac{\mathrm{d}^n y}{\mathrm{d}t^n} + a_{n-1}\frac{\mathrm{d}^{n-1} y}{\mathrm{d}t^{n-1}} + \cdots + a_1\frac{\mathrm{d}y}{\mathrm{d}t} + a_0 y = b_m\frac{\mathrm{d}^m x}{\mathrm{d}t^m} + b_{m-1}\frac{\mathrm{d}^{m-1} x}{\mathrm{d}t^{m-1}} + \cdots + b_1\frac{\mathrm{d}x}{\mathrm{d}t} + b_0 x \tag{2-25}$$

式中，$a_0, a_1, \cdots, a_n, b_0, b_1, \cdots, b_m$ 是与传感器的结构特性有关的常系数。

设各阶时间导数的初始值为 0，式（2-25）的拉氏变换为：

$$Y(s)(a_n s^n + a_{n-1} s^{n-1} + \cdots + a_1 s + a_0) = X(s)(b_m s^m + b_{m-1} s^{m-1} + \cdots + b_1 s + b_0) \tag{2-26}$$

拉氏变换变形后，得到只与系统结构参数有关，体现内部结构参数的外部反映的传递函数为：

$$\frac{Y(s)}{X(s)} = \frac{b_m s^m + b_{m-1} s^{m-1} + \cdots + b_1 s + b_0}{a_n s^n + a_{n-1} s^{n-1} + \cdots + a_1 s + a_0} \tag{2-27}$$

即传递函数为：

$$H(s)=\frac{L[y(t)]}{L[x(t)]}=\frac{Y(s)}{X(s)} \tag{2-28}$$

对式（2-25）进行傅里叶变换得到频率响应特性：

$$H(\mathrm{j}\omega)=\frac{Y(\mathrm{j}\omega)}{X(\mathrm{j}\omega)}=\frac{b_m(\mathrm{j}\omega)^m+b_{m-1}(\mathrm{j}\omega)^{m-1}+\cdots+b_1(\mathrm{j}\omega)+b_0}{a_n(\mathrm{j}\omega)^n+a_{n-1}(\mathrm{j}\omega)^{n-1}+\cdots+a_1(\mathrm{j}\omega)+a_0}=H_R(\omega)+\mathrm{j}H_I(\omega) \tag{2-29}$$

其指数表示为：

$$H(\mathrm{j}\omega)=A(\omega)\mathrm{e}^{\mathrm{j}\varphi(\omega)} \tag{2-30}$$

则幅频特性为：

$$H(\omega)=|H(\omega)|=\sqrt{\left[H_R(\omega)\right]^2+\left[H_I(\omega)\right]^2} \tag{2-31}$$

相频特性为：

$$\varphi(\omega)=\arctan\frac{H_I(\mathrm{j}\omega)}{H_R(\mathrm{j}\omega)} \tag{2-32}$$

传递函数与微分方程两者完全等价，可以相互转化。考察传递函数所具有的基本特性，比考察微分方程的基本特性要容易得多。大多数传感器的动态特性都可归属于零阶、一阶和二阶系统。实际上更复杂的系统，在一定条件下，都可用零阶、一阶和二阶的组合来进行分析。

① 零阶传感器系统（零阶系统）。在方程式中的系数除了 a_0、b_0 之外，其他的系数均为零，则微分方程就变成简单的代数方程，即

$$a_0 y(t)=b_0 x(t) \tag{2-33}$$

通常将该代数方程写成

$$y(t)=kx(t) \tag{2-34}$$

式中，$k=b_0/a_0$，为传感器的静态灵敏度或放大系数。

零阶系统具有理想的动态特性，无论被测量随时间如何变化，输出信号都不会失真，在时间上也无滞后，因此零阶系统又称为比例系统。

② 一阶系统。若在方程式中的系数除了 a_0、a_1 与 b_0 之外，其他的系数均为零，则微分方程为

$$a_1\frac{\mathrm{d}y(t)}{\mathrm{d}t}+a_0 y(t)=b_0 x(t) \tag{2-35}$$

$$\tau\frac{\mathrm{d}y(t)}{\mathrm{d}t}+y(t)=kx(t) \tag{2-36}$$

时间常数 τ 具有时间的量纲，它反映传感器的惯性的大小。用此方程式描述其动态特性的传感器就称为一阶系统，一阶系统又称为惯性系统，如电路中常用的阻容滤波器等均可看作一阶系统。

③ 二阶系统。二阶系统的微分方程为

$$a_2\frac{\mathrm{d}^2 y(t)}{\mathrm{d}t^2}+a_1\frac{\mathrm{d}y(t)}{\mathrm{d}t}+a_0 y(t)=b_0 x(t) \tag{2-37}$$

二阶系统的微分方程通常改写为

$$\frac{\mathrm{d}^2 y(t)}{\mathrm{d}t} + 2\xi\omega_n \frac{\mathrm{d}y(t)}{\mathrm{d}t} + \omega_n^2 y(t) = \omega_n^2 kx(t) \tag{2-38}$$

静态灵敏度系数为：

$$k = b_0/a_0 \tag{2-39}$$

阻尼系数为：

$$\xi = a_1 \big/ 2\sqrt{a_0 a_2} \tag{2-40}$$

传感器的固有频率为：

$$\omega_n = \sqrt{a_0/a_2} \tag{2-41}$$

根据二阶微分方程特征方程根的性质不同，二阶系统又可分为：

a. 二阶惯性系统：其特点是特征方程的根为两个负实根，它相当于两个一阶系统串联。

b. 二阶振荡系统：其特点是特征方程的根为一对带负实部的共轭复根。

电磁式的动圈仪表及 RLC 振荡电路等，均可看作二阶系统。

（3）动态特性指标

尽管大部分传感器的动态特性可以近似地用一阶或者二阶系统来描述，但是实际的传感器往往比上述的数学模型复杂。动态响应特性一般并不能直接给出其微分方程，而是通过动态响应试验，得到传感器的阶跃响应曲线或者频率响应曲线，利用曲线的某些特征值来表示其动态响应特性。

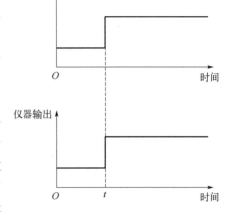

图 2-20　零阶传感器特性

① 零阶传感器的动态特性（图 2-20）。零阶传感器的输入、输出关系如下：

$$a_0 y(t) = b_0 x(t) \tag{2-42}$$

传感器的传输函数：

$$G(s) = k \tag{2-43}$$

传感器的频率特性：

$$G(\mathrm{j}\omega) = k \tag{2-44}$$

② 一阶传感器的单位阶跃响应（图 2-21）。

$$\tau \frac{\mathrm{d}y(t)}{\mathrm{d}t} + y(t) = kx(t) \tag{2-45}$$

设传感器的静态灵敏度 $k=1$，传递函数为

$$H(s) = \frac{Y(s)}{X(s)} = \frac{1}{\tau s + 1} \tag{2-46}$$

对初始状态为零的传感器，若输入一个单位阶跃信号，即

$$x(t)=\begin{cases} 0, & t \le 0 \\ 1, & t>0 \end{cases} \qquad (2\text{-}47)$$

输入信号 $x(t)$ 的拉氏变换为

$$X(s) = \frac{1}{s} \qquad (2\text{-}48)$$

一阶传感器的单位阶跃响应拉氏变换式为：

$$Y(s) = H(s)X(s) = \frac{1}{\tau s+1} \times \frac{1}{s} \qquad (2\text{-}49)$$

对上式进行拉氏反变换，可得一阶传感器的单位阶跃响应信号为：

$$y(t) = 1 - e^{-\frac{t}{\tau}} \qquad (2\text{-}50)$$

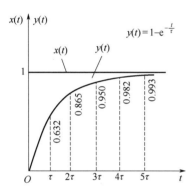

图 2-21　一阶传感器单位阶跃响应

由图 2-21 可见，传感器存在惯性，它的输出不能立即复现输入信号，而是从零开始，按指数规律上升，最终达到稳态值。

理论上传感器的响应只在 t 趋于无穷大时才达到稳态值，但通常认为 $t=(3\sim4)\tau$ 时，如当 $t=4\tau$ 时其输出就可达到稳态值的 98.2%，可以认为已达到稳态。所以，一阶传感器的时间常数 τ 越小，响应越快，响应曲线越接近输入阶跃曲线，即动态误差小。因此，τ 值是一阶传感器重要的性能参数。

③ 一阶传感器的频率响应（图 2-22）。将一阶传感器传递函数式中的 s 用 $j\omega$ 代替后，即可得频率特性表达式：

$$H(j\omega) = \frac{1}{j\omega\tau+1} = \frac{1}{1+(\omega\tau)^2} - j\frac{\omega\tau}{1+(\omega\tau)^2} \qquad (2\text{-}51)$$

幅频特性为：

$$A(\omega) = \frac{1}{\sqrt{1+(\omega\tau)^2}} \qquad (2\text{-}52)$$

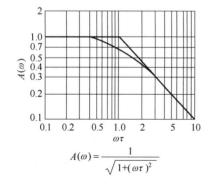

$$A(\omega) = \frac{1}{\sqrt{1+(\omega\tau)^2}}$$

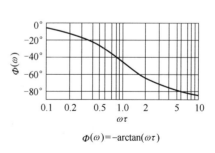

$$\Phi(\omega) = -\arctan(\omega\tau)$$

图 2-22　一阶传感器频率响应幅频特性和相频特性

相频特性为：

$$\Phi(\omega)=-\arctan(\omega\tau) \tag{2-53}$$

④ 二阶传感器的单位阶跃响应（图 2-23）。二阶传感器的微分方程为：

$$\frac{d^2 y(t)}{dt} + 2\xi\omega_n \frac{dy(t)}{dt} + \omega_n^2 y(t) = \omega_n^2 kx(t) \tag{2-54}$$

设传感器的静态灵敏度 $k=1$，其二阶传感器的传递函数为：

$$H(s) = \frac{\omega_n^2}{s^2 + 2\xi\omega_n s + \omega_n^2} \tag{2-55}$$

传感器输出的拉氏变换为：

$$Y(s) = H(s)X(s) = \frac{\omega_n^2}{s(s^2 + 2\xi\omega_n s + \omega_n^2)} \tag{2-56}$$

图 2-23 为二阶传感器的单位阶跃响应曲线，二阶传感器对阶跃信号的响应在很大程度上取决于阻尼比 ξ 和固有角频率 ω_n。

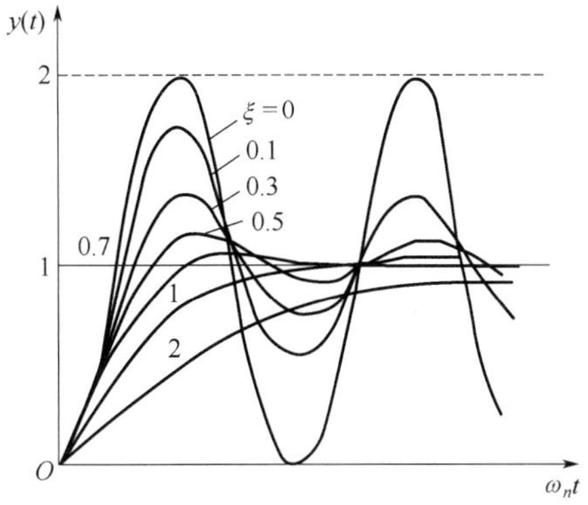

$\xi=0$ 时，特征根为一对虚根，阶跃响应是一个等幅振荡过程，这种等幅振荡状态又称为无阻尼状态。

$\xi>1$ 时，特征根为两个不同的负实根，阶跃响应是一个不振荡的衰减过程，这种状态又称为过阻尼状态。

$\xi=1$ 时，特征根为两个相同的负实根，阶跃响应也是一个不振荡的衰减过程，但是它是一个由不振荡衰减到振荡衰减的临界过程，故又称为临界阻尼状态。

图 2-23　二阶传感器单位阶跃响应曲线

$0<\xi<1$ 时，特征根为一对共轭复根，阶跃响应是一个衰减振荡过程，在这一过程中 ξ 值不同，衰减快慢也不同，这种衰减振荡状态又称为欠阻尼状态。

阻尼比 ξ 直接影响超调量和振荡次数，为了获得满意的瞬态响应特性，实际使用中常按稍欠阻尼调整，对于二阶传感器取 ξ 在 0.6～0.7 之间，则最大超调量不超过 10%，趋于稳态的调整时间也最短，约为 $(3\sim4)/(\xi\omega)$。

固有频率 ω_n 由传感器的结构参数决定。固有频率 ω_n 也即等幅振荡的频率，ω_n 越高，传感器的响应也越快。

⑤ 二阶传感器的频率响应（见图 2-24）。由二阶传感器的传递函数式可写出二阶传感器的频率特性表达式，即

$$H(j\omega) = \frac{\omega_n^2}{(j\omega)^2 + 2\xi\omega_n(j\omega) + \omega_n^2} = \frac{1}{1-\left(\frac{\omega}{\omega_n}\right)^2 + j2\xi\frac{\omega}{\omega_n}} \tag{2-57}$$

其幅频特性为：

$$A(\omega) = |H(\mathrm{j}\omega)| = = \cfrac{1}{\sqrt{\left[1-\left(\cfrac{\omega}{\omega_n}\right)^2\right]^2 + \left(2\xi\cfrac{\omega}{\omega_n}\right)^2}} \tag{2-58}$$

相频特性分别为

$$\Phi(\omega) = \angle|H(\mathrm{j}\omega)| = -\arctan\cfrac{2\xi\cfrac{\omega}{\omega_n}}{1-\left(\cfrac{\omega}{\omega_n}\right)^2} \tag{2-59}$$

相位角负值表示相位滞后。

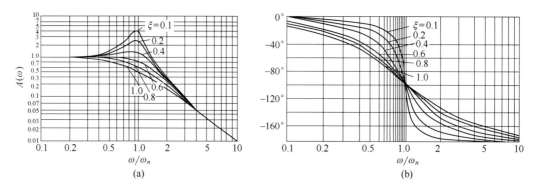

图 2-24　二阶传感器频率响应幅频特性和相频特性

传感器的频率响应特性好坏，主要取决于传感器的固有频率 ω_n 和阻尼比 ξ。

当 $\xi<1$，$\omega_n>\omega$ 时，$A(\omega)\approx1$，$\Phi(\omega)$ 很小，此时，传感器的输出 $y(t)$ 再现了输入 $x(t)$ 的波形，通常固有频率 ω_n 至少应为被测信号频率 ω 的 3～5 倍，即 $\omega_n \geq (3\sim5)\omega$。

在 $\omega=\omega_n$ 附近，系统发生共振，幅频特性受阻尼系数影响极大，实际测量时应避免此情况。

为了减小动态误差和扩大频率响应范围，一般需要提高传感器固有频率 ω_n。而 $\omega_n=(k/m)^{1/2}$，所以可以通过增大刚度 k 和减小质量 m 提高固有频率，但刚度 k 增加，会使传感器灵敏度降低。所以在实际中，应综合各种因素来确定传感器的各个特征参数。

一阶传感器与阶跃响应有关的动态特性指标（见图 2-25）主要有：

a. 时间常数 τ：一阶传感器输出由零上升到稳定值 63.2% 所需的时间。

b. 延迟时间 t_d：传感器输出达到稳定值 50% 所需的时间。

c. 上升时间 t_r：传感器输出达到稳定值 90% 所需的时间。

二阶传感器与阶跃响应有关的动态特性指标（见图 2-26）主要有：

a. 峰值时间 t_p：二阶传感器输出响应曲线达到第一个峰值所需的时间。

b. 超调量 σ：二阶传感器输出超过稳定值的最大值。

c. 衰减比：衰减振荡的二阶传感器输出响应曲线第一个峰值与第二个峰值之比。

（4）传感器实现不失真测量的条件

在实际测试时应首先根据被测对象的特征，选择适当特性的测试系统，在测量频率范围内使其幅频、相频特性尽可能接近不失真测试的条件；其次，对输入信号做必要的前置处理，及时滤除非信号频带噪声。一个实际的测试系统，通过作其幅频特性和相频特性图，并根据不失真测试条件，可得其低端截止频率和高端截止频率。

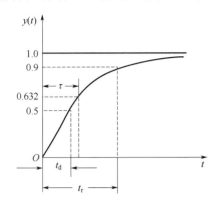

图 2-25 一阶传感器与阶跃响应有关的
动态特性指标

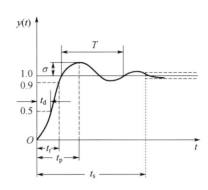

图 2-26 二阶传感器与阶跃响应有关的
动态特性指标

一个理想的传感器就是要确保被测信号的无失真转换，使测量结果尽量反映被测量的原始特征，用数学语言描述就是输出和输入满足：

$$y(t) = Ax(t - t_0) \qquad (2\text{-}60)$$

式中，A 和 t_0 都是常数，表明输出与输入波形一致，只是幅值放大了 A 倍，时间上延迟了 t_0。

实现不失真测量传感器的幅频特性和相频特性分别如下：

$$Y(s) = A\mathrm{e}^{-st_0} X(s) \qquad (2\text{-}61)$$

$$H(s) = A\mathrm{e}^{-st_0} \qquad (2\text{-}62)$$

$$H(\mathrm{j}\omega) = A\mathrm{e}^{-\mathrm{j}\omega t_0} \qquad (2\text{-}63)$$

$$A(\omega) = A(常数) \qquad (2\text{-}64)$$

$$\varPhi(\omega) = {}^-\omega t_0(线性) \qquad (2\text{-}65)$$

2.2 传感器的标定与校准

2.2.1 标定与校准的定义

标定是在明确传感器的输入与输出变换关系的前提下，利用某种标准量或标准器具对传感器的量值进行全面的技术检定和标度。新研制或生产的传感器都需要进行全面的技术鉴定，而校准是指在使用中或存储后进行的性能复测。标定与校准的目的都是通过实验和实验数据处理得到传感器数学模型及性能指标，二者在本质上是相同的。

传感器的标定分为静态标定和动态标定两种。静态标定的目的是确定传感器静态特性指标，如线性度、灵敏度、滞后和重复性等；动态标定的目的是确定传感器动态特性参数，如频率响应、时间常数、固有频率和阻尼比等。有时根据需要还要对横向灵敏度、温度响应、环境影响等进行标定。

传感器标定方法，是利用标准仪器产生已知非电量（如标准力、压力、位移）作为输入量，输入到待标定传感器中，然后将传感器的输出量与输入标准量做比较，获得一系列标准数据或曲线。有时输入的标准量是利用标准传感器检测得到，这时的标定实质上是进行待标定传感器与标准传感器之间的比较。标定在传感器制造时已进行，但在使用中还要定期进行，传感器的标定是传感器制造与应用中必不可少的工作。

传感器标定实验涉及的因素较多，主要考虑因素如下：

① 必须有一个与标定系统对应的数学模型，用来表达输入输出之间的关系。

② 实验中对输入参量进行控制的同时，尽量屏蔽可能影响标定结果的其他干扰因素。

③ 通过对标定数据的回归分析得到数学模型的参数的同时，还需分析模型的适用性。

随着各种传感器标准的不断完善，传感器标定方法一般都有相应的国家标准或行业标准。传感器标定系统的一般组成如下：

① 被测量的标准发生器，如恒温源、测力机等。

② 被测量的标准测试系统，如标准压力传感器、标准力传感器、标准温度计等。

③ 待标定传感器所配接的信号调节器、显示器和记录器等，其精度是已知的。

传感器的标定需要利用精度高一级的标准器具对传感器进行定度，以此确定传感器输出量与输入量之间的对应关系，同时也确定不同使用条件下的误差关系。为保证各种量值的准确一致，标定应按计量部门规定的标定规程和管理办法进行。

我国将传感器标定等级分为三级精度：国家计量院的标准传感器，具有一级精度；省院使用一级精度传感器进行标定，得到具有二级精度的传感器；生产厂家再用二级精度传感器对出厂的传感器进行标定，得到具有三级精度的传感器（即各种实测用的传感器）。

标定根据参考基准（技术基准、已标传感器）不同，可分两类：绝对标定是将传感器输出与真实的固定输入相比较；相对标定是将传感器输出与已标定的传感器输出相比较。标定的一般步骤如下：

① 确定一个表达传感器输出-输入信号关系的数学模型。

② 设计一个标定实验，对传感器施加输入，测量相应输出。其中需特别注意控制其他信号 $[q(t)]$ 的影响。

③ 回归分析法处理标定实验所得数据，确定步骤①中数学模型的参数及测量误差。

实际标定操作时需考虑的共性问题有传感器系统每个模块的标准特性参数、标定系统的可操作性、标定系统的成本、标定工艺的人工成本、标定数据的整理及传感器系统软硬件调整方案。

2.2.2　传感器的静态特性标定

静态标定指在输入信号不随时间变化的静态标准条件下，对传感器的静态特性如灵敏度、非线性、滞后、重复性等指标的检定。静态标定是评定传感器指标的基本方式，传感器的大部分技术参数都是通过静态标定取得的。

静态标准条件为没有加速度、振动、冲击（除非这些参数本身就是被测物理量）；环境温度一般为室温（20℃±5℃）；相对湿度不大于85%；大气压力为 101kPa±7kPa。

标定传感器的静态特性，首先是创造一个静态标准条件，其次是选择与被标定传感器的精度要求相适应的一定等级的标定用的仪器设备，然后才能对传感器进行静态特性标定。静态特性标定过程步骤如下：

① 将传感器全量程（测量范围）分成若干等间距点；

②　根据传感器量程分点情况，由小到大输入标准量值，并记录下与各输入值相对应的输出值；

③　将输入值由大到小一点一点减少，同时记录下与各输入值相对应的输出值；

④　按②③所述过程，对传感器进行正、反行程往复循环多次测试，将得到的输出-输入测试数据用表格列出或画成曲线；

⑤　对测试数据进行必要的处理，根据处理结果就可以确定传感器的线性度、灵敏度、滞后和重复性等静态特性指标。

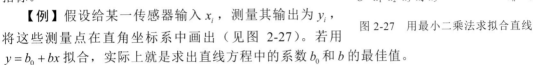

图 2-27　用最小二乘法求拟合直线

【例】假设给某一传感器输入 x_i，测量其输出为 y_i，将这些测量点在直角坐标系中画出（见图 2-27）。若用 $y = b_0 + bx$ 拟合，实际上就是求出直线方程中的系数 b_0 和 b 的最佳值。

对于给定值 x_i，其测量值为 y_i，真值为 $b_0 + bx_1$，根据最小二乘原理，要想获得最可信赖的 b_0 和 b 的值，应使各测量值的误差平方和最小，即

$$\Delta_i = y_i - (b_0 + bx_i)(i = 1, 2, \cdots, n) \tag{2-66}$$

$$\varphi = \sum_{i=1}^{n} \left[y_i - (b_0 + bx_i) \right]^2 = \min \tag{2-67}$$

令 $\dfrac{\partial \varphi}{\partial A} = 0, \quad \dfrac{\partial \varphi}{\partial B} = 0$

则：

$$\begin{cases} nb_0 + b\sum_{i=1}^{n} x_i = \sum_{i=1}^{n} y_i \\ b_0 \sum_{i=1}^{n} x_i + b\sum_{i=1}^{n} x_i^2 = \sum_{i=1}^{n} x_i y_i \end{cases} \tag{2-68}$$

解得：

$$\begin{cases} b_0 = \dfrac{\sum_{i=1}^{n} y_i \sum_{i=1}^{n} x_i^2 - \sum_{i=1}^{n} x_i y_i \sum_{i=1}^{n} x_i}{n\sum_{i=1}^{n} x_i^2 - \left(\sum_{i=1}^{n} x_i \right)^2} \\ \\ b = \dfrac{n\sum_{i=1}^{n} x_i y_i - \sum_{i=1}^{n} x_i \sum_{i=1}^{n} y_i}{n\sum_{i=1}^{n} x_i^2 - \left(\sum_{i=1}^{n} x_i \right)^2} \end{cases} \tag{2-69}$$

2.2.3　传感器的动态特性标定

传感器输入信号随时间的变化而变化时的标定称为动态标定，动态标定的目的是确定传感器的动态特性指标，如时间常数、固有频率和阻尼比等。对被标定传感器输入标准激励信号，测得输出数据，做出输出值与时间的关系曲线，由输出曲线与输入标准激励信号比较，

可以标定传感器的动态响应特性指标等，动态标定一般用于对传感器动态响应特性有要求的场合。

传感器种类繁多，动态标定方法各不相同。常用的动态标定方法如下：

① 冲击响应法。具有所需设备少、操作简便、力值调整及波形控制方便的特点，因此被广泛采用。例如对力传感器的动态标定是使用落锤式冲击台，根据重物自由下落冲击砧子所产生的冲击力为标准动态力而完成。提升机构将质量为 m 的重锤提升到一定高度后释放，重锤落下，撞击安装在砧子上的被校传感器，其冲击加速度由固定在重锤上的标准加速度计测出。因此，被标定传感器所受的冲击力为 ma，改变重锤下落高度，可得到不同冲击加速度，即不同冲击力。通过一个测试系统测量传感器的输出信号，与输入传感器的标准信号进行比较，可得传感器的各项动态性能指标。为提高校准精度，一般采用测速精度很高的多普勒测速系统测定落锤的速度，并经微分电路变换成加速度信号输出，由此测定力传感器的输入信号。

② 频率响应法。频率响应是在频域内测试系统动态特性进行动态标定的理想方法之一，频率响应法标定较直观、精度较高，但是需要性能优良的参考传感器提供不同频率的谐波信号，而非电量正弦发生器的工作频率有限，实验时间长。例如测力仪的标定。

③ 激振法。通过激振器或振动台对测力仪的刀尖部位施加不同频率（不同幅值）的激振力，求得输出与输入对应关系。如在测力刀杆（或工作台）下方紧压一压电传感器。力作用在刀尖上时，传感器也相应地感受到一定大小的力并将力信号转化成电荷信号输出，经电荷放大器将电荷信号转换成电压信号并放大，通过仪器显示并记录。

④ 阶跃响应法。当传感器受到阶跃压力信号作用，测得其响应，用基于机理分析的估计方法或实验建模方法求出传感器的频率特性、特征参数和性能指标。

在传感器动态特性标定中，与动态响应有关的参数，一阶传感器只有一个时间常数 τ，二阶传感器则有固有频率 ω_n 和阻尼比 ξ 两个参数。标定系统中标准激励信号主要是阶跃变化和正弦变化的输入信号。

对于一阶传感器而言，其单位阶跃响应函数为

$$y(t) = 1 - e^{-t/\tau} \tag{2-70}$$

变换得到：

$$e^{-t/\tau} = 1 - y(t) \tag{2-71}$$

两边同时取对数，则有

$$z = -\frac{t}{\tau} = \ln\left[1 - y(t)\right] \tag{2-72}$$

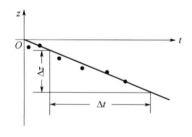

图 2-28　一阶传感器标定

如图 2-28 所示，z 和时间 t 呈线性关系，且有 $\tau = \Delta t / \Delta z$，可以根据测得的 $y(t)$ 值作出 z-t 曲线，并根据 $\Delta t / \Delta z$ 的值获得一阶传感器时间常数 τ。

二阶传感器（$\xi < 1$）的单位阶跃响应为

$$y(t) = 1 - \left[e^{-\xi\omega_n t/\sqrt{1-\xi^2}}\right]\sin\left(\sqrt{1-\xi^2}\,\omega_n t + \arctan\sqrt{1-\xi^2}\right) \tag{2-73}$$

$$M = e^{-\frac{\xi\pi}{\sqrt{1-\xi^2}}} \tag{2-74}$$

$$\xi=\frac{1}{\sqrt{\left(\dfrac{\pi}{\ln M}\right)^2+1}} \qquad (2\text{-}75)$$

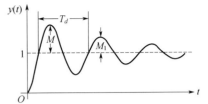

图 2-29　二阶传感器系统阶跃响应

其阶跃响应如图 2-29 所示。

如果测得阶跃响应的较长瞬变过程，则可利用任意两个过冲量 M_i 和 M_{i+n}，求得阻尼比 ξ，其中 n 是该两峰值相隔的周期数（整数）。

当 $\xi<0.1$ 时，以 1 代替 $\sqrt{1-\xi^2}$，此时不会产生过大的误差（不大于 0.6%），则可用式（2-76）计算 ξ。

$$\xi=\frac{\ln\dfrac{M_i}{M_{i+n}}}{2n\pi} \qquad (2\text{-}76)$$

若传感器是精确的二阶传感器，则 n 值采用任意正整数所得的 ξ 值不会有差别。反之，若 n 取不同值获得不同的 ξ 值，则表明该传感器不是线性二阶系统。

根据响应曲线测出振动周期 T_d，有阻尼的固有频率 ω_d 为：

$$\omega_d=\frac{2\pi}{T_d} \qquad (2\text{-}77)$$

则无阻尼固有频率 ω_n：

$$\omega_n=\frac{\omega_d}{\sqrt{1-\xi^2}} \qquad (2\text{-}78)$$

也可以利用正弦输入，测定输出和输入的幅值比和相位差来确定传感器的幅频特性和相频特性，然后根据幅频特性，分别按图 2-30 求得一阶传感器的时间常数 τ 和欠阻尼二阶传感器的固有频率 ω_n 和阻尼比 ξ。

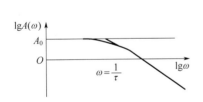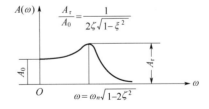

图 2-30　一阶和二阶传感器标定参数求解

目前有许多校准仪器可供进行传感器的标定与校准，如振动校验仪可用于校准加速度传感器、速度传感器及涡流位移传感器，该校准仪包括一个正弦信号源、功率放大器、振动台体、内部基准加速度传感器及测量和显示电路。校准仪内部可产生 10、20、40、80、160、320、640 及 1280Hz 等八种频率的正弦信号，所输出的加速度、速度及位移三种振动信号的幅值可通过电位器改变，并有数字显示，可垂直、水平两个方向使用，以校准垂直、水平传感器。

为找出传感器输出与输入之间的函数关系，需要对标定或校准数据进行处理，处理内容包括所采用的回归曲线、标定点的数量及分布位置、标定点的重复次数等。若已知传感器模型，则选取标定曲线过程较为简单，处理标定数据常用最小二乘法进行估计，也有许多成熟软件如 MATLAB、Origin 可以用于进行数据处理。

2.3 传感器的测量误差及数据处理

2.3.1 传感器测量方法与分类

测量是采用各种手段将被测量与同类标准量进行比较，从而确定出被测量大小的方法，误差是测量结果与被测量真值的差别。

传感器测量方法可以分为以下几种。

（1）直接测量、间接测量和组合测量

根据获得测量结果的方法不同，可以分为直接测量、间接测量和组合测量。直接测量是在仪表上直接读出被测量的大小而无须经过任何运算。

常见的直接测量如体重计、汽车油位表、油温表，其优点是简单、迅速，缺点是精度差。

间接测量，首先测出与被测量有确定函数关系的物理量，再经过函数运算求出被测量的大小。如测电阻率 $\rho = \pi d^2 R / 4l$。

组合测量，又称"联立测量"，即被测物理量必须经过求解联立方程才能导出结果。

组合测量举例：测量一金属导线的温度系数 α_T，由近似值得 $R_T = R_0(1+\alpha_T T)$，以不同 T_1、T_2，测得 R_{T_1}、R_{T_2}，有

$$\begin{cases} R_{T_1} = R_0(1+\alpha_T T_1) \\ R_{T_2} = R_0(1+\alpha_T T_2) \end{cases} \tag{2-79}$$

通过求解得到 R_0 和 α_T。

（2）等精度测量和不等精度测量

根据测量条件相同与否，分为等精度测量和不等精度测量。等精度测量是指在测量过程中，影响测量误差的各种因素不改变。而不等精度测是指在测量过程中改变测量条件。

等精度测量举例如下：采用同一测温仪器，用相同的测量方式，在相同的条件下测量多次，测量一高炉的温度，见表 2-1。

表 2-1 等精度测量示例

测量次数	1	2	3	4
测量温度/℃	1010	1008	1014	1005

不等精度测量举例如下：例如对煤气检测仪器进行温度试验，采用相同的仪器，在不同的温度条件下对某一浓度的甲烷气体测量，见表 2-2。

表 2-2 不等精度测量示例

试验温度/℃	0	20	40
检测结果	0.96%	1.00%	1.05%

（3）其他测量方法

① 接触测量和非接触测量。按照接触方式的不同，测量可分为接触测量和非接触测量。

接触被测对象的测量被称为接触测量，接触测量是指传感器和被探测物体之间有实际的触碰。如压力传感器，它将探测到的重量，转变为等比例的电子信号，当重量达到一定程度，就会发出警报。

远离被测对象的测量被称为非接触测量，非接触测量是指传感器和被测物体之间有一定的距离，不接触。如遥感器，它是利用能够生成、阻挡或发射电磁波的性质来工作的；如警报器，它是用激光束来探测入侵者的存在，一旦光束被打断，警报器就会叫响。

② 静态测量和动态测量。根据测量对象的不同，测量方法可分为静态测量和动态测量。静态测量的对象是稳态值，如重量、压力等等；动态测量的对象是随时间变化的值，如振动、加速度等。

2.3.2　测量系统测量误差分类

测量系统就是由传感器与数据传输环节、数据处理环节和数据显示环节等组合在一起，为了完成信号测量目标所形成的一个有机整体，典型的测量系统如图 2-31 所示。

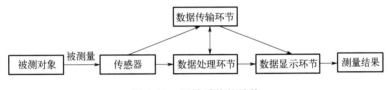

图 2-31　测量系统的结构

（1）误差的表示方法

测量系统在测量时，测量误差是不可避免的。正确认识误差的性质，分析误差产生的原因，可以消除或减小它。合理设计检测系统，正确选用测量仪表和检测方法，以便在最经济的条件下，得到理想的测量结果。

测量系统在进行测量时，被测量真值通常无法知道，常用较高精度的仪器示值代替。如，铂电阻温度计指示的温度相对于普通温度计而言是真值。

误差的表示方法有绝对误差和相对误差，绝对误差是示值与被测量真值之间的差值。设被测量的真值为 A_0，器具的标称值或示值为 x，则绝对误差为

$$\Delta x = x - A_0 \tag{2-80}$$

由于一般无法求得真值 A_0，在实际应用时常用精度高一级的标准器具的示值，即实际值 A 代替真值 A_0。x 与 A 之差称为测量器具的示值误差，记为

$$\Delta x = x - A \tag{2-81}$$

通常以 Δx 值来代表绝对误差。

绝对误差具有如下特征：

① 绝对误差具有量纲，与被测量相同，如测量重量时测量绝对误差为 0.1kg。

② 绝对误差值的大小与所取单位有关，如 $\Delta x = 1\text{mA} = 1000\mu\text{A} = 1 \times 10^{-3}\text{A}$。

③ 绝对误差能反映误差的大小和方向，+表示偏大，-表示偏小。

④ 不能反映测量的精细程度。

用温度仪测量温度，绝对误差是±1℃，对测量1000℃的炉温而言，精度很高；但对测量人体体温而言则误差太大。时间的误差是1秒，误差是否大，取决于是工作一天的误差还是一年的误差。

（2）测量相对误差的分类

相对误差是指绝对误差与被测量真值之比，科学研究中常用算术平均值代替真值，相对误差有以下形式：

① 实际相对误差

$$\gamma_A = \frac{\Delta x}{A} \times 100\%$$ （2-82）

② 示值相对误差

$$\gamma_x = \frac{\Delta x}{x} \times 100\%$$ （2-83）

③ 满度（引用）相对误差

$$\gamma_n = \frac{\Delta x}{x_n} \times 100\%$$ （2-84）

④ 最大允许误差。指示仪表的最大满度误差不许超过该仪表准确度等级的百分数，即

$$\gamma_{nm} = \frac{\Delta x_m}{x_n} \times 100\% \leqslant a\%$$ （2-85）

当示值为 x 时可能产生的最大相对误差为

$$\gamma_m = \frac{\Delta x_m}{x_n} \times 100\%$$ （2-86）

用仪表测量示值为 x 的被测量时，比值越大，测量结果的相对误差越大。选用仪表时被测量的大小越接近仪表上限越好。被测量的值应大于其仪表测量上限的2/3。

相对误差举例如下。

【例】测量温度的绝对误差为±1℃，测量水的沸点温度100℃，测量的相对误差是多少？

根据测量相对误差计算公式计算：

$$\delta = \frac{1}{100} \times 100\% = 1\%$$

【例】某电子天平的相对误差是0.5%，测量500g重物的误差是多少？

$$\Delta x = x\delta = 500g \times 0.1\% = 0.5g$$

相对误差具有如下特征：

① 大小与被测量单位无关。

② 能反映误差的大小和方向。相对误差比较符合实际检测需要，一般地，测量范围越小，要求的绝对误差越小。比如量程为1000kg的秤，相对误差为1%，则测量10kg重物的误差为0.1kg，而测量500kg重物的误差为5kg。

③ 能反映测量工作的精细程度。

引用误差是一种特殊的相对误差表示法，常用于连续刻度的仪表中，计算如下：

$$\gamma = \frac{\Delta x_m}{A} \times 100\% \qquad (2\text{-}87)$$

式中，γ 为引用误差；A 为满量程刻度值；Δx_m 为测量中最大绝对误差。

指示仪表通常按引用误差 γ 进行分类，例如电工仪表按 γ 大小分为 7 级：0.1，0.2，0.5，1.0，1.5，2.5，5.0。

对一定级别的仪表，其绝对误差为一常数，即 $\Delta x = \gamma A$，不随示值刻度发生变化。但示值相对误差则不同，越接近仪表满刻度，示值相对误差越小，反之则越大。

（3）测量误差的分类

测量误差也可以分为系统误差、随机误差、粗大误差。

系统误差是指在同一条件下，多次重复测量同一量时，误差的大小和符号保持不变或按一定规律变化。系统误差又分为两类：

① 恒值系统误差。指在一定条件下，大小和符号都保持不变的系统误差。

② 变值系统误差。在一定条件下，按某一确定规律变化的系统误差。根据变化规律有以下三种情况：

a. 累进性系统误差，指在整个测量过程中，误差的数值向一个方向变化。

b. 周期性系统误差，指在测量过程中，数值是按周期性变化的。

c. 按复杂规律变化的系统误差，指误差变化的规律复杂，一般用表格、曲线或公式表示。

产生系统误差的原因主要有：仪器不良，如零点未校准或刻度不准；测试环境的变化，如外界湿度、温度、压力变化等；安装不当；测试人员的习惯偏向，如读数偏高；测量方法不当。

随机误差是指在一定测量条件下的多次重复测量，误差出现的数值和正负号没有明显的规律。随机误差是由许多复杂因素微小变化的总和引起的，分析较困难，对于某一次具体测量，不能在测量过程中设法把它去除。

典型的随机事件的例子有彩票摇奖，摇奖的随机误差具有随机变量的一切特点，在多次测量中服从统计规律。随机误差表现了测量的分散性，随机误差是没有规律的，在误差分析时，常用精密度表示随机误差的大小。随机误差愈小，精密度愈高，而系统误差则用准确度表示。

粗大误差又称"过程误差"或"疏失误差"，简称"粗差"，这是一种由于测量人员的粗心或过度疲劳造成的误差。具有疏失误差的测量值称为"坏值"，在实际计算中应舍去。

2.3.3　测量数据误差判别和数据处理

测量数据误差判别主要包括系统误差判别、随机误差判别和粗大误差判别及其相应的数据处理。

（1）系统误差的判别

系统误差的判别，主要包括恒值系统误差的判断和变值系统误差的判断。

① 恒值系统误差的判断

a. 实验对比法

采用多台同类或相近的仪器进行同样的测试和比较，分析测量结果的差异，可判断系统误差是否存在。这种方法常用于新仪器的研制。

b. 改变测量条件法

通过改变产生系统误差的条件进行同一量的测量，可发现测量条件引起的系统误差。也可用更高精度的仪器来校正，判断系统误差的大小。

c. 理论计算与分析法

对于因测量方法或测量原理引起的恒值系统误差，可以通过理论计算和分析加以判断和修正。

② 变值系统误差的判断

a. 残余误差观察法

对被测量 x_0 进行多次测量后得测量列 $x_1, x_2, \cdots, x_n$，相应的残余误差 $U_1, U_2, \cdots, U_n$ 计算如下：

$$U_i = x_i - \bar{x} \tag{2-88}$$

然后对残余误差列表或作图进行观察，判断残余误差类型，如图 2-32。

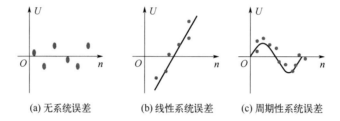

(a) 无系统误差　　(b) 线性系统误差　　(c) 周期性系统误差

图 2-32　不同系统的残余误差

b. 残余误差之和相减法

残余误差之和相减法又称马利科夫判据，当测量次数较多时，将测量列前一半的残余误差之和，减去测量列后一半的残余误差之和。

$$M = \sum_{i=1}^{k} U_i - \sum_{i=k+1}^{n} U_i \tag{2-89}$$

式中，n 为测量次数，$k = n/2$ 或 $k = n/2+1$。若 M 接近于零，说明不存在变化的系统误差；若 M 显著不为零，则认为存在变化的系统误差。

在传感器测量中，系统误差可以通过方法来消除与削弱，方法主要包括固定不变的系统误差消除法、线性系统误差消除法和周期性变化的系统误差消除法。

① 固定不变的系统误差消除法。固定不变的系统误差消除法主要包括代替法和交换法。代替法指在一定的条件下，选择一个大小适当并可调的已知标量去代替测量中的被测量，并使仪表的指示值保持原值不变.此时该标准量即为被测的数值。

【例】应用代替法测量电工学中精密电阻 R_x，如图 2-33。

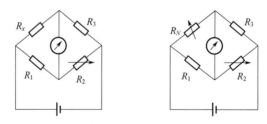

图 2-33　代替法示例

先调节 R_2 使电桥平衡，再调节 R_n 电桥平衡，此时 $R_n=R_x$。

交换法是在测量中将引起系统误差的某些条件（如被测物的位置）相互交换，而保持其他条件不变，使产生系统误差的因素对测量起相反的作用，取两次测量的平均值作为测量结果，以消除系统误差。

【例】用等臂天平称某物重量，如图 2-34。

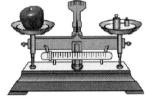

图 2-34　交换法示例

② 线性系统误差消除法。线性系统误差消除法，最常用的方法是"对称测量法"。

【例】测量电阻 R_x，见图 2-35。

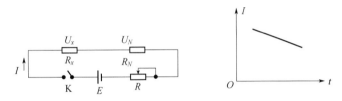

图 2-35　对称测量法示例

标准电阻 R_n 已知，有

$$R_x=U_xR_N/U_N \tag{2-90}$$

但是，由于 U_x 和 U_N 测量时间的不同，产生误差。

消除误差的处理如图 2-36。

取等距时间间隔，$\Delta t = t_2 - t_1 = t_3 - t_2$，得到对应的电流变化。

t_1 时刻，测得 R_x 上的电压：$U_1=IR_x$。

t_2 时刻，测得 R_N 上的电压：$U=(I-e)R_N$。

t_3 时刻，测得 R_x 上的电压：$U_3=(I-2e)R_x$。

联立求解，得：$R_x = \dfrac{U_1 + U_3}{2U_2} R_N$。

③ 周期性变化的系统误差消除法。设误差为周期性变化，经过 $180°$ 后，误差变号，如图 2-37。利用此特点，每隔半个周期进行一次测量，用半周期读数法，取两次读数的平均值作为测量值，即可消除周期性。该方法需要准确确定误差的周期。

（2）随机误差判别和数据处理

就随机误差个体而言，随机误差的大小和方向都无法预测，但随机误差的总体具有统计规律。在检测系统中，绝大多数随机误差近似服从正态分布，如图 2-38 所示。图 2-38 中，Δ 为随机误差；P 为随机误差的概率密度。

随机误差是以不可预定的方式变化着的误差，但在一定条件下服从统计规律，如图 2-39。

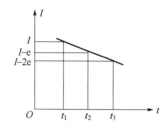

图 2-36　消除误差处理

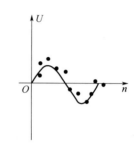

图 2-37　周期性变化的系统误差

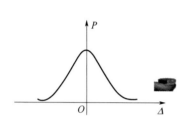

图 2-38　随机系统误差概率分布

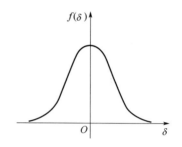

图 2-39　随机误差分布

正态分布的随机误差分布满足如下关系：

$$y = f(\delta) = \frac{1}{\sigma\sqrt{2\pi}}e^{-\frac{\delta^2}{2\sigma^2}} \tag{2-91}$$

$$F(\delta) = \frac{1}{\sigma\sqrt{2\pi}}\int_{-\infty}^{\delta}e^{-\frac{\delta^2}{2\sigma^2}}\mathrm{d}\delta \tag{2-92}$$

$$E = \int_{-\infty}^{+\infty}f(\delta)\mathrm{d}\delta = 0 \tag{2-93}$$

$$\sigma^2 = \int_{-\infty}^{+\infty}\delta^2 f(\delta)\mathrm{d}\delta \tag{2-94}$$

正态分布的随机误差分布规律如下：

① 对称性。绝对值相等的正误差和负误差出现的次数相等。

② 单峰性。绝对值小的误差比绝对值大的误差出现的次数多。

③ 有界性。一定的测量条件下，随机误差的绝对值不会超过一定界限。

④ 抵偿性。随测量次数的增加，随机误差的算术平均值趋向于零。

对于服从正态分布的随机误差，均方根估计是最适合的误差估计方法。设测量列为 $x_1, x_2, \cdots, x_n$，测量列的均方根误差为：

$$\sigma = \sqrt{\frac{\sum\limits_{i=1}^{n}(x_i - \bar{x})^2}{n-1}} \tag{2-95}$$

列均方根误差 σ 为反映测量列的离散程度，从而反映测量的精密度。

测量值典型正态分布曲线如图 2-40 所示。

由正态分布曲线可见，全部测量值分布在算术平均值附近；测量值误差在 $-\sigma \sim +\sigma$ 的概率为 68.27%，在 $-2\sigma \sim +2\sigma$ 的概率为 95.45%，在 $-3\sigma \sim +3\sigma$ 的概率为 99.73%。

随机误差大部分按正态分布规律出现，具有统计意义，故通常以正态分布曲线的两个参数算术平均值和均方根误差作为评价指标。算术平均值 $\bar{x}$ 计算如下：

$$\bar{x} = \frac{x_1 + x_2 + \cdots x_n}{n} = \sum_{i=1}^{n} \frac{x_i}{n}$$

当测量次数为无限次时，所有测量值的算术平均值即等于真值，事实上不可能无限次测量，即真值难以达到。但是，随着测量次数的增加，算术平均值也就越来越接近真值。因此，以算术平均值作为真值是既可靠又合理的。

标准差计算如下：

① 在等精度测量列中，计算单次测量的标准差

$$\sigma = \sqrt{\frac{\delta_1^2 + \delta_2^2 + \cdots + \delta_n^2}{n}} = \sqrt{\frac{\sum_{i=1}^{n} \delta_i^2}{n}} \tag{2-96}$$

式中，n 为测量次数；δ_i 为每次测量中相应各测量值的随机误差。多次测量误差分布见图 2-41。

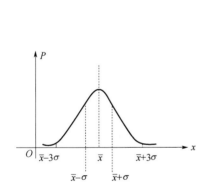

图 2-40　测量值典型正态分布曲线

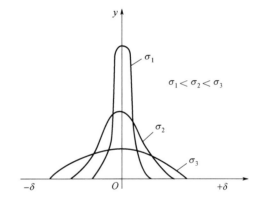

图 2-41　多次测量误差分布

实际工作中用残差来近似代替随机误差以求标准差的估计值，贝塞尔（Bessel）残差计算公式为：

$$\sigma = \sqrt{\frac{v_1^2 + v_2^2 + \cdots + v_n^2}{n-1}} = \sqrt{\frac{\sum_{i=1}^{n} v_i^2}{n}} \tag{2-97}$$

② 计算测量列算术平均值的标准差

$$\sigma_{\bar{x}} = \frac{\sigma}{\sqrt{n}} \tag{2-98}$$

式中，$\sigma_{\bar{x}}$ 为算术平均值标准差（均方根误差）；σ 为测量列中单次测量的标准差；n 为测量次数，n 愈大，算术平均值愈接近被测量的真值，测量精度也越高。

【例】对某重物进行了五次等精度测量，测值如表 2-3 所示。

表 2-3　五次测量结果

质量/g	20.62	20.82	20.78	20.82	20.70

求：

a. 测量值的算术平均值；

b. 测量值的均方根误差；

c. 测量结果的表达。

解：

a.　$\overline{x} = \dfrac{x_1 + x_2 + \cdots + x_5}{5} = 20.75(\text{g})$

b.　$\sigma = \sqrt{\sum\limits_{i=1}^{5} \dfrac{(x_i - \overline{x})^2}{n-1}} = 0.09(\text{g})$

c.　$\sigma_{\overline{x}} = \dfrac{\sigma}{\sqrt{n}} = 0.04(\text{g})$

　　$\therefore x = \overline{x} \pm \sigma_{\overline{x}} = 20.75 \pm 0.04\text{g}$

（3）粗大误差判别和数据处理

在实际测量中，粗大误差产生的原因主要包括：

① 测量人员主观的原因。包括测量人员的经验不足、操作不当、工作过度疲劳或测量时不细心、不耐心、工作责任感不强等，造成了错误的读数或记录。

② 客观外界条件的原因。由于测量条件意外的改变，如机械振动、强电磁辐射或电网电压波动等，引起仪表示值或被测对象位置、性能的某些改变而产生误差。

判断粗大误差的重要准则是莱依特准则，又称 3σ 准则。设某一测量列中，测量值只含有随机误差，根据随机误差的正态分布规律，其误差落在 $\pm 3\sigma$ 以外的概率约为 0.3%，所以若发现残余误差

$$|U_i| = |x_i - \overline{x}| > 3\sigma \qquad\qquad (2\text{-}99)$$

则认为该测值 x_i 是粗大误差，应予剔除。

【例】 对容器中一溶液的浓度（%）共测量 15 次，结果如下：

20.42	20.43	20.40	20.43	20.42
20.43	20.39	20.30	20.40	20.43
20.42	20.41	20.39	20.39	20.40

试判断并剔除异常值。

解：

$$\overline{x} = \dfrac{\sum\limits_{i=1}^{15} x_i}{15} = 20.4$$

$$\sigma = \sqrt{\dfrac{\sum\limits_{i=1}^{15}(x_i - \overline{x})^2}{n-1}} = 0.033$$

$$\because \; |20.3-20.4| = 0.10 > 3\sigma$$

$$\therefore \; 剔除 \; 20.30$$

对剩下的 14 个数据继续判断:

$$\overline{x} = \frac{\sum\limits_{i=1}^{14} x_i}{14} = 20.41$$

$$\sigma = \sqrt{\frac{\sum\limits_{i=1}^{15}(x_i-\overline{x})^2}{14-1}} = 0.016$$

$$3\sigma = 0.048$$

逐一检查 U_i,其绝对值无一超过 0.048。所以,15 个测量数据中只有 20.30 是异常值。

其他粗大误差的应用举例,如裁判评分。

【例】裁判评分如下:

10.0	8.0	5.0	8.0	8.0	5.0
8.0	8.0	8.0	8.0	8.0	8.0

去掉最高分和最低分,则最后得分:

$$\overline{x} = \sum_{i=1}^{10} x_i / 10 = 7.7$$

若不去掉最高分和最低分,则:

$$\overline{x} = \sum_{i=1}^{12} x_i / 12 = 7.67 \approx 7.7$$

若采用 3σ 准则进行粗大误差的处理,则:

$$\sigma = \sqrt{\frac{\sum\limits_{i=1}^{12}(x_i-\overline{x})^2}{12-1}} = 1.371$$

$$3\sigma = 4.11$$

在测量中对测量数据进行处理时,首先判断测量数据中是否含有粗大误差,如有,则必须加以剔除。再看数据中是否存在系统误差,对系统误差可设法消除或加以修正。最后利用随机误差性质进行处理。

【例】对某一电压进行 11 次等精度测量,其值如表 2-4 所示。

表 2-4　电压测量结果

测量次数 n	1	2	3	4	5	6	7	8	9	10	11
测量值 U_i/mV	20.42	20.43	20.40	20.39	20.41	20.31	20.42	20.39	20.41	20.40	20.40

若这些测量值已经消除系统误差,用格拉布斯判断有无粗大误差,并写出测量结果。

解：

① 求 $\overline{U_1} = \frac{1}{n}\sum_{i=1}^{n}U_i = \frac{1}{11}\sum_{i=1}^{n}U_i = 20.4(\text{mV})$

$$\sigma_{s1} = \sqrt{\frac{1}{n-1}\left[\sum_{i=1}^{n}U_i^2 - \frac{1}{n}(\sum_{i=1}^{n}U_i)^2\right]} = \sqrt{\frac{1}{11}\left[\sum_{i=1}^{n}U_i^2 - \frac{1}{n}(\sum_{i=1}^{n}U_i)^2\right]} = 0.033(\text{mV})$$

② 判断有无粗大误差。假设置信概率取 0.95，查表得 G=2.23。
因 $G\sigma_{s1} = 2.23 \times 0.033 = 0.074$

$$|v| = \left|U_6 - \overline{U_1}\right| > G\sigma_{s1}$$

故 U_6=20.31 为粗大误差，应剔除。

③ 剔除 U_6 后，重新计算算术平均值和标准差得

$$\overline{U_2} = \frac{1}{10}\sum_{\substack{i=1\\i\neq6}}^{n}U_i = 20.41$$

$$\sigma_{s2} = \sqrt{\frac{1}{10-1}\left[\sum_{\substack{i=1\\i\neq6}}^{n}U_i^2 - \frac{1}{10}\left(\sum_{\substack{i=1\\i\neq6}}^{n}U_i\right)^2\right]} = 0.013(\text{mV})$$

④ 再次判断有无粗大误差。仍取置信概率为 0.95，查表得 G=2.18。经计算可知，

$$G\sigma_{s2} = 2.18 \times 0.013 = 0.028$$

$$|v_i| = \left|U_i - \overline{U_2}\right| < G\sigma_{s2}(i=1,2,\cdots,11\text{且}i\neq6)$$

即剩下的 10 个测量值中再无粗大误差。

⑤ 计算无粗大误差后的算术平均值的标准差为

$$\sigma_{\overline{U_2}} = \frac{\sigma_{s2}}{\sqrt{10}} = \frac{0.013}{\sqrt{10}} \approx 0.004$$

⑥ 写出测量结果。最后测量结果可表示为

$$U = \overline{U_2} \pm 3\sigma_{\overline{U_2}} = 20.41 \pm 0.012(\text{mV})，\quad P=99.73\%$$

3σ 准则有个假设条件就是样本分布为正态，但实际数据往往并不严格服从正态分布。它们判断异常值的标准是以计算数据的均值和标准差为基础的，而均值和标准差的耐抗性极小，异常值本身会对它们产生较大影响，这样产生的异常值个数不会多于总数 0.7%。显然，应用这种方法于非正态分布数据中判断异常值，其有效性是有限的。箱线图为我们提供了识别异常值的一个标准：异常值被定义为小于 Q1-1.5×IQR 或大于 Q3+1.5×IQR 的值。虽然这种标准有点任意，但它来源于经验判断。经验表明它在处理需要特别注意的数据方面表现不错。这与识别异常值的经典方法有些不同。

箱线图的绘制依靠实际数据，不需要事先假定数据服从特定的分布形式，没有对数据做任何限制性要求，它只是真实直观地表现数据形状的本来面貌；另一方面，箱线图判断异常值的标准以四分位数和四分位距为基础，四分位数具有一定的耐抗性，多达 25% 的数据可以变得任意远而不会很大地扰动四分位数，所以异常值不能对这个标准施加影响，故箱线图识

别异常值的结果比较客观。由此可见，箱线图在识别异常值方面有一定的优越性。

箱线图主要包含六个数据节点，将一组数据从大到小排列，分别计算出上边缘、上四分位数 Q3、中位数、下四分位数 Q1、下边缘，还有一个异常值。在 Q3+1.5IQR 和 Q1-1.5IQR 处画两条与中位线一样的线段，这两条线段为异常值截断点，称其为内限；在 Q3+3IQR 和 Q1-3IQR 处画两条线段，称其为外限。处于内限以外位置的点表示的数据都是异常值，其中在内限与外限之间的异常值为温和的异常值（mild outliers），在外限以外的为极端的异常值（extreme outliers）。四分位距 IQR=Q3-Q1。从矩形盒两端边向外各画一条线段直到不是异常值的最远点，表示该批数据正常值的分布区间。

箱线图判断异常值如图 2-42 所示。

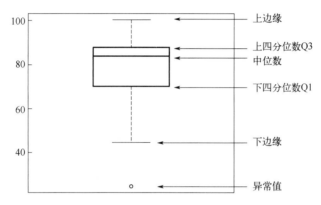

图 2-42　箱线图判断异常值

（4）非等精度测量的数据处理

在非等精度测量时，对同一被测量进行 m 组的测量，得到 m 组的测量结果及其误差。由于各组测量条件不同，各组测量结果的可靠程度也不一样。因而不能简单地取各测量结果的算术平均值作为最后的测量结果。一般来说，应该让可靠程度大的测量结果在最后结果中占的比重大一些，可靠程度小的占的比重小一些。各测量结果的可靠程度可用一个数值来表示，这个数值就称作该测量结果的"权"，记为 p。一般来说，测量次数多、测量方法完善、测量仪表精度高、测量的环境条件好、测量人员的水平高，测量误差小，其测量结果的可靠性就大，其权值也应该大。加权算术平均值计算如下：

$$\bar{x}=\frac{\bar{x}_1 p_1 + \bar{x}_2 p_2 + \cdots + \bar{x}_m p_m}{p_1 + p_2 + \cdots + p_m}=\frac{\sum_{i=1}^{m}\bar{x}_i p_i}{\sum_{i=1}^{m} p_i} \qquad (2\text{-}100)$$

加权算术平均值 p 的标准误差 σ_p 理论可以证明，当各组的权值取各组算术平均值的方差倒数时，加权平均值的方差最小，也就是说它的可靠程度最高。因此，不等精度测量的权值通常取作各组算术平均值的方差倒数。权是相比较而存在的，通常用它们的比值来表示，即：

$$p_1 : p_2 : \cdots : p_m = \frac{1}{\sigma_{\bar{x}_1}^2} : \frac{1}{\sigma_{\bar{x}_2}^2} : \cdots : \frac{1}{\sigma_{\bar{x}_m}^2} \qquad (2\text{-}101)$$

式中，$\sigma_{\bar{x}_i}^2$ 为第 i 组算术平均值的方差。为了计算方便，在确定各组权时，一般令最小的权值为 1，然后再确定其他各组的权值。

2.3.4 动态测量数字滤波技术

前面介绍的数据处理方法是针对静态测量数据的，但在工程监测控制过程中，被测信号通常是动态的，且含有噪声。噪声是对有用信号的某种不期望的扰动，包括非被测信号或非测量系统所引起的噪声和来自被测对象、传感器、测量系统内部的噪声两种情况。前者可能是来自自然界的宇宙射线、电磁干扰或人为引起的开关电火花、较强的广播信号、市电的干扰等，这些外界干扰的影响通过适当的屏蔽措施是可以减小或消除的；后者是由组成电路的器件材料的物理性质及温度等引起电荷载流子不规则运动而产生的自然扰动，是存在于电路内部的一种固有的扰动信号，这些噪声是随机的，不能精确预见，也不能彻底排除，只能设法减少或控制。噪声是影响传感器检测结果的重要因素，特别是在微弱信号检测中，如果能够有效地克服噪声，就可以提高信号检测的灵敏度。噪声无处不在，而且总是与信号共存，在进行微弱信号检测时，应首先设法尽量抑制噪声，然后再提取出噪声中的有用信号。

为此不能直接套用前面的数据处理方法，而需要采用数字滤波技术进行动态测量信号处理。所谓数字滤波，就是通过一定的计算机程序，对采集的数据进行某种处理，从而消除或减弱干扰和噪声对测量数据的影响，提高测量的可靠性和精度。数字滤波技术可以分为经典滤波技术与现代滤波技术。经典滤波技术使用傅里叶变换将信号和噪声频率分离，滤波时直接去除噪声所在信道。现代滤波技术则是建立在信号随机性本质的基础上，将信号和噪声当作随机信号，通过统计特性估计出信号本身。现代数字滤波方法很多，几种常用的方法有中值滤波、平均滤波、低通数字滤波、高通数字滤波和小波滤波等。

（1）中值滤波

所谓中值滤波是指对被测参数连续采样 n 次（n 一般选为奇数），然后将这些采样值按照由小到大的顺序进行排序并取中间值作为测量结果的方法。中值滤波对去掉脉冲性质的干扰比较有效，并且采样次数 n 愈大，滤波效果愈好，但采样次数 n 太大会影响速度，所以 n 一般取 3 或 5 足矣。对于变化缓慢的参数，有时也可增加次数，例如 9 或 15 次。对于变化较快的参数，此法不宜采用。数据的排序方法很多，常用的有冒泡法、沉底法等。

（2）平均滤波

最基本的平均滤波就是算术平均滤波，对算术平均滤波程序进行改进，又出现了去极值平均滤波、移动平均滤波、移动加权平均滤波等方法。

① 去极值平均滤波　去极值平均滤波是对连续采样 n 次数据，去掉一个最大值和一个最小值，再求余下的 $n-2$ 个采样值的算术平均值作为测量结果的方法，如图 2-43。

② 移动平均滤波（图 2-44）　移动平均滤波是先建立一块数据存储单元 $x(1), x(2), \cdots, x(n)$，将采样数据依次存入这 n 个单元，然后每采样一个数据，就将最早采集的数据去掉，将后面 $n-1$ 个数据依次前移，把新采样数据放入 $x(n)$ 中，最后求出存储单元中 n 个数据的算术平均值，以此类推。

③ 移动加权平均滤波　在移动平均滤波中，每次采样数值所占的比重是均等的。但在实际的采样过程中，有些采样值包含的有用信息较多，而有些采样值包含的有用信息较少。为了提高测量结果的精确程度，可以采用移动加权平均滤波方法。所谓移动加权平均滤波的含义是指参加平均运算的各采样值按不同的比例进行相加后再求平均值。n 次采样的移动加权平均滤波公式为

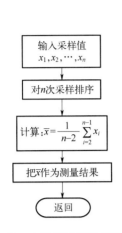

图 2-43　去极值平均滤波流程图

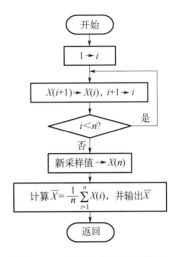

图 2-44　移动平均滤波流程图

$$\overline{X}=\sum_{i=1}^{n}C_iX(i)\tag{2-102}$$

式中，$C_1,C_2,\cdots,C_n$ 为加权系数，且满足 $C_1+C_2+\cdots+C_n=1$。加权系数的选择原则一般是先小后大，以突出后面采样值的作用，从而强化系统对参数变化趋势的辨识能力。

（3）低通数字滤波

将描述普通硬件 RC 低通滤波器特性的微分方程用差分方程来表示，便可以用软件算法来模拟硬件滤波器的功能。一阶 RC 低通滤波器的差分方程为

$$Y(i)=(1-\alpha)Y(i)+\alpha X(i)\tag{2-103}$$

式中，α 为滤波平滑系数，$\alpha=1-\mathrm{e}^{-T/\tau}$，$T$ 为采样周期，$\tau=RC$；$X(i)$ 为本次采样值；$Y(i)$ 为本次滤波的输出值，$Y(i-1)$ 为上次滤波的输出值。

一般采样时间 T 应远小于 τ，因此 α 远小于 1。滤波的输出值 $Y(i)$ 主要取决于上次滤波的输出值 $Y(i-1)$，本次采样值 $X(i)$ 对滤波的输出贡献比较小，这就是一阶低通数字滤波，它对变化缓慢信号中的干扰有很好的滤除效果，如图 2-45 所示。

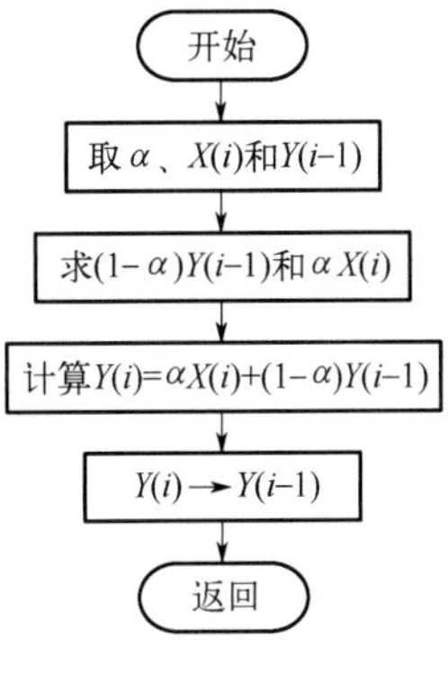

（4）高通数字滤波

一阶 RC 高通滤波器的差分方程为：

$$Y(i)=(1-\alpha)Y(i)+\alpha X(i)\tag{2-104}$$

变换得到：

图 2-45　低通数字滤波流程图

$$Y(i)=\alpha X(i)-(1-\alpha)Y(i-1)\tag{2-105}$$

与一阶低通滤波器相同，α 为滤波平滑系数，$\alpha=1-\mathrm{e}^{-T/\tau}$，$\tau=RC$，$T$ 为采样周期；$X(i)$ 为本次采样值；$Y(i)$ 为本次滤波的输出值，$Y(i-1)$ 为上次滤波的输出值。

（5）小波滤波

在数字滤波中，除了上述时域方法外，还有频域方法。频域方法有较好的频率选择性和灵活性，且不会像时域处理方法那样产生时移。如数字滤波的频域方法可以利用 FFT 算法，

首先对输入信号进行离散傅里叶变换，分析出频谱，然后根据滤波要求，将需要滤除的频率成分直接设置为零或者加渐变过渡频带后再直接设置为零。

而频域数字滤波的小波方法一般原理是：目标信号经过小波变换后，随着变换尺度的不断增加，噪声信号的小波系数会逐渐衰减到零，而真实信号的小波系数则基本保持不变。依据信号性能的不同形式，根据相应的规则在不同尺度上构造信号和噪声的小波变换被称为小波滤波。小波滤波方法的本质是保留最大有效信号产生的系数，同时减少甚至消除噪声对应的系数，变换系数之后对原始信号进行重新构建。常见小波特性如表 2-5 所示。

表 2-5　常见小波特性

特性	Morl	harr	dbN	shan	gaus	dmey
紧支正交		√	√			
任意阶消失矩			√			
无限光滑	√			√	√	
对称	√	√		√	√	√
不对称		√				
接近对称						
完全重构		√	√			近似

小波分析方法是一种窗口大小或面积固定，但窗口的形状可变、时间窗和频率窗都可改变的时频局部化分析方法，即在低频部分具有较高的频率分辨率和较低的时间分辨率，在高频部分具有较高的时间分辨率和较低的频率分辨率，很适于探测正常信号中突变信号的成分。它可以用长的时间间隔来获得更加精细的低频率的信号信息，用短的时间间隔来获得高频率的信号信息。在实际的工程应用中，所分析的信号可能包含许多尖峰或突变部分，并且噪声也不是平稳的白噪声。对这种信号的降噪处理，用传统的中值滤波、平均滤波、低通数字滤波显得无能为力，因为它不能给出信号在某个时间点上的变化情况。小波分析作为一种全新的信号处理方法，它将信号中各种不同的频率成分分解到互不重叠的频带上，为信号滤波、信噪分离和特征提取提供了有效途径。有些噪声的频谱是分布在整个频域内的。小波理论的发展和成熟为非平稳信号的分析提供了有利的工具。

小波滤波方法只对低频部分进行分解，而高频部分保留不动。信号的三层小波分解树如图 2-46 所示，A 表示低频部分，D 表示高频部分，A1 表示信号 S 第一层分解的低频部分，AA2 表示第二次分解的低频部分，DA2 表示第二层分解的高频部分，AAA3 表示第三层分解的低频部分，DAA3 表示第三层分解的高频部分。小波滤波在进行每层的频域分解时，高频部分均不分解。但分析复杂的信号时，小波滤波方法就不能满足需求了。小波包分析是在多分辨率分析基础上进行改进的，能对信号进行更加精细的分析。它将频带进行多层次划分，对每个分解后的频带均进行再次分解，并根据被分析信号的特征选择相应频带，使之与信号频谱相匹配，从而得到比小波分析更精细的信号分解。

小波包分解第一次分解后得到低频和高频两个部分，再次分解时不单单只对低频部分进行分解，而是对低频和高频两部分同时进行分解，这样小波包分解每次都得到的是两个序列。信号的三层小波包分解树如图 2-47 所示。

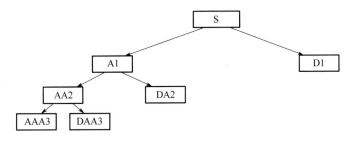

图 2-46 信号的三层小波分解树

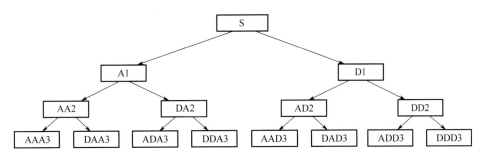

图 2-47 信号的三层小波包分解树

各类滤波技术有着各自的优点与缺陷，在实际应用中也会出现不同的问题，需要在今后的实践中不断改进。在数字滤波中除了上述几种常用的滤波方法外，还有自适应滤波、最优滤波、追踪滤波等，可以根据信号滤波的需求进行滤波方法的选择。在实际使用时，可能不仅仅使用一种方法，而是综合运用上述的方法，比如在中值滤波法中，加入平均值滤波，借以提高滤波的性能。总而言之，要根据现场的情况，灵活选用。

参考文献

[1] 王化祥. 现代传感技术及应用 [M]. 天津：天津大学出版社，2016.

[2] 胡向东. 传感器与检测技术 [M]. 第 3 版. 北京：机械工业出版社，2018.

[3] 冯柏群. 检测与传感技术 [M]. 第 2 版. 北京：人民邮电出版社，2014.

[4] 何道清，张禾，石明江，等. 传感器与传感技术 [M]. 第 4 版. 北京：科学出版社，2020.

[5] 冯柏群. 检测与传感技术 [M]. 第 2 版. 北京：人民邮电出版社，2020.

[6] 潘雪涛，温秀兰. 现代传感技术与应用 [M]. 北京：机械工业出版社，2019.

[7] 樊尚春. 传感技术及应用 [M]. 第 3 版. 北京：北京航空航天大学出版社，2016.

[8] 杨明，蔡晨光，刘志华，等. 基于长冲程振动台导轨弯曲校正的低频振动传感器校准方法 [J]. 振动与冲击，2022，41（1）：116-120.

[9] 庞学亮，江鹏飞，杨慧. 基于局部样本三轴磁传感器校准参数求解 [J]. 探测与控制学报，2022，44（2）：25-29.

[10] 张国鸣，李生茂，赛喜雅拉图. 基于应变式压力传感器的称重定量装置零点校准方法 [J]. 制造业自动化，2022，44（3）：213-216+220.

[11] 蔡静怡，武洁雅，赵春柳，等. 基于数据序列匹配的光纤应变传感器原位校准方法 [J]. 光子学报，2022，51（6）：195-203.

[12] 张河斌，秦刚，张和铭. MEMS 惯性传感器自主标定系统设计 [J]. 国外电子测量技术，2022，41（7）：62-68.

[13] 卢小莽，翟琼劼，屠淳，等. 压电式动态力传感器校准方法的研究 [J]. 振动与冲击，2021，40（5）：261-265.

[14] 张楠，王楠，张兴慧，等. 嵌入式水润滑轴承薄膜压力传感器标定方法 [J]. 传感器与微系统，2021，40（12）：

129-132.

[15] 江文松，尹肖，李泓洋，等. 基于参数辨识的力传感器动态校准方法 [J]. 计量学报，2021，42（5）：603-608.

[16] 王睿，陈喆，殷福亮. 分布式声传感器阵列校准方法综述 [J]. 电子学报，2021，49（12）：2468-2478.

[17] 高美玲，金可臻，宋荣和，等. 高灵敏度温度自校准型光纤磁场传感器 [J]. 西北大学学报：自然科学版，2021，51（3）：497-504.

[18] 张顺星，周昊，卢鹏，等. 考虑横向灵敏度的三轴加速度传感器标定方法研究 [J]. 仪器仪表学报，2021，42（4）：33-40.

[19] 赵畅，裴旭明，王海峰，等. 基于标准数据稀疏采样的传感器校准研究 [J]. 仪表技术与传感器，2020（10）：89-92+107.

[20] 王博，刘鹏，杨兴，等. 用于压力传感器的高精度自动标定系统 [J]. 仪表技术与传感器，2020（9）：85-88+92.

[21] 徐峰，姚恩涛，冯嘉瑞，等. 基于 PSO-BP 神经网络的增量式拉线位移传感器误差补偿方法 [J]. 传感技术学报，2022，35（3）：335-341.

[22] 刘宇，付乐乐，邹新海，等. 基于 RBF 神经网络的 MEMS 惯性传感器误差补偿方法 [J]. 重庆理工大学学报：自然科学，2021，35（1）：197-202.

[23] 蒲明辉，罗祺，张金皓，等. 差动平行极板变极距电容式传感器的误差校正方法 [J]. 仪表技术与传感器，2022（3）：33-39.

[24] 刘浩，李予国，丁学振，等. 三轴磁通门传感器温漂误差分析及其校正方法 [J]. 中国海洋大学学报：自然科学版，2022，52（5）：107-113.

[25] 高坤，徐江涛，高志远. 脉冲序列图像传感器的噪声和误差分析 [J]. 激光与光电子学进展，2022，59（10）：189-198.

[26] 高文政，石洪，汤其富. 平面磁场式绝对角度传感器的误差产生机理与抑制方法研究 [J]. 重庆理工大学学报：自然科学，2021，35（6）：113-121.

[27] 郭俊康，李鑫波，李翾. 导轨五自由度运动误差的光学与倾角传感器组合测量方法 [J]. 西安交通大学学报，2021，55（2）：64-72.

[28] 秦万治. 一种基于航迹形态的异质传感器数据融合处理方法 [J]. 电子信息对抗技术，2021，36（6）：58-62.

[29] 张士荣，郭强. 高灵敏度感应式磁传感器测量误差校正算法 [J]. 计算机仿真，2021，38（2）：467-471.

[30] 刘辉，冯海盈，孙钦密，等. 基于多元回归算法的激光位移传感器非线性误差建模和补偿 [J]. 工具技术，2021，55（2）：87-90.

[31] 马林，毕雪洁，赵安邦，等. 声矢量传感器中匹配滤波输出的频域后置处理 [J]. 哈尔滨工程大学学报，2022，43（1）：130-138.

[32] 莫泽宁，蒋志迪，胡建平. 基于 MEMS 惯性传感器中数字滤波器的器件设计 [J]. 传感器与微系统，2022，41（3）：83-86+90.

[33] 林雪原，孙玉梅，董云云，等. 多传感器组合导航系统的改进多尺度滤波算法 [J]. 中国空间科学技术，2020，40（4）：61-68.

第 **3** 章

现代工业常用传感器及其选用

传感器可按输入量、输出量、工作原理、基本效应、能量变换关系以及所蕴含的技术特征等分类，其中按输入量和工作原理的分类方式应用较为普遍。按照输入量，传感器可以分为位移传感器、速度传感器、温度传感器、湿度传感器和压力传感器等；按照工作原理可以分为电阻式传感器、电感式传感器、电容式传感器、压电式传感器、光电式传感器等。

3.1 电阻式传感器

金属体都有一定的电阻，电阻值因金属的种类而异。同样的材料，越细或越薄，则电阻值越大。当加有外力时，金属若变细变长，则阻值增加；若变粗变短，则阻值减小。如果发生应变的物体上安装有金属电阻，当物体伸缩时，金属体也按某一比例发生伸缩，因而电阻值产生相应的变化。被测量变化能引起输出电阻值变化的传感器统称为电阻输出型传感器，简称电阻式传感器。

本节将重点讲解应变电阻式传感器的工作原理、结构、测量电路以及相关应用，其他热电阻式、电位器式、气敏电阻式、湿敏电阻式及光敏电阻式传感器的原理等不再做详细介绍。

3.1.1 基本原理特性

（1）原理

电阻应变传感器是利用电阻应变效应将被测物理量转换为电信号输出的传感器，是最为常用的传感器之一。电阻应变传感器的工作原理是电阻应变效应，即导体或半导体材料在外界力的作用下产生变形时，材料的电阻随之发生相应变化的特性。电阻丝的电阻为：

$$R = \frac{\rho l}{A} \tag{3-1}$$

式中，ρ 为电阻率；l 为电阻丝长度；A 为电阻丝截面积。

当电阻丝受到拉力 F 时，l 增加、A 减小、R 值增加，如图 3-1 所示。电阻值相对变化量为：

$$\mathrm{d}R = \frac{\rho}{A}\mathrm{d}l\left(1 - \frac{l}{\mathrm{d}l} \times \frac{\mathrm{d}A}{A}\right) + \frac{l}{A}\mathrm{d}\rho \tag{3-2}$$

当电阻丝截面为圆形时，$A = \pi r^2$。

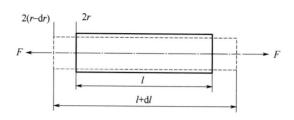

图 3-1　电阻丝应变效应

μ 为金属丝的泊松比，即材料的横向线度相对缩小和纵向线度相对伸长之间的比值。

将式（3-1）代入式（3-2）可得：

$$\frac{dR}{R} = \varepsilon(1+2\mu) + \frac{d\rho}{p} = K_0\varepsilon \qquad (3\text{-}3)$$

式中，$K_0 = 1 + 2\mu + \dfrac{d\rho}{p}\Big/\varepsilon$，$\varepsilon = dl/l$ 为轴向应变，K_0 为材料的灵敏系数，$\dfrac{d\rho}{p}\Big/\varepsilon$ 为压阻系数。

一般情况下，金属材料电阻值变化以受力变形为主；半导体材料电阻值变化以压阻效应为主。

（2）电阻应变片结构

由于使用材料和制造工艺不同，电阻应变片结构形式多种多样，其主要由敏感栅、基底、盖片、引线和黏结剂组成，如图 3-2。电阻应变片测得的应变大小是电阻应变片栅长和栅宽所在面积内的平均轴向应变量。

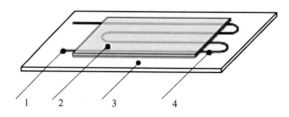

图 3-2　金属丝应变片结构

1—引线；2—盖片；3—基底；4—敏感栅

敏感栅是用于实现应变向电阻转换的敏感元件，为了在较小的应变片尺寸范围内产生较大的应变输出，通常把应变敏感元件应变丝制成栅状。用于制造敏感栅的金属细丝直径大小范围一般为 0.013～0.05mm，或使用厚度范围在 0.003～0.01mm 之间由金属腐蚀成的金属销栅。栅长尺寸规格从零点几毫米到几百毫米，依据用途不同进行选择。

通常用黏结剂将敏感栅固定在基底上。基底主要用于维持、固定敏感栅、引线的几何形状、尺寸和相对位置，其材料主要为纸质或胶质。为保证把被测对象的应变准确传递给敏感栅，基底很薄，一般为 0.02～0.04mm。为保护敏感栅，一般在敏感栅上覆盖粘贴与基底材料一致的盖片。

黏结剂主要是将试件的应变及时准确地传递给电阻应变片敏感栅，通常选择黏结强度高、抗剪强度大、弹性模量大、固化收缩小、抗腐蚀、涂刷性好、使用简便、化学性能稳定、电气绝缘性能良好、耐老化、耐温与耐湿性能良好、线胀系数和力学性能参数尽量与被测对象相匹配的黏结剂。

引线是从敏感栅引出的导线。一般选择电阻率低、电阻温度系数小、抗氧化性能好、易焊接的导线。

（3）电阻应变片特性

金属应变片的特性包括静态特性和动态特性。静态特性包括：应变灵敏系数、横向效应、机械滞后、零点漂移、蠕变、应变极限、初始电阻、允许电流等。

金属丝的应变灵敏系数是指其电阻相对变化与其所受的线性应变之间的关系。当金属丝制成应变片后，由于基片、黏结剂以及敏感栅的横向效应，其应变灵敏系数会发生改变，因此需要重新标定。一般金属应变片的应变灵敏系数远小于其材料的应变灵敏系数。

应变片横栅部分的电阻变化抵消纵栅部分的电阻变化，使得整个电阻应变片灵敏度降低的现象称为应变片的横向效应。横向效应会带来测量误差，其大小与敏感栅的构造及尺寸有关。敏感栅的纵栅愈窄、愈长，而横栅愈宽、愈短，则横向效应的影响愈小。

由于应变片结构及其在使用过程中的过载、过温等问题，使得应变片产生残余变形，造成敏感栅电阻部分发生不可逆变化，导致应变片在加载和卸载过程中，对相同温度条件下相同机械应变产生的测试结果不同。这种应变片在温度一定时，在增加或减少机械应变过程中与约定应变之间的最大差值称为机械滞后。为了减少机械滞后，在加工使用应变片时，应尽量避免受到不适当的变形或者是黏结剂引起的机械滞后。

对于已经粘贴好的应变片，在一定温度下且不承受机械应变时，其指示应变随时间而变化的特性称为应变片的零漂。在一定温度下且应变片承受恒定的机械应变时，其指示应变随时间变化而变化的特性称为应变片的蠕变。应变片在制造过程中产生的残余内应力，以及应变丝材料、黏结剂及基底在温度和载荷作用情况下内部结构的变化，是造成应变片零漂和蠕变的主要因素。

应变极限是指在一定温度下，测试中显示的应变值与真实应变值相对误差不超过规定值（一般为 10%）时的最大真实应变值。应变极限是衡量应变计测量范围和过载能力的指标。提高应变极限的主要方法有选用弹性模量较大的黏结剂和基底材料，适当减薄胶层和基底，并使之充分固化。

初始电阻是应变片在未经安装也不受外力情况下，于室温下测得的电阻值。初始电阻值增大（越大），可以加大应变片承受电压，输出信号大，同时敏感栅尺寸也增大。目前，应变片初始电阻已经标准化，常用的包括 60Ω、120Ω、250Ω、350Ω、600Ω、1000Ω 等。

应变片允许电流是指允许通过应变片而不影响其工作特性的最大电流值。允许工作电流增大，输出信号增大，灵敏度增高，但是会导致自身发热，影响性能有所降低，甚至会烧坏应变片。

动态特性主要指在测量变化频率较高时电阻应变片的动态响应特性。动态情况下，当应变波传递经过敏感栅时，由于敏感栅长度导致应变波完全通过应变栅后才能测试出相应值，因而会产生动态响应滞后进而产生误差。

当测试量为正弦变化信号时，由于应变片结构影响导致测试输出的幅值与实际被测信号的幅值存在误差。这种误差随应变片长度、测试信号频率的变化而变化。

（4）测量电路

应变电阻传感器是利用材料的电阻应变效应进行微小机械应变测量的一种测试元件，为了能准确地进行测量，通常采用专门设计的测量电路。常用的测量电路包括直流电桥和交流电桥。

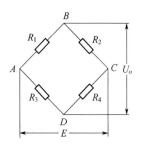

图 3-3　直流电桥电路

直流电桥稳定度高、容易获得，电桥调节平电路简单，传感器至一般的导线连接分布影响小。直流电桥电路如图 3-3 所示，E 为电源电压，R_1、R_2、R_3、R_4 为桥臂电阻，R_L 为负载电阻。电桥输出电压 U_o 为：

$$U_o = E \frac{R_1 R_4 - R_2 R_3}{(R_1 + R_2)(R_3 + R_4)} \tag{3-4}$$

电桥平衡时，$R_1 R_4 - R_2 R_3 = 0$ 为电桥平衡条件。

各个桥臂应变电阻变化分别为 ΔR_1、ΔR_2、ΔR_3、ΔR_4，代入式（3-4），则输出电压为：

$$U_o = E \frac{(R_1 + \Delta R_1)(R_4 + \Delta R_4) - (R_2 + \Delta R_2)(R_3 + \Delta R_3)}{(R_1 + \Delta R_1 + R_2 + \Delta R_2)(R_3 + \Delta R_3 + R_4 + \Delta R_4)} \tag{3-5}$$

令 $n = R_2 / R_1$，由于电桥平衡 $n = R_4 / R_3$，则有：

$$U_o = \frac{nE}{(1+n)^2} \frac{\dfrac{\Delta R_1}{R_1} - \dfrac{\Delta R_2}{R_2} - \dfrac{\Delta R_3}{R_3} + \dfrac{\Delta R_4}{R_4}}{\left[1 + \dfrac{n}{1+n} \left(\dfrac{\Delta R_1}{R_1} + \dfrac{\Delta R_2}{R_2} + \dfrac{\Delta R_3}{R_3} + \dfrac{\Delta R_4}{R_4} \right) \right]} \tag{3-6}$$

由于 $\Delta R_i \ll R_i$，故有 $\Delta R_i / R_i$ 可以忽略，则输出电压变为：

$$U_o = \frac{nE}{(1+n)^2} \left(\frac{\Delta R_1}{R_1} - \frac{\Delta R_2}{R_2} - \frac{\Delta R_3}{R_3} + \frac{\Delta R_4}{R_4} \right) = \frac{nE}{(1+n)^2} (\varepsilon_1 - \varepsilon_2 - \varepsilon_3 + \varepsilon_4) \tag{3-7}$$

电桥的灵敏度定义为：

$$S_r = \frac{nE}{(1+n)^2} \tag{3-8}$$

由式（3-8），当 $\dfrac{\mathrm{d}S_r}{\mathrm{d}n} = 0$ 时，输出电压最大，此时 $n = 1$，电桥灵敏度系数最高。因此测量电路常使用半臂电桥或全臂电桥。

可以看出，当 $\Delta R_i \ll R_i$ 时，输出电压与应变呈线性关系；当四臂应变极性一致时，则同为拉应变或压应变，相对桥臂应变相加、相邻桥臂应变相减，此为电桥的"和差特性"；当电源电压一定时，输出电压和灵敏度系数与桥臂电阻值大小无关；双臂桥电压灵敏度系数比单臂桥提高 1 倍，全桥电压灵敏度系数比单臂桥提高 3 倍、比半桥提高 1 倍，全桥负载性能增强。

可以看出，电桥的输出电压与应变实际上呈非线性关系，只有在 $\Delta R_i \ll R_i$ 时，输出电压与应变之间近似呈线性关系。因此，使用线性化处理的仪器来进行测试时多会产生误差。需要进行误差补偿。一般来讲可以通过使用半桥或全桥利用电桥和差特性，达到补偿目的。使用恒流源也是进行非线性误差补偿的方法之一。

交流电桥结构（图 3-4）和工作原理与直流电桥基本相同，各个电桥臂仍然采用应变片或其他精密电阻。交流电桥工作时需要考虑分布电容的影响，原理图如图 3-4。此时桥臂不再是单纯电阻，而是变为复阻抗。

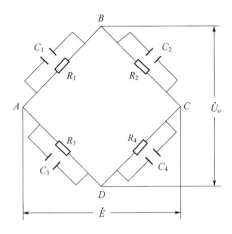

图 3-4 交流电桥电路

桥臂上的阻抗表示为 $Z_i = \dfrac{R_i}{1 + j\omega R_i R C_i}$ ，则电桥平衡的条件变为， $Z_1 Z_4 - Z_2 Z_3 = 0$ ，

输出电压表示为：

$$\dot{U}_o = \dot{E}\,\frac{Z_1 Z_4 - Z_2 Z_3}{(Z + Z_2)(Z_3 + Z_4)} \tag{3-9}$$

（5）温度补偿

温度误差产生的原因主要来自两个方面：一是因温度变化而引起的应变片敏感栅的电阻变化及附加变形；二是因被测物体材料的线胀系数不同，使应变片产生附加应变。

当把应变片安装在一个可以自由膨胀的被测件上，且被测件不受任何外力的作用时，如果环境温度变化，则应变片的电阻也随之发生变化，说明应变片的应变测量受环境温度影响。在应变测量中如果不排除这种影响，势必给测量带来很大误差，这种由于环境温度带来的误差称为应变片的温度误差，又称热输出。

3.1.2 应用

应变式传感器其基本构成通常为弹性敏感元件、应变片和一些附件。弹性敏感元件直接感受被测量，在被测量的作用下，产生一个与它成正比的应变，然后通过应变片作为转换元件将应变量转换为电阻变化。

应变计是土木工程中安全维护监测的主要传感器之一，用于测试混凝土应变、岩体岩石应变应力。在工程应用中往往安装在钢质材料中，实现应力应变测量。

应变式力传感器，是常见的力传感器之一，根据结构形式的不同，包括柱式力传感器、环形力传感器、轮辐式力传感器、悬臂梁式力传感器。应变式测量范围几百公斤至几百吨，精度可以达到± （0.3%～0.5%）。

应变式压力传感器广泛用于测量管道内部压力、内燃机燃气的压力和压差、发动机中的脉动压力以及各种流体压力。其结构主要由弹性元件、应变片、外壳组成。按弹性元件结构形式的不同，应变式压力传感器可分为极（膜片）式、简式、组合式等。

由于加速度是运动参数而不是力，需要经过质证惯性系统将加速度转换成力作用于弹性元件实现测量。根据牛顿运动定律，物体运动的加速度与作用于自身的力成正比、与质量成反比，即可实现加速度的测量。这种测应变加速度传感器主要用于振动频率比较低的冲击和振动测量中。

3.2 电容式传感器

电容式传感器是利用电容器的原理将被测量（如温度、振动、液位等）的变化转换为电容量的变化，再经转换电路转化为电信号的传感器。电容式传感器结构简单、体积小、分辨力高、测量范围大、功耗小、零点漂移小、动态响应快，广泛应用于压力、液位、振动、位移、加速度、温度、湿度等变量的测量中。

3.2.1 基本原理特性

（1）基本原理

电容式传感器常用的结构有两种，平板形和圆筒形。平板形电容结构见图3-5，圆筒式电容传感器结构如图 3-6。

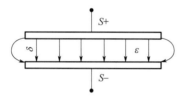

图 3-5 平板形电容结构

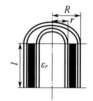

图 3-6 圆筒形电容结构

图 3-5 中，当忽略边缘效应时，平板形电容传感器电容为

$$C = \frac{\varepsilon S}{\delta} = \frac{\varepsilon_r \varepsilon_0 S}{\delta} \qquad (3\text{-}10)$$

式中，S 为极板相对覆盖面积；δ 为极板相对覆盖面积；ε 为板间介质的介电常数；ε_0 为真空介电常数；ε_r 为板间介质的相对介电常数。

图 3-6 中，当忽略边缘效应时，圆筒形电容传感器电容为

$$C = \frac{2\pi \varepsilon_r \varepsilon_0 l}{\ln\left(R / r\right)} \qquad (3\text{-}11)$$

式中，l 为内外圆极板相对盖的高度；R, r 为内外圆极板的半径；ε_0 为真空介电常数；ε_r 为板间介质的相对介电常数。

由式（3-10）中可以看出，当改变平板形电容传感器的极距、相对覆盖面积、介电常数时可以改变其电容。

由式（3-11）中可以看出，当改变圆筒形电容传感器的极板覆盖高度面积、介电常数时可以改变其电容。

电容传感器结构不同，其工作特性也不相同。

对于变极距型电容传感器：变极距型电容传感器灵敏度与初始极距成反比关系。减小初始极距可提高其灵敏度，初始极距受击穿电压影响；一般，初始极距范围 0.1～0.2mm。相对非线性误差随极距变化量变化；为了改善其非线性和灵敏度，一般采用差动结构，差动结构可以提高其灵敏度、减小非线性误差等。

对于变覆盖面积型电容传感器：其输出特性呈线性关系，变覆盖面积型电容传感器量程不受线性范围限制。工程应用中，其测量范围不大；为了改善其测量范围及其灵敏度，一般采用差动结构。

圆筒形电容传感器由于其结构受极板径向变化影响小，因此为常用的结构。

对于变介电常数型电容传感器：改变介电常数的电容传感器，为常用的传感器。可以用于测试电介质的厚度、位移、位置、温度、湿度等。

（2）测量电路

电容式传感器的测量电路种类很多，常用到的有桥式电路、二极管双 T 形电路、脉冲宽度调制电路、运算放大器电路等。

常用的桥式电路有单臂接法、差动接法的桥式电路，如图 3-7 和图 3-8。

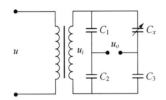 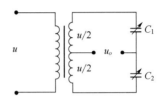

图 3-7　单臂接法的桥式电路　　　　　图 3-8　差动接法的桥式电路

图 3-7 单臂桥式电路中，四个桥臂电容为 C_1、C_2、C_3、C_x，C_x 为传感器的可变电容量，C_1、C_2、C_3 为固定电容。u 为电源电压。

在电桥平衡时，

$$u_o = 0, \ C_1 C_3 = C_2 C_x \qquad (3\text{-}12)$$

当 C_x 发生变化时，输出电压为 $u_o = \left(\dfrac{C_1}{C_1 + C_2} - \dfrac{C_x}{C_x + C_3} \right) u_i$，$C_x$ 可根据式（3-10）和式（3-11）推导得出。

图 3-8 差动桥式电路中，差动电容 C_1、C_2 为两个桥臂，则电桥的空载输出电压为

$$u_o = \frac{C_1 - C_2}{C_1 + C_2} \times \frac{u}{2} \qquad (3\text{-}13)$$

当差动电容 C_1、C_2 改变时，输出电压 u_o 随之改变，C_1、C_2 变化量可根据式（3-10）和式（3-11）推导得出。

二极管双 T 形电路如图 3-9，图（a）是电路原理图，图（b）是供电电源波形，周期 T、幅值为 U。VD_1、VD_2 为特性相同的二极管，C_1、C_2 为传感器差动电容器，R 为固定值电阻，R_L 为负载电阻。

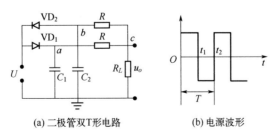

(a) 二极管双 T 形电路　　　(b) 电源波形

图 3-9　二极管双 T 形电路

脉冲宽度调制电路是通过对半导体开关器件的通断控制，生成一系列按一定规律变化的等幅不等宽的矩形波脉冲。利用电容量的不同引起的充、放电时间的变化，可使矩形波脉冲发生电路输出脉冲的占空比随之变化，再通过低通滤波器的滤波就可以得到对应于电容量变化的直流电信号，即得到被测量的变化情况。图 3-10 为差动脉冲调宽电路。对于差动脉冲宽度调制电路，无论是变极距式差动电容传感器还是变面积式差动电容传感器，电路输出电压都与变化量呈线性关系。

运算放大电路如图 3-11。采用运算放大器的电路有利于克服变极距型电容式传感器的非线性。

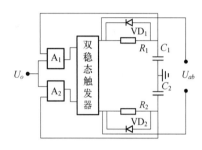

图 3-10　差动脉冲调宽电路

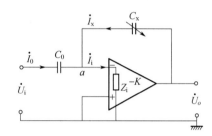

图 3-11　运算放大器电路

3.2.2　应用

电容式传感器具备结构简单、灵敏度高、分辨率高、动态响应好、易于实现数字化和智能化。通过使用电容传感器将被测量转换成极距、极间相对面积或介电常数的变化，就可以通过测量电容量来达到求取被测变量的目的。因此，其已被广泛应用于非电量测量和自动控制系统中。

可以使用电容式传感器实现力、压力、加速度、响应位置等信号的测试。常用电容式传感器包括电容式压差传感器、电容式加速度传感器、电容式力传感器、电容式声传感器、电容触摸屏等。

3.3　电感式传感器

电感式传感器是利用被测量的变化引起线圈自感系数或互感系数的变化，从而导致线圈电感量的变化这一物理现象来实现测量的。电感式传感器具备结构简单、工作可靠、测量精度高、输出功率大等特点，可以实现信息的远距离传输、记录、显示等，在工业自动控制系统中广泛应用。

根据其转换原理，电感式传感器通常分为自感式、互感式和电涡流式三种类型。本节将重点介绍自感式、互感式和电涡流式传感器的工作原理、测量电路及其应用。

3.3.1　原理特性

（1）基本原理

自感式传感器又称为变磁阻式传感器，其感应转换部件由线圈、铁芯和衔铁组成，可分为变间隙型、变面积型和螺管型三种类型。下面以变间隙型自感传感器为例，介绍其工作原理、测量电路及应用。

变间隙型自感式传感器结构原理如图 3-12 所示。它是由线圈、铁芯、衔铁组成，铁芯是固定件，衔铁是可动件，铁芯和衔铁由导磁材料制成，两者之间留有气隙。衔铁移动时，气隙厚度发生变化，引起磁路磁阻变化，导致电感线圈的电感变化。

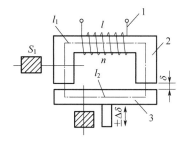

图 3-12　变间隙型自感式传感器结构原理图

线圈匝数为 n，通入线圈的电流为 i，每匝线圈产生的磁通为 Φ

$$\Phi = BS = \mu HS = \mu \frac{ni}{l} S = \frac{in}{R_m} \tag{3-14}$$

线圈自感为 L

$$L = \frac{n\Phi}{i} = \frac{n^2}{R_m} \tag{3-15}$$

式中，i 为通过线圈的电流；l 为磁路长度；R_m 为磁路磁阻；S 为铁芯截面积；μ 为铁芯磁导率。

对变间隙型自感式传感器，由于气隙较小，气隙中的磁场可看作是均匀的。忽略磁路磁损，磁路磁阻为

$$R_m = \frac{l_1}{\mu_1 S_1} + \frac{l_2}{\mu_2 S_2} + \frac{2\delta}{\mu_0 S_0} \tag{3-16}$$

式中，μ_1，μ_2 分别为铁芯、衔铁的磁导率；l_1，l_2 分别为磁通通过铁芯、衔铁的长度；S_1，S_2 分别为铁芯、衔铁的截面积；μ_0，S_0，δ 分别为气隙的磁导率、截面积和其厚度。

通常铁芯与衔铁工作在非饱和状态下，其磁阻与气隙的磁阻相比是很小的，为了分析问题的方便，铁芯与衔铁的磁阻可忽略不计。

电感近似为

$$L \approx \frac{\mu_0 S_0 n^2}{2\delta} \tag{3-17}$$

可以看出，若保持 S 不变，则 L 为气隙宽度 δ 的单值非线性函数，可构成变间隙型自感式传感器，其特性曲线如图 3-13。

设自感式传感器的初始气隙宽度为 δ_0，初始电感量为 δ_0，衔铁位移引起的气隙变化量为 $\Delta\delta$，此时输出电感为

$$L = L_0 + \Delta L = \frac{L_0}{1 - \dfrac{\Delta\delta}{\delta_0}} \tag{3-18}$$

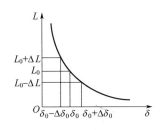

图 3-13　变间隙型自感式传感器电感气隙厚度特性曲线

当 $\dfrac{\Delta\delta}{\delta_0} \ll 1$ 时，对该公式进行级数展开

$$L = L_0 + \Delta L = L_0 + \Sigma \left(\frac{\Delta\delta}{\delta}\right)^i \tag{3-19}$$

忽略高次项，线性化处理后可得电感相对变化量为

$$\frac{\Delta L}{L_0}=\frac{\Delta \delta}{\delta_0}$$ （3-20）

灵敏度为

$$K_0=\frac{\frac{\Delta L}{L_0}}{\Delta \delta}=\frac{1}{\delta_0}$$ （3-21）

非线性误差近似为

$$\gamma \approx \frac{\Delta \delta}{\delta_0}$$ （3-22）

可以看出，要提高灵敏度，就要减小测量范围。变间隙型自感式传感器适用于测量微小位移的场合。实际应用中，为了减小非线性误差，广泛采用差动变间隙型自感传感器，以提高灵敏度，改善线性度。

（2）测量电路

交流电桥是自感式传感器的主要测量电路，包括交流、变压器式交流、谐振等形式，如图 3-14。为了提高灵敏度、改善线性度，自感线圈一般接成差动形式。

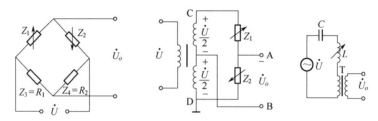

图 3-14　自感式传感器的 3 种测量电路

3.3.2　其他电感式传感器

除了自感式电感传感器，还包括差动变压式传感器、电涡流式传感器等。

差动变压式传感器是根据变压器的基本原理制成的传感器，通过将被测量转换为线圈的互感变化量实现测试，在结构设计中二次绕组主要使用差动形式连接。差动变压式传感器结构形式包括变间隙、变面积、螺线管型等。

根据法拉第电磁感应定律，块状金属导体置于变化的磁场中或在磁场中作切割磁力线运动时，导体内部产生涡状的感应电流，此种现象称为电涡流效应。电涡流式传感器是利用导体的电涡流效应制成的传感器。

根据电涡流贯穿特性，可以分为高频反射式和低频透射式两类。

3.3.3　应用

自感式传感器可以实现 0.1μm 的位移测量，灵敏度较高，输出信号较大，但存在非线性能力差、消耗功率较大、测量范围较小等问题。因此，自感式传感器一般用于接触式测量，主要用于静态和动态微位移测量，也可以实现振动、压力、荷重、流量、液位等参数测量。

差动变压式传感器可以实现 1～100mm 范围内的位移测量，测量精度高、结构简单、性能可靠。差动变压式传感器可以直接用于位移测量，也可以用于与位移有关的振动、加速度、应变、张力、厚度等参数测量。

电涡流式传感器具有可非接触连续测量、灵敏度较高、适用性强等特点。电涡流式传感器可以实现位移、厚度、振幅、转速、温度、材料应力、硬度等参数测量。利用电涡流式传感器位移、电阻率和磁导率等综合指标，可以做成无损探伤装置。

3.4　磁敏式传感器

磁敏式传感器是利用被测量变化引起的磁场及其变化量转换为电信号的传感器。按照其工作原理的差异，磁敏式传感器可分为霍尔传感器、磁敏二极管、磁敏电阻及磁敏晶体管等主要利用半导体材料内部的载流子随磁场变化的特性的传感器，电涡流传感器、磁通门式磁敏传感器、磁栅式磁敏传感器及电感线圈磁头等主要利用电磁感应原理的传感器，金属膜磁敏传感器、质子旋进式磁敏传感器、光泵式磁敏传感器等新型传感器。本节主要介绍霍尔式传感器原理特性等。

3.4.1　基本原理特性

（1）工作原理

霍尔式传感器是利用半导体的霍尔效应实现被测量的磁量变化转为电能量的一种传感器，又称为霍尔器件。霍尔式传感器具有灵敏度高、线性度好、性能稳定、体积小等特点，广泛应用于位移、压力、电流等参数的测量。

当通有电流的导体或半导体处在与电流方向垂直的磁场中时，导体或半导体的两侧将产生电位差，这种现象称为霍尔效应。霍尔效应本质上是运动电荷受磁场中洛伦兹力作用而做定向运动的结果，见图 3-15。

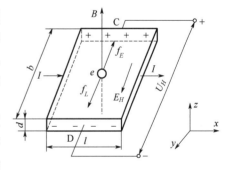

图 3-15　霍尔效应原理

如图 3-15 所示为霍尔效应原理图，N 型半导体霍尔薄片的长度为 l，宽度为 b，厚度为 d。电子以均匀的速度 v 运动，被放置于磁感应强度 B 的磁场中，则在磁场中受到洛伦兹力为

$$F_L = qvB \tag{3-23}$$

式中，q 为电子电量。

作用于电子的电场力为

$$F_E = qE_H = \frac{qU_H}{\omega} \tag{3-24}$$

达到平衡时

$$\frac{qU_H}{\omega} = qvB \tag{3-25}$$

电流密度为　$j = nqv$，则电流

$$I = jwd = -nqvwd \tag{3-26}$$

则霍尔电压为

$$U_H = \frac{-IB}{nqd} = R_H \frac{IB}{d} = K_H IB \tag{3-27}$$

式中，R_H 为霍尔系数，由材料的物理属性决定；K_H 为灵敏度。

对于金属材料，由于其自由电子浓度高，则其霍尔系数和灵敏度小，输出霍尔电压小，不适合作霍尔元件。为获得较强的霍尔效应，霍尔片选用半导体材料制成。

通常把能产生霍尔效应的半导体材料薄片称为霍尔元件。霍尔元件的几何尺寸会影响霍尔电压，由于霍尔元件的霍尔系数与厚度成反比，因此，霍尔元件越薄，其灵敏度就越高。

（2）霍尔元件技术参数

霍尔元件主要的技术参数包括：

① 额定激励电流：使霍尔元件升温10℃时所施加的激励电流称为其额定激励电流。霍尔电压随其额定激励电流增加而线性增加，所以使用中一般选用大的激励电流获得较高的霍尔电压输出。由于收到最大允许温升要求，通常使其激励电流增加。

② 乘积灵敏度：霍尔电压与磁感应强度和控制电流乘积之间的比值为乘积灵敏度。

③ 输入电阻和输出电阻：霍尔元件激励电极间的电阻称为输入电阻。霍尔元件输出电动势对电路外部相当于一个电压源，其内阻称为输出电阻。

④ 不等位电动势和不等位电阻：当磁感应强度为零时，霍尔元件的激励电流为额定值时，其输出的空载霍尔电动势，称为不等位电动势。不等位电动势与其额定电流的比值称为不等位电阻。

产生不等位电动势的主要原因有：霍尔电流安装位置不对称或不在同一电位上；半导体材料不均匀；激流电极接触不良造成的激励电流不均匀等。

⑤ 寄生直流电动势：在外加磁场为零，霍尔器件用交流激励电流时，霍尔电极输出除了交流不等位电动势外还有直流电动势，称之为寄生直流电动势。寄生直流电动势是影响温度漂移的原因之一。

⑥ 最大输出功率：在接入负载后，霍尔元件的输出功率与负载的大小有关。当霍尔电极间的内阻与负载电阻相等时，其输出功率最大，称其为最大输出功率。

⑦ 最大效率：霍尔元件最大输出功率与其输入功率的比值称为最大效率。

⑧ 霍尔电动势温度系数：霍尔电动势温度系数与霍尔电动势或灵敏度的温度特性，以及输入阻抗和输出阻抗的温度特性，与霍尔元件的材料有关。

⑨ 负载特性：当霍尔电极之间接有负载时，其内阻导致电压下降，故实际霍尔电动势比实际理论值小，一般根据负载电阻与内阻的比值不同而变化。

⑩ 频率特性：当磁场恒定时，通过传感器的电流是交变电流，霍尔元件频率特性好。当磁场为交变磁场时，霍尔元件输出电压与其频率、霍尔元件电导率、周围介质磁导率与磁路参数有关。因此在交变磁场作用下，需要根据频率选择合适的元件和导磁材料，以保证霍尔元件有良好的频率特性。

（3）霍尔元件误差补偿

制造工艺缺陷导致的零位误差和霍尔元件温度变化引起的温度误差是导致霍尔元件产生测量误差、影响其测量精度的主要因素。在实际应用中，需要对这些误差进行补偿，避免对精度产生影响。

霍尔元件不等位电动势即霍尔元件的零位误差，主要由制造工艺缺陷引起，实际工程中很难消除，因此多采用补偿的方法进行处理，如图 3-16 所示。将霍尔元件等效为电桥，可使用电桥平衡的方法进行补偿。

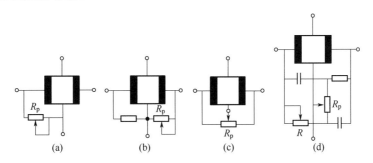

图 3-16　不等位电动势补偿电路

为了减小温度误差，除了选择温度系数较小的霍尔元件或进行恒温处理外，还会采用适当的补偿电路进行补偿，一般选择桥路温度补偿电路，见图 3-17。

3.4.2　其他磁敏传感器

除了霍尔磁敏元件，还有其他磁敏元件，例如磁敏电阻、磁敏二极管、磁通门式磁敏传感器、质子旋进式磁敏传感器、超导量子干涉器磁敏传感器等。

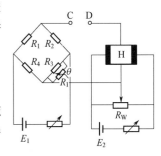

图 3-17　桥路温度补偿电路

（1）磁敏电阻

磁敏电阻是一种对磁敏感、具有磁阻效应的电阻元件。在磁场中物质电阻发生变化的现象称为磁阻效应。磁敏电阻可以测试 0.001～1T 范围的磁感应强度。它可分为半导体磁敏及强磁性金属薄膜磁敏电阻两大类。半导体磁敏电阻通常用锑化铟或砷化铟等对磁具有敏感性的半导体材料制成。半导体材料的磁阻效应包括物理磁阻效应和几何磁阻效应，其中物理磁阻效应又称为磁电阻率效应。磁敏电阻是利用材料的磁阻效应制成的传感器。强磁性金属薄膜磁敏电阻是用强磁性合金材料制成的一种薄膜型的磁敏电阻器件，其作用原理是强磁性体的磁阻效应，它和半导体磁敏电阻不同，不仅对磁场的强度敏感，对磁场的方向也十分敏感。由于薄膜不是半导体材料而是强磁性体合金，因此具有较小的温度系数，且性能较为稳定、灵敏度高。

（2）磁敏二极管

磁敏二极管是采用电子与空穴双重注入效应及复合效应原理工作的，具有很高的灵敏度。由于磁敏二极管在正、负磁场作用下，其输出信号增量的方向不同，因此利用这一点可以判别磁场方向。磁敏二极管比霍尔元件的探测灵敏度高，且具有体积小、响应快、无触点、输出功率大及线性特性好的优点。

（3）磁通门式磁敏传感器

磁通门式磁敏传感器是利用高磁导率的软磁性材料做磁芯，利用其在交变磁场作用下的磁饱和特性及法拉利电磁感应原理制成的传感器，又称为磁饱和式磁敏传感器。磁通门式磁敏传感器适合对零磁场附近的弱磁场进行测量，其结构体积小、重量轻、功耗低、精度高；可进行纵向量及其变化量、横向量及其变化量的测量，而且不受磁场梯度的影响。

（4）质子旋进式磁敏传感器

质子旋进式磁敏传感器是利用外磁场中的旋进现象，根据磁共振原理制成的磁敏传感器。氢原子核的质子是一种带有正电荷的粒子，不停自旋，具有一定的磁性。在外界磁场的作用下，自旋的质子按照一定的方向排列，称为核子顺磁性。由于其磁性很小，难以在磁化率很低的逆磁性物质（如水、乙醇、甘油等）中表现出来。在这些物质中，质子受某强磁场激发后按照一定方向排列，去掉外磁场，则质子在地磁场作用下以同一相位绕地磁场旋进，而且其旋进频率与地磁场具有线性关系。这种现象称为旋进现象。利用这种关系设计而成的传感器是一种质子旋进式传感器，如质子旋进式磁力仪。

（5）光泵式磁敏传感器

光泵式磁敏传感器是以某些元素的原子在外磁场的扫描效应，并利用光泵和磁共振技术制成的磁敏传感器。利用光泵式磁敏传感器研制成的测磁仪器，是目前生产和科学研究中应用的灵敏度较高的一种测磁仪器。与质子旋进式仪器相比，其灵敏度更高、响应频率高，可以在快速变化中进行测量。

（6）超导量子干涉器磁敏传感器

超导量子干涉器磁敏传感器是根据约瑟夫效应用超导材料制成的在超导状态下检测磁场变化的一种新型传感器。其具备测量灵敏度极高、测量范围宽、测量频带宽等特点。

3.4.3　应用

霍尔元件可以方便准确地实现乘法运算，能构成各种非线性运算部件，可以测量磁物理量以及电路，还可以通过转换测量其他非电路，目前应用产品包括高斯计、霍尔罗盘、大安培计、功率计、调制器、位移传感器、微波功率计、频率倍增器、回转器、磁鼓读出器、霍尔电极等。霍尔元件在工程中广泛应用于测量技术、自动控制技术、无线电技术、计算机技术和信息技术等。

磁阻式传感器主要用于识别磁性墨水的图形和文字，在自动测量技术中监测微小信号，如录音机和录像机的磁带、磁盘，访问纸币、票据、信用卡的磁条等。

磁通门式磁敏传感器广泛应用于航空、地面、矿井等方面的磁场勘探；军事上可用于寻找地下武器等；还可用于天然地震预报以及空间测磁等。

质子旋进式磁敏传感器是磁法勘探的基本设备。磁敏勘探是比较成熟、应用时间早、应用范围广的方法，可直接用于磁性矿体查找、固态矿产和天然气构造的普查、大地构造检测、地质填图等领域。

超导量子干涉器磁敏传感器主要用来测量磁场，可以测量电流、电压、电阻、电感、磁感应强度、磁场梯度、磁化率、温度、位移等参数。利用超量子干涉器研制的干涉仪器具有很高的灵敏度，在生物磁检测、地磁检测、超级计算机、磁通显微镜、无损检测等方面应用广泛。

3.5　压电式传感器

压电式传感器是基于压电材料的压电效应制成的传感器，是一种能量转换型传感器，既可以将机械能转为电能，又可以将电能转化为机械能。压电式传感器具有响应频带宽、灵敏度高、信噪比大、结构简单、工作可靠、重量轻等特点，在各种动态力、机械冲击与振动中应用广泛。

3.5.1 基本原理特性

（1）压电效应

压电效应是电介质材料中一种机械能与电能的互换现象，包括正压电效应和逆压电效应。

压电效应又称为正压电效应或顺压电效应，指某些材料沿某一特定方向受力并发生机械变形时材料内部会产生极化现象，并在其两个对应表面上产生符号相反的等量电荷；若停止受力，电荷也随之消失，材料重新恢复为不带电状态。逆压电效应又称电致伸缩效应，是在材料的极化方向上施加电场时材料也会产生机械变形，在撤去外加电场后材料的变形也随之消失的现象。

具有压电效应的材料称为压电材料。在自然界中，大多数晶体都具有压电效应，只是多数晶体的压电效应都十分微弱。

（2）石英晶体压电效应

理想石英晶体外形结构呈六角棱柱体，如图 3-18。石英晶体在各个方向的特性不同，通常采用右手直角坐标系表示晶体轴的方向。坐标系中，z 轴被称为光轴，通过光学方法确定，在该轴方向上无压电效应；经过晶体棱线并垂直于光轴的 x 轴称为电轴，在垂直于此轴的棱面上的压电效应最强；与 x 轴和 z 轴同时垂直的 y 轴称为机械轴，在电场作用下，沿该轴方向的机械变形最明显。

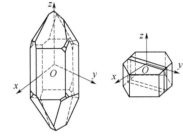

图 3-18 石英晶体理想外形结构

通常把晶体沿电轴 x 方向受力而产生电荷的压电效应称为"纵向压电效应"，把沿机械轴 y 方向受力而产生电荷的压电效应称为"横向压电效应"；沿光轴 z 方向受力时不产生压电效应。

无论是正压电效应还是逆压电效应，其作用力与电荷量之间呈线性关系；晶体在哪个方向有正压电效应，则在此方向也存在逆压电效应；石英晶体不是在任何方向都存在压电效应。

石英晶体化学分子式为 SiO_2，一个晶体单元有 3 个硅离子和 6 个氧离子，其中 1 个硅离子和 2 个氧离子交替排列，其简化结构压电效应机理示意如图 3-19 所示。硅、氧离子呈正六边形排列，"+"表示正离子 Si^{4+} 和负离子 $2O^{2-}$。

当不受外力作用时，正离子和负离子正好分布于正六边形顶点上，形成三个互成 120°夹角的电偶极矩 P_1、P_2、P_3，如图 3-19（a）。此时正、负电荷中心重合，电偶极矩的矢量和等于零，即 $P_1+P_2+P_3=0$，所以晶体表面没有带电。

当晶体受到沿 x 轴方向作用力时，正六边形边长保持不变，夹角改变。石英晶体沿 x 轴方向产生收缩，正、负电荷中心不再重合，电偶极矩在 x 轴方向上 $P_1+P_2+P_3>0$，方向沿 x 轴正方向，在 y 轴和 z 轴方向上的分量均为零。因此，在 x 轴正向垂直的石英表面出现正电荷，反向垂直的石英晶体表面为负电荷，在与 y 轴、z 轴垂直的表面则不出现电荷。

当晶体受到沿 y 轴方向作用力时，晶体沿 y 轴方向将产生压缩，电偶极矩在 x 轴方向上 $P_1+P_2+P_3<0$，在 y 轴和 z 轴方向上的分量均为零。因此，在 x 轴正向垂直的石英表面出现

负电荷，反向垂直的石英晶体表面为正电荷，在 y 轴、z 轴垂直的表面则不出现电荷。

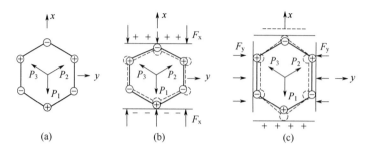

图 3-19　石英晶体压电效应

当晶体受到沿 z 轴方向作用力时，晶体在 z 轴方向和 y 轴方向产生的变形相同，其正、负电荷中心保持重合，电偶极矩的矢量和为零，晶体表面不出现电荷，不产生压电效应。

（3）陶瓷晶体压电效应

压电陶瓷是一种经过极化处理后的人工多晶铁电体。压电陶瓷在没有极化处理时是非压电材料，其电畴在晶体内杂乱分布，它们的极化效应被相互抵消，压电陶瓷内极化强度为零，不具有压电效应。

要使陶瓷具有压电特性，必须进行极化处理，即在一定温度下对陶瓷施加强直流电场，

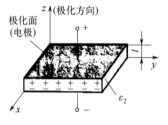

图 3-20　压电陶瓷坐标系

使电畴的自发极化方向旋转至与外加电场方向一致，则陶瓷就具有了一定极化强度。撤去极化电场后，电畴的极化方向基本保持不变，陶瓷内部出现剩余极化强度，具有了压电特性。

将压电陶瓷的极化方向定义为 z 轴，在垂直于极化方向的平面内，可任意选择一正交轴系为 z 轴和 y 轴，这与石英晶体不同。极化压电陶器的平面是具有各向同性的，它的 z 轴和 y 轴是可以互换的。其坐标系如图 3-20 所示。

陶瓷极化后，不受外力时，陶瓷片对外不呈现极性。陶瓷片内的极化强度以电偶极矩的形式表现出来，即在陶瓷的一端出现束缚正电荷，而在另一端出现束缚负电荷。由于束缚电荷的作用，陶瓷片的极化电极面会吸附一层来自外界的自由电荷，自由电荷与陶瓷片内的束缚电荷极性相反，数量相等，屏蔽和抵消了陶瓷片内极化强度对外的作用。

当在陶瓷片上施加与极化方向平行的压力 F，如图 3-21 所示，陶瓷片会产生压缩形变，片内的正、负束缚电荷之间的距离变小，极化强度也变小，原来吸附在电极上的自由电荷有一部分被释放，出现放电现象。当压力停止作用后，陶瓷片恢复原状，片内的正、负电荷之间的距离变大，极化强度变大，电极上又吸附一部分自由电荷而出现充电现象。

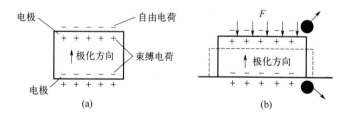

图 3-21　压电陶瓷压电效应

　　压电陶瓷在力的作用下发生机械形变的过程中，伴随着自由电荷的放电，这种由机械能转变为电能的现象就是压电陶瓷的正压电效应。

　　（4）压电材料主要特性参数

　　有明显压电效应的敏感功能材料称为压电材料。根据压电材料的种类，压电材料可分为单晶体、多晶体、半导体以及有机高分子压电材料；根据压电材料的形态，又可分为压电体材料和压电薄膜材料等。

　　压电材料的主要特性参数包括：

　　① 压电常数：压电常数大，其灵敏度高。

　　② 弹性常数：压电元件作为受力元件，其强度高、刚度大，则其输出线性范围宽、故有频率高。

　　③ 介电常数：压电材料具有较大的介电常数和较高的电阻率，则其具有较好的低频特性，同时降低外部分布电容的影响。

　　④ 机电耦合系数：机电耦合系数越高，压电材料机械能—电能转换效率也就越高。

　　⑤ 居里点：压电材料开始失去压电效应的温度。居里点越高，其工作温度范围越宽。

　　⑥ 时间稳定性：压电性能不随时间变化的性能。

　　（5）测量电路

　　由于压电传感器元件内阻抗很高、输出功率较小、输出信号弱，为了保证其能够正常工作，因此测量电路需接入高输入阻抗的前置放大器。通过前置放大器，把高输入阻抗变换为低输出阻抗，使其阻抗匹配；同时对压电元件输出的弱电信号进行放大。压电元件可以输出电压信号或电荷信号，因此前置放大器包括电压放大器和电荷放大器两种形式，见图 3-22。

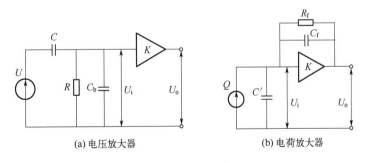

(a) 电压放大器　　　　　　　　(b) 电荷放大器

图 3-22　测量电路

　　电压放大器的输入电压幅值与被测参数的频率无关，当改变连接传感器与前置放大器的电缆长度时，线缆等效电容将发生变化，从而引起放大器的输出电压发生变化。因此，在设计测量系统时，通常把电缆长度确定为一个常数。对于电压放大器，一般通过增大测试回路等效电容和测试回路等效电阻，来提高测试回路时间常数，从而提高测试电路的特性，降低其动态误差。

　　电荷放大器的输出电压与电荷量成正比，相位差为 $180°$，且放大器输出电压与放大器放大倍数、电缆电容无关，输出电压与被测压力呈线性关系，其输出量不受电缆分布影响，可用于远距离测量。电荷放大器电路放大测量电路低频下限可以到 10^{-4}Hz，可用于测量准静态量。电荷放大器对其内外噪声干扰敏感，工程应用中需要采取措施进行干扰抑制。

3.5.2 应用

压电式传感器已被广泛应用于工业、军事、民用等领域，利用压电式传感器可直接进行力、压力、加速度、位移等参数的测量。压电传感器类型很多，包括力-电、声-电、声-压、光-电、热-电等类型，形成了各式各样的传感器，如声呐、应变仪、气体点火器、血压计、压电陀螺、压力加速度传感器、振动器、超声传感器、声光效应器件、热电红外探测器等。

压电式加速度传感器由压电元件、质量块、预紧弹簧、基座和外壳等组成。由于压电加速度传感器具有频率特性良好、量程大、结构简单、工作可靠等特点，在振动与冲击测试中应用最为广泛。在各个领域的冲击、振动测试中，使用占比达到80%以上。目前压电加速度传感器广泛应用于航天、航空、武器、机械、电气等各个领域的振动和冲击测试、故障诊断、安全运行维护等方面。

3.6 光电式传感器

光电式传感器是基于光电效应原理制成的将光信号转为电信号的传感器，它能够把被测参数的变化转换成光信号的变化，再将光信号的变化转换成电信号的变化。光电式传感器一般包括光源、光学通路和光电器件三部分。光电式传感器具有非接触、无损害、响应快、性能可靠、检测精度高、可远距离采集控制等特点。在航空、航天、石油、化工、国防、安全、交通、旅游等领域得到广泛应用。

3.6.1 原理特性

（1）光电效应

光电效应是指物体将吸收的光能转化为内部某些电子的能量而出现的电效应。光电效应分为内光电效应和外光电效应。

内光电效应是指在光照作用下，光子引起物质内部产生光生载流子引起物质电学性质变化的现象。内光电效应分为光电导效应和光生伏特效应两类。

光电导效应是多数高电阻率半导体在受到光照射时吸收光子能量产生电阻率改变的现象。当光照射到半导体材料上时，价带中的电子吸收光子能量，被从价带激发至导带，变成自由电子，价带出现空穴。光照致使导带中的电子和价带中的空穴浓度增大，引起半导体材料电阻率减小，电导率增大。

光生伏特效应是光照使半导体产生定向电动势的现象。半导体 PN 结在受到光照射时，若光子的能量大于电子能级中的禁带宽度，吸收了光子能量的电子就会被激发，在 PN 结内生成光生电子-空穴对。在结电场作用下，结区中的光生电子向 N 移动、空穴则向 P 移动，从而使 N 区带正电、P 区带负电，形成光生电动势。

外光电效应是在光照作用下，物体内部的某些电子逸出物体表面而向外发射的现象。外光电效应多发生于金属和金属氧化物，过程中逸出的电子称为光电子。

根据爱因斯坦假说，一个电子只能接受一个光子的能量。当物质中的电子吸收光子的能量，并超过克服物体表面壁垒所需的逸出功时，电子就会逸出物体表面，形成光电子发射；要使电子能从物体表面逸出，则其所吸收的光子能量必须大于或等于逸出功，超过部分的能量表现为逸出光电子的动能。光电子形成的电流称为光电流。

光电子能否产生，取决于光子的能量是否大于该物体的表面电子逸出功。物质不同逸出功不同，光频率阈值不同。在入射光频率不变的情况下，光电流的强度与光照度成正比。

（2）光源

光源是光电式传感器应用中的重要部分，确定合适的光源是光电式传感器的重要环节。选择光源需要考虑多方面因素，比如波长、相干性、谱特性、稳定性、发光强度、体积、成本等。常见的光源包括热辐射光源、气体放电光源、固体发光光源、激光等。

热辐射光源是利用物体升温产生光辐射的原理制成的光源。根据斯蒂芬-玻尔兹曼理论，物体温度越高，辐射量越大，辐射光谱的最大吸收波长也就越短。常用的热辐射光源包括钨丝白炽灯、卤钨灯等。

气体放光电源是利用当电流通过放置于气体中的两个电极时放电发光的原理设计而成。气体放电光源属于冷光源，光谱不连续，改变气体的成分、压力、阴极材料等条件，可以得到在特定光谱范围的放电光源。同样光通量下，气体放电光源消耗的能量仅为白炽灯的 30%～50%。

发光二极管（LED）作为一种固体发光光源，随着科技进步应用范围越来越广泛。发光二极管可以用于照明、数码显示、图像显示器等。发光二极管体积小、重量轻、便于安装、工作电压低、功耗小、驱动简便、响应速度快、寿命长、发光效率高。

激光光源是一种新型光源，具有方向性强、单色性好、相干性好、亮度高等特点，广泛应用于国防、科学研究、工业、农业以及医疗等领域。

（3）典型光电器件

光敏电阻是用具有内光电效应的半导体材料制成的一种均质半导体光电器件，是一种电阻器件。光敏电阻电极一般为栅状，是利用掩膜板在光电导薄膜上蒸镀金属形成的。这种结构增大了电极的灵敏面积，从而提高了光敏电阻的灵敏度。光敏电阻没有极性，使用时在电阻两端既可以加直流电压，也可以加交流电压。在光线的照射下，可以改变电路中电流的大小。光敏电阻的光照特性呈非线性，不宜作为测量元件，可以在自动控制系统中用作开关元件。光敏电阻具有灵敏度高、光谱响应范围宽、体积小、重量轻、力学强度高、耐冲击、耐振动、抗过载能力强和寿命长等特点，应用范围十分广泛。

光电池是基于光生伏特效应制成的，是自发电式有源器件，属于能量转换型、电压输出型传感器。通常，能用于制备光敏电阻元件的半导体材料均可以用于制备光电池。目前，应用最广的是硅光电池。光电池的价格便宜、光电转换效率高、寿命长，比较适合接收红外光。硒光电池光电转换率较低、适用于接收可见光；砷化镓光电池的光谱响应特征与太阳光谱非常吻合，适用于宇宙飞行器作仪器电源。

光电二极管是一种利用 PN 结单向导电性的结型光电器件，其结构与一般半导体二极类似，不同之处是其 PN 结装在管的顶部，以便接收光照，上面有一个透镜制成的窗口，可使光照集中在敏感面上。光电二极管具有很高的灵敏度和很好的线性度，因此被广泛应用于军事、工业自动控制和民用电器等领域。其既可作为线性转换器件，又可作为开关器件。

光电管是利用外光电效应制成的光电器件，主要包括真空型光电管和充气型光电管两类。充气型光电管的灵敏度较高，但其惰性较大，参数随极间电压变化而改变，在交变光通量下使用时灵敏度出现非线性，许多参数与温度有密切关系，易老化。因此目前真空型光电管比充气型光电管使用更广泛。

光电倍增管是一种真空光电发射器件，主要由光入射窗、光电阴极、电子光学系统、倍增极和光电阳极等部分组成。光电倍增管不可在强光下使用。光电倍增管具备灵敏度高、响应速度快等特点，在光谱探测和极微细的探测等方面应用极其广泛。微通道板、光电倍增管与半导体光电器件结合构成的光电探测器广泛应用于航天工程。

（4）光电器件性能参数

① 光谱特征：光谱特征又称为光谱响应，是指相对灵敏度与入射光波长之间的关系。包含光源与光电器件的传感器，需根据光电器件的光谱特征选择匹配合适的光源与器件；以被测物体作为光源的传感器，需根据被测对象的光波波长选择光电器件。

② 伏安特性：伏安特性是光照确定时所加端电源与光电流之间的关系，是设计光电传感器电参数的确定依据。

③ 光照特性：光照特性是输出光电流与输入光通量之间的关系，反映了光电器件的灵敏度。

④ 响应时间：主要用于分析光电器件的动特性，其调制频率受响应时间限制。

⑤ 温度特征：光电器件灵敏度随温度变化而变化，因此高精度检测时有必要进行温度补偿或使它处于恒温条件。其温度特性对灵敏度、光谱特征都有很大影响。

3.6.2　光栅传感器

光栅按工作原理和用途可分为物理光栅和计量光栅。物理光栅是利用光的衍射现象分析光谱和测定波长；计量光栅则是利用光栅的莫尔条纹现象实现位移的精密测量。

光栅传感器是根据莫尔条纹原理制成的一种计量光栅传感器，具有精度高、测量量程大、分辨率高、具有较强的抗干扰能力等特点，多用于位移角度及其相关的参数测量。

（1）计量光栅结构分类

计量光栅种类很多，根据刻制光栅材料的不同，可分为金属光栅和玻璃光栅；根据光栅刻线形式的不同，可以分为振幅光栅和相位光栅；根据光线的走向不同，可分为投射光栅和反射光栅；根据用途的不同，可分为长光栅与圆光栅。

长光栅又称为光栅尺，是在长条形直尺上制成的栅线互相平行的光栅，见图3-23。通常，以每毫米长度内的栅线数来表示长光栅的特性。长光栅多用于测量长度或直线位移。

长光栅又可分为振幅光栅和相位光栅。振幅光栅又称黑白光栅，是对入射光波的振幅或光照度进行调制的光栅；相位光栅又称闪耀光栅，是对入射光波的相位进行调制的光栅。振幅光栅的栅线密度一般为20～125线/mm，相位光栅的栅线密度通常在600线/mm以上。

圆光栅是在圆盘上刻制而成的光栅，见图3-24。圆光栅的特征一般以一整个圆周上的刻线数或栅距角来表示。圆光栅通常用来测量角度、角速度或角位移。

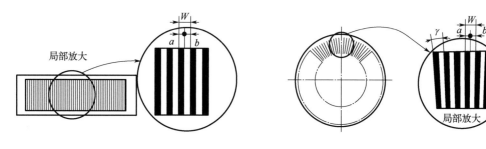

图3-23　长光栅　　　　　　　　　　　　图3-24　圆光栅

（2）莫尔条纹

莫尔条纹是光栅式传感器的基础。莫尔条纹是将两块栅距相同的长光栅重叠放置，且使它们的栅线相交一个微小的夹角时，在近似垂直栅线方向上出现的明暗相间的条纹，如图 3-23、图 3-24。当两光栅的栅线相互重叠时，光线从狭缝中通过，形成亮带；当两光栅的栅线彼此错开时，相互遮挡了缝隙，光线不能通过，形成暗带。莫尔条纹的方向近似与栅线方向垂直，故又称为横向莫尔条纹。

当角 θ 发生改变时，莫尔条纹间距 B 随之改变。若两块光栅栅距相等为 W，则当角 θ 很小时，θ 与 W 有如下关系：

$$B = \frac{W}{2}\sin\frac{\theta}{2} \approx \frac{W}{\theta} \tag{3-28}$$

莫尔条纹特性：

① 运动对应关系：莫尔条纹与光栅在移动量与移动方向上有着严格的对应关系。当主光栅每移动一个栅距时，莫尔条纹相应移动一个条纹宽度。因此，可以根据莫尔条纹的移动量和移动方向，来判定主光栅或指示光栅的位移量和位移方向。

② 位移放大作用：莫尔条纹具有位移放大作用，放大倍数近似为 $1/\theta$。两光栅夹角 θ 越小，放大倍数越大，测量灵敏度越高。

③ 误差平均效应：莫尔条纹是由光栅的大量栅线共同形成的，对栅线的刻制误差有平均作用，个别栅线的栅距误差或断裂对莫尔条纹的影响很小，从而提高了光栅传感器的测量精度。

3.6.3　光纤传感器

随着光纤技术的发展，光纤传感器逐渐得到发展和应用。近年来，光纤传感器作为一种新兴的应用技术，得到世界各国科学研究、工业、军事等各个领域的重视。

光纤作为光信号的传输介质，当受到如温度、压力、电场、磁场等参数的直接或间接影响时，其传输的光波特征参数会发生变化，光纤传感器就是通过感知光波特征参数的变化来实现测量。光纤传感器可测量的变量很多，如位移、压力、温度、流量、速度、加速度、应变、磁场等。

光纤传感器具有以下特点：电绝缘性能好；抗电磁干扰能力强；非侵入性，对被测场不产生干扰；灵敏度高；体积小、重量轻、柔性好；容易实现对被测信号的远距离监控等。

（1）光纤

光导纤维简称光纤，呈圆柱形，包括导光纤芯和同心的包层和保护层，结构如图 3-25 所示。纤芯和包层构成光信号的传输通路，纤芯和包层的性质决定了光纤的导光能力，保护层用以增加光纤的机械强度。纤芯和包层的主要成分是高度透明的石英或玻璃等，通过掺入微量的其他成分以提高纤芯材料的光折射率。多根光纤构成光缆，光纤的数量可达几千根，主要用于信息传输。

（2）光纤的波导原理

当光纤的直径远大于光的波长时，可以用几何光学的方法分析光在光纤中的传播。如图 3-26。根据光学原理，当光线从折射率较大（为 n_1）的光密介质射向折射率较小（为 n_2）的光疏介质时，会发生折射和反射现象。

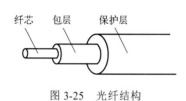

图 3-25　光纤结构

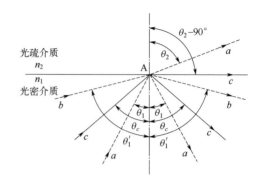

图 3-26　光在分界面的折射和反射

根据斯内尔定律，入射角 θ_1、折射角 θ_2、折射率 n_1、n_2 的关系为

$$n_1 \sin\theta_1 = n_2 \sin\theta_2 \tag{3-29}$$

可以看出：当入射角增大时，折射角也随之增大，且始终大于入射角；当入射角 θ_1 增大至 θ_c 时，$\theta_2 = 90°$，折射光沿着光密介质与光疏介质的交界面传输，θ_c 称为临界角，此状态称为临界状态。

当 $\theta_1 > \theta_c$ 时，入射光从光密介质射向光疏介质时发生全反射现象。

光纤正是基于光的全反射原理进行工作的，如图 3-27。纤芯采用光密介质，包层采用光疏介质，当入射光以入射角 θ_i 从光纤一个端面射入纤芯层时，光线在端面发生折射并以折射角 θ' 进入纤芯层；然后在纤芯与包层的交界面处，光线以入射角 θ_k 入射，一部分光以折射角 θ_r 进入包层中，另一部分光反射回纤芯。光纤波导原理见图 3-28。

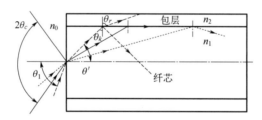

图 3-27　光纤的波导原理

要使光线在光纤内部能沿着纤芯与包层的交界面传输，则需 $\theta_r = 90°$，θ_k 达到临界角。根据折射定律有

$$\frac{\sin\theta_i}{\sin\theta'} = \frac{\sin\theta_i}{\cos\theta_k} = \frac{n_1}{n_0} \tag{3-30}$$

$$\frac{\sin\theta_k}{\sin\theta_r} = \frac{n_1}{n_0} \tag{3-31}$$

对于空气 $n_0 = 1$，则光纤的入射光全内反射临界入射角 θ_c 为

$$\theta_c = \arcsin\sqrt{n_1^2 - n_2^2} \tag{3-32}$$

当入射角小于临界入射角 θ_c 时，光线就不会透过纤芯与包层的交界面，入射光在纤芯内部全反射，入射到纤芯的光线不断地在纤芯与包层的交界面发生全反射并向前传播至光纤的另一端面输出。这就是光纤波导的工作原理。

（3）光纤的主要特性

① 数值孔径（NA）：

$$NA = \sin\theta_c = \sqrt{n_1^2 - n_2^2}$$ （3-33）

NA 反映光纤的集光能力。NA 越大，集光能力就越强，实现全反射的入射角范围越大；NA 越大，光纤与光源的耦合也越容易；但 NA 越大，光信号的畸变也越大，所以要适当选择 NA 的大小。

② 传输损耗：光纤损耗包括吸收损耗和散射损耗。吸收损耗是由于物质对光的吸收作用会使传输的光能变成热能而损耗，光纤对不同波长光的吸收率不同。散射损耗是由光纤材料不均匀或几何尺寸缺陷引起的，光纤的弯曲导致光无法进行全反射而发生散射损耗，曲率半径越小，损耗越大。

③ 光纤模式：光纤传播模式是光波在光纤中的传播途径和方式。模式不同，传输性能不同。单模光纤，传播模式少，传输性能好，其线性、灵敏度、动态范围都比较好。多模光纤，纤芯尺寸较大，传播模式多，传输性能低，带宽较窄，但易于制造，连接耦合方便。

（4）光的调制

光的调制是将被测变量的信息叠加到载波光波上，完成这一过程的器件称为调制器。调制器能使载波信号的参数随被测变量的变化而变化。主要包括强度调制、频率调制和相位调制。

强度调制是利用被测变量的变化引起光纤的折射率、吸收率、反射率等参数的变化，从而导致光强度发生变化的规律进行调制的。利用外界因素改变光的频率，通过检测光的频率变化来测量外界变量的调制方法，称为频率调制。目前，主要利用多普勒效应实现频率调制。相位调制是利用被测变量对光纤施加作用会使光纤的折射率或传输常数发生变化，从而导致光的相位变化的规律进行调制的。若光源采用单色光，则其所产生的干涉条纹发生变化，通过检测干涉条纹的变化量来确定光的相位变化量，就可求得被测变量的变化情况。光纤材料尺寸和折射率随温度变化，则引起光信号相位随温度变化，只要检测出输出光信号相位的变化就可测定温度的变化。

（5）光纤传感器分类

光纤传感器是通过被测量对光纤内传输光进行调制，使传输光的强度、相位、频率以及偏振等发生变化，再通过调制后实现检测的传感器。

光纤传感器应用范围广，分类也多种多样。

根据光纤在传感器中的功能，可分为功能型光纤传感器和非功能型光纤传感器两类。功能型光纤传感器利用光纤自身的特性把光纤作为敏感元件，被测变量对光纤内传输的光进行调制，使传输光的强度、相位、频率或偏振等特性发生变化，再通过信号解调，获得被测变量。光纤在其中不仅是导光媒介，也是敏感元件。光在光纤内受被测变量调制，通常采用多模光纤。非功能型光纤传感器利用非光纤敏感元件感受被测变量的变化，光纤只作为光的传输介质，常用单模光纤。

根据光波参数受调制的形式，可分为强度调制型光纤传感器、相位调制型光纤传感器、频率调制型光纤传感器、偏振调制型光纤传感器、时分调制型光纤传感器等。强度调制型光纤传感器，结构简单，容易加工，成本低，主要用于压力、振动、温度、位移、气体等参数测量。相位调制型光纤传感器，测量灵敏度高，成本也高，主要应用于声、压力、电流、磁场、旋转角度等测量。

3.7 传感器选用原则

由于传感器的型号、品种繁多，即使是测量同一对象，可选用的传感器也较多。如何根据测试目的和实际条件正确合理地选用传感器，是一个需要认真考虑的问题。选择传感器所应考虑的项目各种各样，但未必要满足所有项目要求。应根据传感器实际使用目的、指标、环境条件和成本，从不同的侧重点，优先考虑几个重要的条件即可。当传感器确定之后，与之相配套的测量方法和测量设备也就可以确定了。测量结果的成败，在很大程度上取决于传感器的选用是否合理。

在实际应用中，传感器的选用一般遵循以下三个原则：

① 整体需要原则。按测量系统的整体设计要求进行选择，使所选传感器和测量方法适合具体应用场合。

② 高可靠性原则。即把可靠性列为首要考虑，在满足性能指标的前提下，尽可能采用元器件少的简单构成方案，使可靠性高。

③ 高性价比原则。即在符合性能要求的同时注重经济性，除了传感器造价低外，其使用和维护成本也要低。

根据测量对象与测量环境确定传感器的类型，首先要考虑采用何种原理的传感器，这需要分析多方面的因素之后才能确定。因为，即使是测量同一物理量，也有多种原理的传感器可供选用，哪一种原理的传感器更为合适，则需要根据被测量的特点和传感器的使用条件考虑以下一些具体问题：量程的大小；被测位置对传感器体积的要求，测量方式为接触式还是非接触式；信号的引出方法，有线或是非接触测量；传感器的来源，国产还是进口，价格能否承受。在考虑上述问题之后就能确定选用何种类型的传感器，然后再考虑传感器的具体性能指标。传感器的选用步骤一般如下：

（1）根据测量对象与测量环境确定传感器的类型

传感器在实际条件下的工作方式，是选择传感器时应该考虑的重要因素。例如，接触与非接触测量、破坏与非破坏测量、在线与非在线测量等，条件不同，对测量方式的要求也不同。在机械系统中，对运动部件的被测参数，往往采用非接触测量方式。因为对运动部件采用接触测量时，有许多实际困难，诸如测量头的磨损、接触状态的变动、信号的采集等问题，都不易妥善解决，容易造成测量误差。这种情况下采用电容式、涡流式、光电式等非接触式传感器很方便，若选用电阻应变片，则需配以遥测应变仪。在某些条件下，可以运用试件进行模拟实验，这时可进行破坏性检验。然而有时无法用试件模拟，因被测对象本身就是产品或构件，这时需要采用非破坏性检验方法，例如涡流探伤、超声波探伤检测等。非破坏性检验可以直接获得经济效益，因此应尽可能选用非破坏性检测方法。在线测试是与实际情况保持一致的测试方法。特别是对自动化过程的控制与检测系统，往往要求信号真实与可靠，必须在现场条件下才能达到检测要求。实现在线检测比较困难，对传感器与测试系统都有一定的特殊要求。例如，在加工过程中，实现表面粗糙度的检测，以往的光切法、干涉法、接触法等都无法运用，取而代之的是激光、光纤或图像检测法。研制在线检测的新型传感器，也是当前测试技术发展的一个方面。

在考虑上述问题之后就能确定选用何种类型的传感器，然后再考虑传感器的具体性能指标。

① 依据测量对象和使用条件确定传感器类型

a. 了解被测量特点，如被测量的状态、性质、测量要求。

b. 了解使用条件，即应用的现场环境条件和现有基础条件（财力、物力、人力即技术水平等）。

② 线性范围与量程

a. 确定传感器种类后，先要看其量程是否满足要求。

b. 考虑使用过程中使传感器尽可能处在最佳工作段（一般为满量程的 2/3 以上处）和过载量。

（2）灵敏度的选择

通常，在传感器的线性范围内，希望传感器的灵敏度越高越好。因为只有灵敏度高时，与被测量变化对应的输出信号的值才比较大，有利于信号处理。

但要注意的是，传感器的灵敏度高，与被测量无关的外界噪声也容易混入，也会被放大系统放大，影响测量精度。因此，要求传感器本身应具有较高的信噪比，尽量减少从外界引入的干扰信号。

传感器的灵敏度是有方向性的。当被测量是单维向量，而且对其方向性要求较高，则应选择其他方向灵敏度小的传感器；如果被测量是多维向量，则要求传感器的交叉灵敏度越小越好。

（3）频率响应特性

传感器的频率响应特性决定了被测量的频率范围，必须在允许频率范围内保持不失真的测量条件。实际上传感器的响应总有一定延迟。延迟时间越短越好。

传感器的频率响应高，可测的信号频率范围就宽。在动态测量中，应根据信号的特点（稳态、瞬态、随机等）选择合适的频率响应特性，以免产生过大的误差。

（4）线性范围

传感器的线性范围是指输出与输入成正比的范围。从理论上讲，在此范围内，灵敏度保持定值。传感器的线性范围越宽，则其量程越大，并且能保证一定的测量精度。在选择传感器时，当传感器的种类确定以后首先要看其量程是否满足要求。

但实际上，任何传感器都不能保证绝对的线性，其线性度也是相对的。当所要求测量精度比较低时，在一定的范围内，可将非线性误差较小的传感器近似看作线性的，这会给测量带来极大的方便。

（5）稳定性

传感器使用一段时间后，其性能保持不变的能力称为稳定性。影响传感器长期稳定性的因素除传感器本身结构外，主要是传感器的使用环境。因此，要使传感器具有良好的稳定性，传感器必须要有较强的环境适应能力。

在选择传感器之前，应对其使用环境进行调查，并根据具体的使用环境选择合适的传感器，或采取适当的措施，减小环境的影响。传感器的稳定性有定量指标，在超过使用期后，在使用前应重新进行标定，以确定传感器的性能是否发生变化。

在某些要求传感器能长期使用而又不能轻易更换或标定的场合，所选用的传感器稳定性要求更严格，要能够经受住长时间的考验。

（6）精度

精度是传感器的一个重要的性能指标，它是关系到整个测量系统测量精度的一个重要环节。传感器的精度越高，其价格越昂贵，因此，传感器的精度只要满足整个测量系统的精度要求就可以，不必过高。这样就可以在满足同一测量目的的诸多传感器中选择比较便宜和简单的传感器。

如果测量目的是定性分析的，选用可重复性、精度高的传感器即可，不宜选用绝对量值精度高的；如果是为了定量分析，必须获得精确的测量值，就需选用精度等级能满足要求的传感器。

对某些特殊使用场合，无法选到合适的传感器，则需自行设计制造传感器。自制传感器的性能应满足使用要求。

在传感器使用过程中，还应注意以下事项：

① 使用前认真阅读使用说明书，熟悉掌握传感器要求的环境条件、事前准备、操作程序、安全事项、应急处理等。

② 选择有效测试点并正确安装。

③ 保证被测信号的有效、高效传输。传感器的传输电缆要符合规定。

④ 传感器测量系统必须良好地接地，有抵抗不同干扰源的对应措施。

⑤ 非接触式传感器必须在使用前进行现场标定，否则可能造成较大的测量误差。

⑥ 对定量测试系统使用的传感器，为保证精度稳定和可靠，需按规定进行定期检验。

参考文献

[1] 王化祥. 现代传感技术及应用 [M]. 天津：天津大学出版社，2016.

[2] 胡向东. 传感器与检测技术 [M]. 第3版. 北京：机械工业出版社，2018.

[3] 冯柏群. 检测与传感技术 [M]. 第2版. 北京：人民邮电出版社，2014.

[4] 何道清，张禾，石明江，等. 传感器与传感技术 [M]. 第4版. 北京：科学出版社，2020.

[5] 冯柏群. 检测与传感技术 [M]. 第2版. 北京：人民邮电出版社，2020.

[6] 潘雪涛，温秀兰. 现代传感技术与应用 [M]. 北京：机械工业出版社，2019.

[7] 樊尚春. 传感技术及应用 [M]. 第3版. 北京：北京航空航天大学出版社，2016.

[8] 范辰，王立勇，陈涛，等. 基于高磁导率铁芯的磨粒传感器性能提高方法 [J]. 广西大学学报：自然科学版，2021，46（2）：353-361.

[9] 韩文，吴健，程珍珍，等. 电场传感器性能改善算法研究 [J]. 中国测试，2021，47（5）：162-168.

第<big>**4**</big>章

新型传感技术及智能传感器

进入 21 世纪后，新型传感技术正朝着单片集成化、网络化、系统化、高精度、多功能、高可靠性与安全性的方向发展。

电子自动化产业的迅速发展与进步促使传感器技术，特别是集成智能传感器的新型传感技术日趋活跃发展。近年来随着半导体技术的迅猛发展，国外一些著名的公司和高等院校正在大力开展有关集成新型传感器的研制，国内一些著名高校和研究所以及公司也积极跟进，新型传感技术取得了令人瞩目的发展。下面主要介绍化学传感器、生物传感器、视觉传感器以及传感器电源等新型传感技术，再对智能传感器做简要的介绍。

4.1 化学传感器

化学传感器是通过某种化学反应以选择性方式对待分析物质产生响应，从而对待分析物质进行定性或定量测定的器件或装置。化学传感器大体对应于人的嗅觉和味觉器官，但并不是单纯的人体器官的简单模拟，还能感受人的器官不能感受的某些物质，如 H_2、CO。化学传感器必须具有依据化学物质的形状或分子结构进行选择性俘获的功能和将俘获的化学量有效转换为电信号的功能。

化学物质种类繁多，形态和性质各异，而对于一种化学量又可用多种不同类型的传感器测量或由多种传感器组成的阵列来测量，也有的传感器可以同时测量多种化学参数，因而化学传感器的种类极多，分类各不一样，转换原理各不相同且相对复杂，加之多学科的迅速融合，使得人们对化学传感器的认识还远远不够成熟和统一。通常人们按照传感方式、结构形式、检测对象等对其进行分类。

化学传感器在生物、工业、医学、地质、海洋、气象、国防、宇航、环境检测、食品卫生及临床医学等领域有着越来越重要的作用，已成为科研领域一个重要的检测方法和手段。随着计算机技术的广泛使用，化学传感器的应用将更趋于快速和自动化。

4.1.1 化学传感器的工作原理

化学传感器是一种强有力的、廉价的分析工具，它可以在干扰物质存在的情况下检测目标分子，其传感器原理如图 4-1 所示。

化学传感器一般由识别元件、换能器以及相应的电路组成。当分子识别元件与被识别物发生相互作用时，其物理、化学参数会发生变化，如离子、电子、热、质量和光等的变化，再通过换能器将这些参数转变成与分析物特征有关的可定性或定量处理的电信号或者光电信号，然后经过放大、存储，最后以适当的形式将信号显示出来。传感器的优劣取决于识别元件和换能器的合适程度。通常为了获得最大的响应和最小的干扰，或便于重复使用，将识别元件以膜的形式并通过适当的方式固定在换能器表面。

图 4-1　化学传感器原理图

识别元件也称敏感元件，是各类化学传感器装置的关键部件，能直接感受被测量，并输出与被测量成确定关系的其他量的元件。其具备的选择性让传感器对某种或某类分析物质产生选择性响应，这样就避免了其他物质的干扰。换能器又称转换元件，是可以进行信号转换的物理传感装置，能将识别元件输出的非电量信息转换为可读取的电信号。

4.1.2　化学传感器的分类

按照传感器中换能器的工作原理可将化学传感器分为电化学传感器、光化学传感器、质量传感器、热量传感器、场效应管传感器等。按检测对象，化学传感器分为气体传感器、湿度传感器、离子传感器等。气体传感器的传感元件多为氧化物半导体，有时在其中加入微量贵金属作为增敏剂，增加对气体的活化作用。湿度传感器是测定环境中水汽含量的传感器，分为电解质式、高分子式、陶瓷式和半导体式湿度传感器。离子传感器是对离子具有选择响应的离子选择性电极。离子传感器的感应膜有玻璃膜、溶有活性物质的液体膜及高分子膜，使用较多的是聚氯乙烯膜。

下面重点介绍几种典型的气体传感器。通常以气敏特性来分类，主要可分为半导体气体传感器、电化学气体传感器、恒电位电解式气体传感器、光学式气体传感器、高分子气体传感器等。

4.1.3　半导体气体传感器

半导体气体传感器按照半导体变化的物理性质，可分为电阻型和非电阻型。电阻型的原理是气体接触半导体器件时，其阻值会发生变化，通过检测阻值的变化来检测气体的浓度。非电阻性的原理是气体吸附在半导体器件表面并发生反应，导致半导体的某些特性发生变化，以此来对气体进行直接或间接检测。

半导体式气体传感器主要包括敏感涂层、加热部件和电极三部分。敏感涂层由气敏材料构成，其电学性能在接触目标气体后会发生变化；加热部件为气体传感器提供稳定的工作温度；电极用来承载敏感涂层和加热部件。按照加热方式的不同，可将半导体式气体传感器分为直热式和旁热式。直热式半导体气体传感器的结构如图 4-2 所示，其制备时将加热丝置于敏感材料中，直接在高温条件下烧结成一个整体，具有制备工艺简单、成本低、功

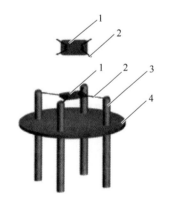

图 4-2　直热式半导体气体
传感器的结构示意图
1—敏感图层；2—加热丝；
3—接线柱；4—基座

耗较小等优点，不足之处是容易损坏。旁热式半导体气体传感器是将加热部件与敏感涂层分离，避免了加热回路与测试回路之间的影响，减轻了加热环节对敏感涂层结构的破坏，使其稳定性较直热式半导体气体传感器有所提高。目前，常用的旁热式半导体气体传感器的电极包括叉指电极、平面电极和陶瓷管电极三种，结构示意图如图 4-3 所示。

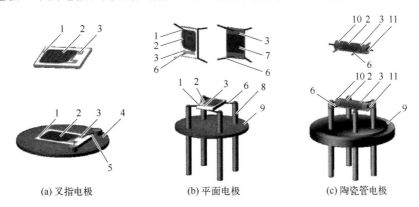

(a) 叉指电极　　　　(b) 平面电极　　　　(c) 陶瓷管电极

图 4-3　旁热式半导体气体传感器电极的结构示意图

1—基板；2—敏感涂层；3—金电极；4—加热台；5—探针；6—引线；7—加热涂层；

8—接线柱；9—基座；10—陶瓷管；11—加热丝

4.1.4　电化学气体传感器

电化学气体传感器就是被测气体进入传感器，在其内部发生电化学反应，从而把被测气体含量转化为电流（或电压）信号输出的装置。电化学气体传感器可分为原电池式、可控电位电解式、电量式和离子电极式四种类型。原电池式气体传感器通过检测电流来检测气体的体积分数，市售的检测缺氧的仪器几乎都配有这种传感器，近年来，又开发了检测酸性气体和毒性气体的原电池式传感器。可控电位电解式传感器是通过测量电解时流过的电流来检测气体的体积分数，和原电池式不同的是，需要由外界施加特定电压，除了能检测 CO、NO、NO_2、O_2、SO_2 等气体外，还能检测血液中的氧体积分数。电量式气体传感器是通过被测气体与电解质反应产生的电流来检测气体的体积分数。离子电极式气体传感器出现得较早，其通过测量离子极化电流来检测气体的体积分数。电化学式气体传感器主要的优点是检测气体的灵敏度高、选择性好。

4.1.5　恒电位电解式气体传感器

恒电位电解式气体传感器使电极与电解质溶液的界面保持一定电位进行电解，通过改变其设定电位，有选择地使气体进行氧化或还原，从而能定量检测各种气体。对特定气体来说，设定电位由其固有的氧化还原电位决定，但又随电解时作用电极的材质、电解质的种类不同而变化。电解电流和气体浓度之间的关系表示为：

$$I = (nFADC)/\delta \tag{4-1}$$

式中，I 为电解电流；n 为每 1mol 气体产生的电子数；F 为法拉第常数；A 为气体扩散面积；D 为扩散系数；C 为电解质溶液中电解的气体浓度；δ 为扩散层的厚度。

在同一传感器中，n、F、A、D、C 及 δ 是一定的，电解电流与气体浓度成正比。

自 20 世纪 50 年代出现 Clark 电极以来，控制电位电化学气体传感器在结构、性能和用途等方面都得到了很大的发展。20 世纪 70 年代初，市场上就有了 SO_2 检测仪器。以后又先后出现了 CO、N_xO_y（氮氧化物）、H_2S 检测仪器等产品。这些气体传感器灵敏度是不同的，一般是 $H_2S>NO>Nob>Sq>CO$，响应时间一般为几秒至几十秒，大多数小于 1min；它们的寿命相差很大，短的只有半年，而有的 CO 监测仪实际寿命已近 10 年。影响这类传感器寿命的主要因素为：电极受淹、电解质干枯、电极催化剂晶体长大、催化剂中毒和传感器使用方式等。

4.1.6　光学式气体传感器

光学式气体传感器包括红外吸收型、光谱吸收型、荧光型、光纤化学材料型等，主要以红外吸收型气体分析仪为主，由于不同气体的红外吸收峰不同，故可通过测量和分析红外吸收峰来检测气体。目前较新的流体切换式、流程直接测定式和傅里叶变换式在线红外分析仪具有高抗振能力和抗污染能力，与计算机相结合，能连续测试分析气体，具有自动校正、自动运行的功能。光学式气体传感器还包括化学发光式、光纤荧光式和光纤波导式，其主要优点是灵敏度高、可靠性好。

光纤气敏传感器的主要部分是两端涂有活性物质的玻璃光纤。活性物质中含有固定在有机聚合物基质上的荧光染料，当 VOC 与荧光染料发生作用时，染料极性发生变化，使其荧光发射光谱发生位移。用光脉冲照射传感器时，荧光染料会发射不同频率的光，检测荧光染料发射的光，可识别 VOC。

每种气体都有固有的光吸收谱线，当光源的发射谱与气体的吸收谱相吻合时，就会发生共振吸收，依据吸收量就可以测量出该气体的浓度。当半导体激光器发射出的激光束穿过硫化氢气体后，由光电探测器接收并进行检测。如果激光束的频率等于硫化氢分子的自然振动频率，硫化氢分子便会吸收入射光束的能量。通过检测这种吸收作用，就可以对硫化氢气体浓度进行测量。传感器结构框图如图 4-4 所示。

接收单元检测的光强与待测气体浓度符合 Beer-Lambert 定律，以此计算硫化氢含量，其透射光强为：

$$I(\lambda)=I_0(\lambda)\exp[-\alpha_\alpha LC] \tag{4-2}$$

式中，$I(\lambda)$ 为波长为 λ 的单色出射光强度；$I_0(\lambda)$ 为入射光强度；C 为气体的浓度；α_α 为光通过介质的吸收系数；L 为传播距离。

整理得到：

$$C=\frac{1}{\alpha_\alpha L}\ln\left(\frac{I_0}{I}\right) \tag{4-3}$$

可以看出，当传播距离 L 和吸收系数 α_α 确定后，气体浓度只与光强衰减有关。因此通过测量气体引起的光强衰减，就可以得到待测气体的浓度。

光谱吸收法的优点是检测范围广，很少受杂质影响，分析结果精确，而且绿色环保，有较大的发展空间。但缺点是仪器价格昂贵，操作方法专业性强，主要在专业的研究机构和检测机构应用较多。

唐东林等人在 2010 年提出了一种基于红外吸收光谱测量法检测硫化氢气体浓度的方法，该系统灵敏度可达 10ppm[●]，误差控制在 2% 以内，达到较高的测量精度。

● ppm：百万分之一，每百万单位。

胡雪蛟等人在 2015 年提出了基于可调谐半导体激光器吸收光谱技术（TDLAS）的在线硫化氢测量方法，系统最快响应时间为 0.25s，最大测量误差为 1.3%，大大提高了硫化氢检测的响应速度和精度。

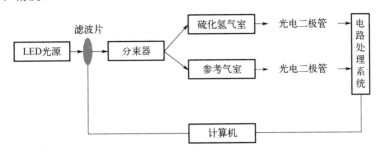

图 4-4　光谱吸收型硫化氢气体传感器

4.1.7　高分子气体传感器

近年来，国外在高分子气敏材料的研究和开发上有了很大的进展，高分子气敏材料由于具有易操作性、工艺简单、常温选择性好、价格低廉、易与微结构传感器和声表面波器件相结合等特点，在毒性气体和食品鲜度等方面的检测具有重要作用。高分子气体传感器根据气敏特性主要可分为下列几种：

① 高分子电阻式气体传感器。该类传感器是通过测量高分子气敏材料的电阻来测量气体的体积分数，目前的材料主要有酞菁聚合物、LB 膜、聚吡咯等。其主要优点是制作工艺简单、成本低廉。但这种气体传感器要通过电聚合过程来激活，这既耗费时间，又会引起各批次产品之间的性能差异。

② 浓差电池式气体传感器。浓差电池式气体传感器的工作原理是：气敏材料吸收气体时形成浓差电池，测量输出的电动势就可测量气体体积分数，目前主要有聚乙烯醇-磷酸等材料。

③ 声表面波（SAW）式气体传感器。SAW 式气体传感器制作在压电材料的衬底上，一端的表面为输入传感器，另一端为输出传感器。两者之间的区域淀积了能吸附 VOC 的聚合物膜。被吸附的分子增加了传感器的质量，使得声波在材料表面上的传播速度或频率发生变化，通过测量声波的速度或频率来测量气体体积分数。主要气敏材料有聚异丁烯、氟聚多元醇等，用来测量苯乙烯和甲苯等有机蒸汽。其优势在于选择性高、灵敏度高、在很宽的温度范围内稳定、对湿度响应低和良好的可重复性。SAW 传感器输出为准数字信号，因此可简便地与微处理器接口。此外，SAW 传感器采用半导体平面工艺，易于将敏感器与相配的电子器件结合在一起，实现微型化、集成化，从而降低测量成本。

④ 石英振子式气体传感器。石英振子微秤（QCM）由直径为数微米的石英振动盘和制作在盘两边的电极构成。当振荡信号加在器件上时，器件会在它的特征频率（1～30MHz）发生共振。振动盘上淀积了有机聚合物，聚合物吸附气体后，使器件质量增加，从而引起石英振子的共振频率降低，通过测定共振频率的变化来识别气体。

高分子气体传感器对特定气体分子的灵敏度高、选择性好，结构简单，可在常温下使用，补充其他气体传感器的不足，发展前景良好。

4.2 生物传感器

生物传感器是分子生物学与微生物学、电化学、光学相结合的结合体，是在传统传感器上增加一个生物敏感基元而形成的新型传感器，是生命科学与信息科学的产物。生物传感器技术与纳米技术相结合将是生物传感器领域新的生长点，其中以生物芯片为主的微阵列技术是当今研究的重点。

生物传感器是利用各种生物物质做成的、用于检测与识别生物体内化学成分的传感器。生物或生物物质是指酶、微生物和抗体等，它们的高分子具有特殊的性能，能够精确地识别特定的原子和分子。如酶是蛋白质形成的，并作为生物体的催化剂，在生物体内仅能对特定的反应进行催化，这就是酶的特殊性能。对于免疫反应，抗体仅能识别抗原体，并且有与它形成复合体的特殊性能。生物传感器就是利用这种特殊性能来检测特定的化学物质（主要是生物物质）的。

4.2.1 生物传感器的基本概念及特点

用固定化生物成分或生物体作为敏感元件的传感器称为生物传感器（biosensor）。生物传感器并不专指用于生物技术领域的传感器，它的应用领域还包括环境监测、医疗卫生和食品检验等。

"生物传感器"是用生物活性材料（酶、蛋白质、DNA、抗体、抗原、生物膜等）与物理化学换能器有机结合的一门交叉学科，是发展生物技术必不可少的一种先进的检测方法与监控方法，也是物质分子水平的快速、微量分析方法。在21世纪知识经济发展中，生物传感器技术必将是介于信息和生物技术之间的新增长点，在临床诊断、工业控制、食品和药物分析（包括生物药物研究开发）、环境保护以及生物技术、生物芯片等研究中有着广泛的应用前景。各种生物传感器有以下共同的结构：包括一种或数种相关生物活性材料（生物膜）及能把生物活性表达的信号转换为电信号的物理化学换能器（传感器），二者组合在一起，用现代微电子和自动化仪表技术进行生物信号的再加工,构成各种可以使用的生物传感器分析装置、仪器和系统。

生物传感器的特点是：

① 采用固定化生物活性物质作催化剂，价值昂贵的试剂可以重复多次使用，克服了过去酶法分析试剂费用高和化学分析烦琐复杂的缺点；

② 专一性强，只对特定的底物起反应，而且不受颜色、湿度的影响；

③ 分析速度快，可以在1分钟内得到结果；

④ 准确度高，一般相对误差不超过1%；

⑤ 操作系统比较简单，容易实现自动分析；

⑥ 成本低，在连续使用时，每例测定仅需要几分钱人民币；

⑦ 有的生物传感器能够可靠地指示微生物培养系统内的供氧状况和副产物的产生。

4.2.2 生物传感器的原理

以生物活性物质为敏感材料做成的传感器叫生物传感器。它利用生物分子去识别被测目标，然后将生物分子所发生的物理或化学变化转化为相应的电信号，予以放大输出，从而得到检测结果。生物体内存在彼此间有特殊亲和力的物质对，如酶与底物、抗原与抗体、激素与受体等，若将这些物质对的一方用固定化技术固定在载体膜上作为分子识别元件（敏感元件），则能有选择地检测另一方。

生物传感器的选择性与分子识别元件有关，取决于与载体相结合的生物活性物质。为了提高生物传感器的灵敏度，可利用化学放大功能。所谓化学放大功能，就是使一种物质通过催化、循环或倍增的机理与一种试剂作用产生出相对大量的产物。传感器的信号转换能力取决于所采用的转换器，根据器件信号转换的方式可分为：

① 直接产生电信号；

② 化学变化转换为电信号；

③ 热变化转换为电信号；

④ 光变化转换为电信号；

⑤ 界面光学参数变化转换为电信号。

4.2.3 生物传感器的分类

生物传感器根据不同的研究角度有多种分类方式，生物学工作者习惯将生物传感器分为酶生物传感器、微生物传感器、免疫传感器、组织和细胞传感器等，各类生物传感器的分类如表 4-1 所示。

表 4-1 生物传感器的分类

分类方式	分类依据	传感器名称
以传感器输出信号分类	（1）被测物与分子识别元件上的敏感物质具有生物亲和作用 （2）被测物与分子识别元件上的敏感物质相互作用并产生产物，信号换能器将被测物的消耗或产物的增加转换为输出信号	（1）亲和型生物传感器 （2）代谢型或催化型生物传感器
以分子识别元件上所用的敏感物质分类	（1）酶与被测物作用 （2）微生物代谢 （3）动植物组织代谢 （4）细胞代谢 （5）抗原和抗体的反应 （6）核酸杂交	（1）酶传感器 （2）微生物传感器 （3）组织传感器 （4）细胞传感器 （5）免疫传感器 （6）DNA 生物传感器
以信号转换器分类	（1）电化学电极 （2）离子敏场效应晶体管 （3）热敏电阻 （4）压电晶体 （5）光电器件 （6）声学装置	（1）电化学生物传感器 （2）离子敏场效应传感器 （3）热敏电阻生物传感器 （4）压电晶体生物传感器 （5）光电生物传感器 （6）声学生物传感器

随着生物传感器技术的发展和新型生物传感器的出现，近年来又出现新的分类方法。如直径为微米级甚至更小的生物传感器统称为微型生物传感器，凡是以分子之间特异识别并结合为基础的生物传感器统称为亲和生物传感器。以酶压电传感器、免疫传感器为代表，能同时测定两种以上指标或综合指标的生物传感器称为多功能传感器，如滋味传感器、嗅觉传感器、鲜度传感器、血液成分传感器等；由两种以上不同的分子识别元件组成的生物传感器称为复合生物传感器，如多酶传感器、酶-微生物复合传感器等。

4.2.4 酶传感器

如图 4-5 所示为酶传感器。当酶电极浸入被测溶液，待测底物进入酶层的内部并参与反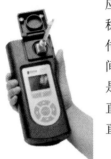应，大部分酶反应都会产生或消耗一种可被电极测定的物质，当反应达到稳态时，电活性物质的浓度可以通过电位或电流模式进行测定。因此，酶传感器可分为电位型和电流型两类。电位型传感器是指酶电极与参比电极间输出的电位信号，它与被测物质之间服从能斯特效应。而电流型传感器是以酶促反应所引起的物质量的变化转变成电流信号输出，输出电流大小直接与底物浓度有关。电流型传感器与电位型传感器相比较具有更简单、直观的效果。

如图 4-6 所示，酶生物传感器的基本结构单元是由物质识别元件（固定化酶膜）和信号转换器（基体电极）。当酶膜上发生酶促反应时，产生的电活性物质由基体电极对其响应。基体电极的作用是使化学信号转变为电信号，从而加以检测，工作原理如图 4-7 所示。基体电极可采用碳质电极、石

图 4-5　酶传感器

墨电极、玻碳电极碳素电极和相应的修饰电极。

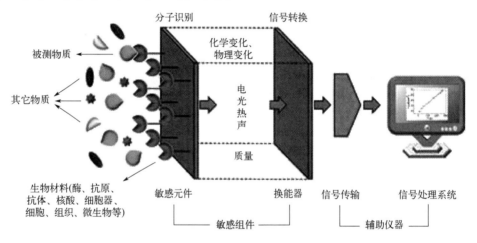

图 4-6　酶生物传感器结构

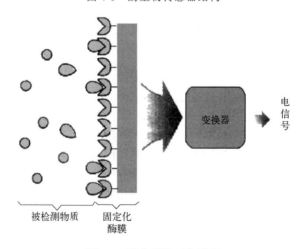

图 4-7　酶传感器工作原理

酶生物传感器的发展经历了 3 个阶段，即以氧为中继体的电催化、基于人造媒介体的电催化和直接电催化。

（1）第一代生物传感器

1962 年，Clark 和 Lyons 提出了葡萄糖生物传感器的原理，他们表示用一薄层葡萄糖氧化酶覆盖在氧电极表面，通过氧电极检测溶液中溶解氧的消耗量，间接测定葡萄糖的含量。1967 年，Updike 和 Hicks 根据此原理首次将葡萄糖氧化酶膜覆盖在铂电极上制成酶传感器，用于定量检测血清中葡萄糖的含量，成功地制成了第一支葡萄糖生物传感器，这标志着第一代生物传感器的诞生。从此以后，基于酶电极生物传感器研究得到了迅速发展。第一代葡萄糖生物传感器对葡萄糖响应的机理为：O_2 在葡萄糖氧化酶作用下，催化氧化葡萄糖，生成 H_2O_2。

由于还原态葡萄糖氧化酶的氧化还原活性中心在酶分子内部，被蛋白质包围，不易直接与常规电极交换电子，因而得不到可测量的电信号。可以通过测量反应物中 O_2 的减少量或生成物中 H_2O_2 的产生量这 2 种方法获得电信号。

（2）第二代生物传感器

酶一般都是生物大分子，其氧化还原活性中心被包埋在酶蛋白质分子里面，它与电极表面间的直接电子传递难以进行，即使能够进行，传递速率也很低，这是因为其氧化还原活性中心与电极表面间的电子传递速率随两者间距离的增加呈指数衰减。电子传递介体（M）的引入克服了这一缺陷，它的作用就是把葡萄糖氧化酶氧化，使之再生后循环使用，而电子传递介体本身被还原，又在电极上被氧化。

利用电子传递介体后，既不涉及 O_2，也不涉及 H_2O_2，而是利用具有较低氧化电位的传递介体在电极上产生的氧化电流，对葡萄糖进行测定，从而避免了其他电活性物质的干扰，提高了测定的灵敏度和准确性。

Hale 等人采用二茂铁修饰硅氧烷聚合物，再用此聚合物与葡萄糖氧化酶混合，制成性能稳定、电子传递速率较高的电极。用循环伏安法和稳态电势法测得：由上述方法制得的葡萄糖生物传感器对小于 0.01 mmol/L 的低浓度葡萄糖溶液也可快速响应（响应时间小于 1min）。

（3）第三代生物传感器

由于酶与常规电极之间的直接电子传递较为困难，考虑选择合适的接合剂，将酶共价键合到化学修饰电极上，或将酶固定到多孔电聚合物修饰电极上，使酶氧化还原活性中心电极接近，直接电子传递就能够相对容易地进行。第三代生物传感器是指在无媒介体存在下，利用酶与电极间的直接电子传递设计制作的酶传感器。

Cooper 等人通过碳化二亚胺（HNCNH）缩合，把细胞色素 C（cytochrome C）共价键合到 N-乙酰半胱胺酸（N-ac-etyl cysteine）修饰金电极上，使细胞色素 C 与修饰电极间的直接电子传递得以发生，由此做成的生物传感器对超氧化合物有很好的响应。近年来，主要用以下材料实现酶在电极上的固定化，以实现电极上的直接电子传递：有机导电聚合物膜、有机导电复合材料膜、金属纳米颗粒或金属和非金属纳米颗粒。

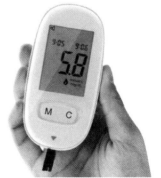

图 4-8　光电式血糖测试器

（4）应用案例

光电式血糖测试法：如图 4-8 所示为光电式血糖测试器。将血样标本滴在含有 GOD 试剂的试纸条上，用仪器测量试纸条的反射光，来计算血样中的血糖含量。

酶传感器在食品检验中的应用相当广泛，几乎渗透到了各个方面，包括食品工业生产在线监测、食品中成分分析（包括糖类的检测、各种氨基酸和蛋白质的测定、脂类的测定、维生素的测定、有机酸的测定）、食品添加剂分析（如甜味剂、漂白剂、防腐剂）、鲜度的检测、感官指标及一些特殊指标（如食品保质期）的分析。

用酶传感器来检测体液中的各种化学成分，为医生的诊断提供依据。

利用生物工程技术生产药物时，将酶传感器用于生化反应的监视，可以迅速地获取各种数据，有效地加强生物工程产品的质量管理。

4.2.5 微生物传感器

微生物在利用物质进行呼吸或代谢的过程时，将会消耗溶液中的溶解氧或者产生电活性

图 4-9 微生物传感器

物质。在微生物数量及活性未产生变动的情况下，其所消耗的物质的量能够反映出被检测物质的含量，然后再用气体敏感膜电极或离子选择电极、微生物燃料电池检测溶解氧和电活性物质的变化量。

如图 4-9 和图 4-10 所示为微生物传感器及其原理图。微生物传感器是由固定化微生物、信号转换器（换能器和信号输出装置）两部分组成。固定化微生物是对微生物进行信息捕捉的元件，同时也能影响到传感器的整体性能。固定化微生物的使用前提是要将微生物限制在一定的空间使微生物的成分不至于流失，还要求微生物的活性及力学性能保持良好的状态。总之，固定化技术是影响传感器的稳定度、灵敏度及使用寿命的核心部件。而换能器

则包括 O_2 电极、CO_2 电极（均为电化学电极）以及离子选择电极等。现今的换能器如离子敏场效应管可谓是发展新型微生物传感器的有效手段。

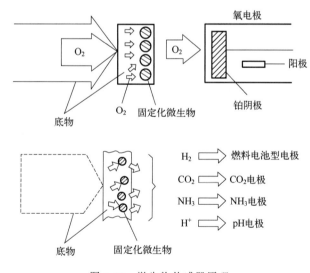

图 4-10 微生物传感器原理

自 1975 年 Dcvis 制成第一支微生物传感器以来，微生物传感器研制的重心一直在于微

生物的固定，传统的生物材料固定方法包括物理吸附、共价键合、交联到一定的载体基质上或包埋于有机聚合物的基质中，然而这些方法都存在稳定期短和固定时引起微生物的损伤等缺陷，从而限制了微生物传感器的发展。纳米技术的出现提供了另一种更好的固定思路，纳米材料特有的光、电、磁、催化等性能，引起了凝聚态物理界、化学界及材料科学界的科学工作者的极大关注，这些进步推动了微生物传感器的发展。

应用案例：

Karube 在 1979 年首先使用 P.fluorescens 菌株制成了葡萄糖传感器，Mascini 于 1986 年使用 S.cerevisiae 菌株制成了另一支葡萄糖传感器，二者均可检测发酵液中葡萄糖含量，后者实现了离线监测。

Hikuma 等于 1979 年用固定化毛孢子菌制成的醇电极实现了对发酵罐中醇的测定，之后又于 1980 年利用固定化大肠杆菌制成的谷氨酸电极对发酵罐中谷氨酸的含量进行了测定，得到了令人满意的结果。

1990 年，我国许春向等人利用鼠伤寒沙门氏菌的组氨酸缺陷型菌株 TA-98、TA-100 与氧电极结合，成功地实现了对几种诱变剂的筛选测定。

1989 年，张先恩等人实现了对蔗糖低分子糖的测定——通过将酿酒酵母菌固定在氧电极表面实现。

4.3 视觉传感器

视觉是人类获取信息最主要的途径，视觉感知是人类最复杂的感知过程之一。视觉检测技术综合应用了图像处理与分析、模式识别、人工智能等技术的非接触式检测方法，是一种利用计算机视觉系统来代替人工视觉进行检测的新兴技术。视觉传感器，也称智能相机，是一个兼具图像采集、图像处理、信息传递功能和 I/O 控制的小型机器视觉系统。

4.3.1 视觉检测技术

机器视觉是用机器模拟生物微观和宏观视觉功能的科学和技术。它通过获取图像、创建或恢复现实世界模型，从而实现对现实客观世界的观察、分析、判断与决策。机器视觉系统使用光学的非接触式传感设备，自动获取现实中机器或过程等目标物体的一幅或多幅图像，对所获取图像进行处理、分析和测量，取得机器或过程的信息、作出决策，对机器或过程加以控制。

机器视觉从 20 世纪 60 年代开始首先处理积木世界，后来发展成处理桌子、椅子等室内景物，进而处理室外的现实世界。进入 20 世纪 70 年代后，一些实用性视觉系统开始出现。视觉检测技术正是在这一时代发展起来的。经过数十年的发展，自动视觉检测技术正逐渐触及人类生产和生活各个领域。

视觉检测技术根据对象空间维数特征可以分为二维视觉检测和三维视觉检测，在三维视觉中，根据视点数目又可以分为单目视觉、双目视觉等；根据系统是否发射光线分为有源和无源视觉方法；根据辨识原理的不同可以分为基于区域、基于特征、基于模型、基于规则的视觉方法；根据处理的图像数据可以分为二值、灰度、彩色等。但就检测性质和应用范围而言，自动视觉检测可分为定量检测和定性检测两大类，如图 4-11 所示。

从组成结构来分类，典型的视觉传感系统可分为两大类：PC 式视觉系统、嵌入式机器视觉系统。PC 式视觉系统，亦称板卡式视觉系统（PC-based vision system），是一种基于通用计算机的视觉系统，其尺寸较大、结构复杂，开发周期较长，但可达到理想的精度及速度，能实现较为复杂的系统功能。嵌入式视觉系统，亦称智能相机（smart camera）或视觉传感器（vision sensor），具有易学、易用、易维护、易安装等特点，可在短期内构建起可靠而有效的机器视觉系统，从而极大地提高了应用系统的开发速度。

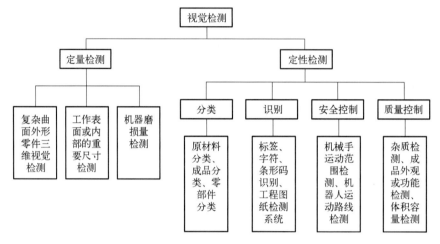

图 4-11　视觉检测应用分类

如图 4-12 所示，基于通用 PC 的视觉传感系统一般由光源、光学镜头、CCD 或 CMOS相机、图像采集卡、图像处理软件以及一台 PC 构成。PC 平台接受图像采集卡输出的图像，并进行图像处理、分析和识别，最后将判断结果发送给控制单元。通用处理器没有专用的硬件乘法器，故很难实现图像的实时性处理，图像采集和图像处理都会消耗大量的系统资源，因此应当选用高性能的工控机作为 PC 平台，保证系统快速稳定运行。

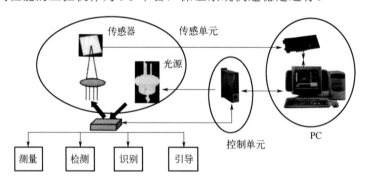

图 4-12　基于通用 PC 的视觉传感系统

由于明确、特殊的工程应用背景，视觉传感与检测系统与普通计算机视觉、模式识别、数字图像处理有着明显区别，其特点有：

① 应用环境的特殊性。对于一个给定的系统，检测时的照明、位置、颜色、数量、背景等条件都是需要仔细加以调试的。选择合适的工作条件可以显著简化后续处理过程，有助于构建实际应用系统。

② 检测目标的专用性。作为一个面向特定问题的系统，一般并不需要对目标物体进行

三维重建，只需针对某个具体明确的目标（目的），选择特定的算法和设备，作出决断。由于检测环境可选择，检测目标明确，视觉检测系统可以得到更多已知知识的指导，知识应用在系统的各个层面，这一点体现在算法的选择、目标特征的确定上，算法中的很多参数可以事先确定。

③ 检测系统的实用、经济和安全可靠性。视觉检测要求适应工业生产的恶劣环境，满足分辨率和处理速度两个条件的约束，性价比合理；要有通用的工业接口；能够由普通工作人员来操作；有较高的容错能力和安全性，不会破坏工业产品。

4.3.2　视觉传感技术

如图 4-13 所示为视觉传感器。

图 4-13　视觉传感器

（1）原理

视觉传感器具有从一整幅图像捕获光线的数以千计的像素。图像的清晰和细腻程度通常用分辨率来衡量，以像素数量表示。Banner 工程公司提供的部分视觉传感器能够捕获 130 万像素。因此，无论距离目标数米或数厘米远，传感器都能"看到"十分细腻的目标图像。

在捕获图像之后，视觉传感器将其与内存中存储的基准图像进行比较，以做出分析。例如，若视觉传感器被设定为识别出正确安装了八颗螺栓的机器部件，则传感器应该知道拒收只有七颗螺栓的部件或者螺栓未对准的部件。此外，无论该机器部件位于视场中的哪个位置，无论该部件是否在 360° 范围内旋转，视觉传感器都能做出判断。

（2）结构

视觉传感器主要由光源、镜头、图像传感器、模/数转换器、图像处理器、图像存储器等组成，有时还要配以光投射器及其他辅助设备。视觉传感器的主要功能是获取足够的机器视觉系统要处理的最原始图像。

（3）研发进展

机器人视觉系统按其发展可分为三代。第一代机器人视觉的功能一般是按规定流程对图像进行处理并输出结果。这种系统一般由普通数字电路搭成，主要用于平板材料的缺陷检测。第二代机器人视觉系统一般由一台计算机、一个图像输入设备和结果输出硬件构成。视觉信息在机内以串行方式流动，有一定学习能力以适应各种新情况。第三代机器人视觉系统是目前国际上正在开发使用的系统。采用高速图像处理芯片，并行算法，具有高度的智能和适应性，能模拟人的高度视觉功能。

（4）应用案例

① 在汽车组装厂，检验由机器人涂抹到车门边框的胶珠是否连续，是否有正确的宽度。

② 在瓶装厂，校验瓶盖是否正确密封、装灌液位是否正确，以及在封盖之前没有异物掉入瓶中。

③ 在包装生产线，确保在正确的位置粘贴正确的包装标签。

④ 在药品包装生产线，检验阿司匹林药片的泡罩式包装中是否有破损或缺失的药片。

⑤ 在金属冲压公司，以每分钟逾 150 片的速度检验冲压部件，比人工检验快 13 倍以上。

4.3.3 图像传感器

图像传感器如图 4-14 所示。

（1）原理

图像传感器的工作原理是利用光电器件的光电转换功能，将感光面上的光像转换为与光像成相应比例关系的电信号。

如图 4-15 所示，为图像传感器原理图。图像传感器是一种半导体装置，能够把光学影像转化为数字信号。传感器上植入的微小光敏物质称作像素。一块传感器上包含的像素数越多，其提供的画面分辨率也就越高。它的作用就像胶片一样，但它是把图像像素转换成数字信号。

图 4-14　图像传感器

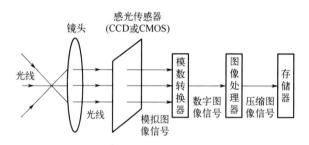

图 4-15　图像传感器原理

（2）结构

图像传感器分为 CCD、CMOS 两种。

CCD 是在 P 型硅（或者 N 型硅）基体上，先生成一层很薄的二氧化硅，厚度约为 120nm，再在绝缘层下淀积一系列间隙很小（小于 0.3cm）的金属电极（称为栅极）制成的。每一个金属电极和它下面的绝缘层及半导体硅基体形成一个 MOS 电容器，所以 CCD 基本上是由一系列的 MOS 电容器组成。因为它们靠得很近，所以它们之间可以发生耦合；这样，被注入的电荷就可以有控制地从一个电容移位到另外一个电容，这样的转移过程，实际上是电荷耦合的过程，所以 CCD 被称作是电荷耦合器件。CCD 是由光敏单元、转移结构、输出结构组成的一种集光电转换、电荷储存、电荷转移于一体的光电传感器件。其中，光敏单元是 CCD 中注入信号电荷和存储信号电荷的部分；转移结构的基本单元是 MOS 结构，它的作用是将存储的信号电荷进行转移；输出结构是将信号电荷以电压或者电流的形式输出的部分。

如图 4-16 所示为 CMOS 图像传感器。CMOS 图像传感器由许多光敏单元组成，根据光敏像元结构的不同，可分为光栅型和光电二极管型。光栅型就是 MOS 电容器型，它是在 P

型 Si 衬底表面上用氧化的办法生成一层厚度为 1000～1500nm 的 SiO₂，再在表面蒸镀一金属层（或多晶硅），最后在衬底和金属电极之间加上一个偏置电压，就形成一个 MOS 电容器；光敏二极管型是在 P 型 Si 衬底上扩散一个 N 区域以形成 PN 结二极管，通过两端加反向偏置电压，在二极管中产生一个耗尽区。耗尽区对带负电的电子而言，是一个势能特别低的区域，因此通常又称为势阱。入射光产生的电荷就存储在势阱中。

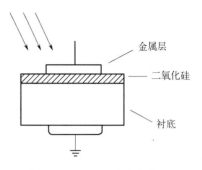

图 4-16　CMOS 图像传感器

（3）研发进展

CCD 图像传感器（charged coupled device）于 1969 年在贝尔试验室研制成功，之后由日商等公司开始量产，其发展历程已经将近 30 多年，从初期的 10 多万像素已经发展至目前主流应用的 500 万像素。CCD 又可分为线型（linear）与面型（area）两种，其中线型应用于影像扫描器及传真机上，而面型主要应用于数码相机（DSC）、摄录影机、监视摄影机等多项影像输入产品上。

CMOS 图像传感器发展迅速，一是基于 XMOS 技术的成熟，二是得益于固体图像传感器技术的研究成果。进入 20 世纪 90 年代，关于 CMOS 图像传感器的研究工作开始活跃起来。苏格兰爱丁堡大学和瑞典 Linkoping 大学的研究人员分别进行了低成本的单芯片成像系统开发，美国喷气推进实验室研究开发了高性能成像系统，其目标是满足 NASA 对高度小型化、低功耗成像系统的需要。他们在 CMOS 图像传感器研究方面取得了令人满意的结果，并推动了 CMOS 图像传感器的快速发展。

当前研究开发 CMOS 图像传感器的机构很多，其中，以美国喷气推进实验室空间微电子技术中心的研究报道最多。很多研究机构主要在开发 CMOSAPS，已在传感器阵列上集成了模／数转换器。目前，人们主要致力于提高 CMOS 图像传感器尤其是 CMOSAPS 的综合性能，缩小单元尺寸，调整 CMOS 工艺参数，将时钟和控制电路、信号处理电路、模／数转换器、图像压缩等电路与传感器阵列完全集成在一起，并制作滤色片和微透镜阵列，以期实现低成本、低功耗、高度集成的单芯片成像微系统。

CMOS 图像传感器得到迅速发展，在工业技术、民用视频技术中得到广泛应用。尽管它还存在电离环境下暗电流稍大、高分辨率、高性能器件待进一步发展等问题，但相信这些问题能够得以解决，使其在空间技术的相应领域中成为 CCD 的替代者。CMOS 图像传感器采用标准 CMOS 半导体生产工艺，如静态功耗极低、动态功耗与工作频率成比例、噪声容限大、抗干扰能力很强，特别适用于在噪声环境恶劣条件下工作，工作速度较快，只需要单一电源等。以上比较不难看出 CMOS 图像传感器在未来将会有更大的发展空间。

（4）应用案例

① 数码相机。早期，在数码相机领域，CCD 是无可争议的霸主，绝大部分数码相机都采用 CCD 成像，只有佳能在自己的高端单反相机型号上采用 CMOS 元件。不过近年来，CMOS 发展势头迅猛，几乎已经在家用单反相机中"一统江湖"。

② 智能手机。我们知道相比于 CCD 传感器，CMOS 传感器在功耗、体积及制造成本方面有着不可比拟的优势，而这些正是生产厂家在大规模市场应用中绝对不可忽视的因素。得益于智能手机、汽车行驶记录仪及网络监控市场近几年的高速增长，CMOS 传感器在资金、技术投入方面获得了巨大支持。

③ 航天、医学以及专业定制领域。1990 年美国国家航空航天局采用 CCD 数字成像技术，将有史以来最大最精确的"哈勃"空间望远镜送上了太空轨道。从 1.6 万公里以外的萤火虫，到相距 130 亿光年的古老星系，它成功创造了一个个空间观测奇迹，包括发现黑洞存在的证据，探测到恒星和星系的早期形成过程。

4.4 新型传感器电源

随着硅基电子元器件功耗的持续减小，使得手持式，可穿戴式，甚至可植入式装置成为可能。各种各样电子器件的典型功耗和电池可持续供电时间如表 4-2 所示。可以看出，不同电子元器件的功耗横跨六个数量级。

一个紧凑、低成本、重量轻、便携，同时能长时间供电的电源是任何器件都需要的。现今，电池作为主要能量来源为表 4-2 中器件以及相似器件供电。实际上，尽管在过去的 15 年内电池的能量密度提高了三个数量级，但在许多情况下，电池仍然对器件的几何尺寸和运行成本产生了很大的甚至根本性的影响。因此，寻求可替代的能源成为世界范围内研究和发展的热点。其中一种可能性是使用高能量密度的储能系统来代替电池，比如小型化燃料电池等；另外可以以无线的方式向相关器件提供所需要的能源，这种方法已经被用在射频识别（RFID）标签中，同时可以被延伸到更多能源需求较高的器件中，但是这种无线供电的方法需要专用的传输结构。第三种方法是从周围环境中获得能量并转换为电能，例如余热、振动/运动能量或者射频辐射转化成电能。

表 4-2　装备电池的电子设备的功耗和能源自主供给

设备类型	耗电量	使用时间
智能手机	1W	8h
MP3 播放器	50mW	15h
助听器	1mW	5 天
无线传感器节点	100μW	生命周期
心脏起搏器	50μW	7 年
石英钟	5μW	5 年

提高能量采集技术被广泛认为是无线传感器网络发展的有力推进要素。无线传感器网络主要由大量小的、低功耗的传感器网络组成。这些节点共同协作来采集数据并通过无线连接传输数据到基站。无线传感器网络在健康医疗护理、机械装置、交通运输和能量等领域均具有广泛的发展前景。

表 4-3 为各种能量采集技术的特征参数。能量存储系统（ESS）常常应用在能量采集器件中主要是由于以下几个原因。首先，当能量采集器提供的能量小于希望的输出功率时，它们可以作为备用电源来确保稳定供电。第二个功能是作为能量缓冲器，一些无线传感器在发射和接收过程中需要消耗相对高的峰值电流，而静态功耗较低，传感器可以从 ESS 中获得能量，而 ESS 可以从能量采集器持续不断地获得再充电。ESS 为输送高峰值的电流提供了保障。ESS 的第三个应用领域是在传感器中 ESS 自身作为主要的能量来源。

表 4-3　各种能量采集技术的特征参数

来源	源功率	采集功率
自然光	—	—
室内	$0.1mW/cm^2$	$10\mu W/cm^2$
室外	$100mW/cm^2$	$10mW/cm^2$
振动/运动	1m@5Hz	$100\mu W/cm^2$
工业	$10m/s^2$@1kHz	—
人	$20mW/cm^2$	$30\mu W/cm^2$
工业	$100mW/cm^2$	$1\sim10mW/cm^2$
RF 手机	$0.3\mu W/cm^2$	$0.1\mu W/cm^2$

不同的功能对 ESS 提出了不同的要求。作为备用电源，可充电 ESS 需要具有相对大的蓄电容量来实现长时间的续航。它的容量通常大于一个能量缓冲器的容量，但是比电源容量低。另外，它必须有相对低的自放电速率，因为它的能量存储器功能要求电能可以被长时间存储。同时作为能量缓冲器，高峰值电流相对频繁，能量存储时间相对较短。当 ESS 被用来作主要能量来源时，需要具有较大的容量且自放电速率低，但不必是一个可再反复充电的系统。

有三种主要种类的微型 ESS：超级电容器、微电池（典型的如锂电池）、固态薄膜电池。它们的性能参数对比见表 4-4。对于一些特别的应用，ESS 的选择由传感器系统总的需求和 ESS 的能力来决定。在接下来的章节中，将对超级电容器、微电池和固态薄膜电池的基本原理以及在智能传感器系统的应用展开论述。

表 4-4　三种类型 ESS 的典型特征参数

项目	超级电容器	电池	
		锂离子电池	薄膜电池
工作电压/V	1.25	3～3.7	3.7
能量密度/（Wh/L）	6	435	＜50
兆能/（Wh/kg）	1.5	211	＜1
在 20℃时自放电率（%/月）	100	0.1～1	0.1～1
循环寿命/次	＞10000	2000	＞1000
温度范围/℃	-40～65	-20～50	-20～70

4.4.1　传感器电能存储

根据传感器的电源或能量供应要求进行分类。

有源传感器：需要电源的传感器称为有源传感器。例如激光雷达（光探测和测距）、光电导单元。

无源传感器：不需要电源的传感器称为无源传感器。例如辐射计、胶片摄影。

传感器电源的电能存储主要采用锂离子电池和超级电容器两种。

如图 4-17 所示为锂离子电池在加速度传感器上的应用。锂离子电池设计在于应用了电化学嵌入/脱嵌反应原理，电池的两极都用嵌入化合物替代。当电池充电时，锂离子从正极脱嵌，经过隔离膜，嵌入到负极； 电池放电时，锂离子从负极又回到正极。其中锂离子在正负极之间移动的过程实质上就是电池充放电的过程。

锂离子电池优点有能量密度大、寿命长、自放电率低、无记忆效应、高电压、对环境无污染。缺点是成本高。

小面积的锂离子电池广泛应用于温度传感器、加速度传感器、光电传感器、电流传感器等传感器中。

超级电容器是受关注度比较高的储能器件。

从原理上可以把超级电容器分为双电层电容器和电化学电容器两类。

传统电容器即是在两极板之间施加一个电势差来进行充放电的一个无化学储能的无源器件（依靠极化来存储电荷）。双电层电容器遵循传统电容器的基本原理。双电层电容器比传统电容器具有更高的电容值，可储存更多的能量，因具有大量孔的高比表面积电极材料和具有较薄的双电层厚度，故可以存储更多的电荷。在充电时，电解液中的阴阳离子分别向正、负两极移动，电荷分离发生在电极-电解质极化界面上，从而在电极和电解液的界面形成两个双电层，离子的分离使得整个单元器件生成一个电位差，通过将电解质中的离子可逆吸附到电化学稳定且具有较高可附着性的活性材料上，以静电方式存储电荷。

电化学电容器是通过电化学的方式来储存能量的，在电极表面的活性物质会发生电化学反应。

超级电容器优点：存储电荷的能力强、功率密度大、充/放电迅速、对环境无污染。

超级电容器缺点：成本高、耐压低、储能密度低。

如图 4-18 所示，超级电容器主要应用于基于超级电容的湿度传感器。

图 4-17　锂离子电池在加速度传感器上的应用

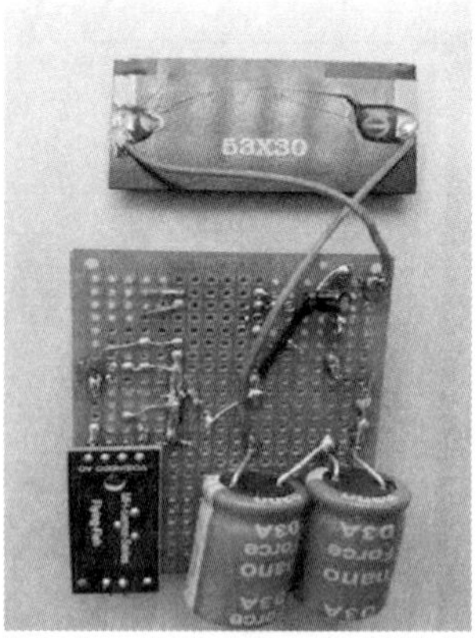

图 4-18　基于超级电容的湿度传感器

4.4.2　太阳能存储

太阳能存储技术如图 4-19 到图 4-21 所示。目前，通常的检测传感器均需要供电电路或使用电池提供电能，即使个别发电式温度传感器无须外加电源，但也仍然需要与测量、传输电路连接，依然需要提供符合要求的电源。有些测控现场在不能提供电源和使用电池不方便的情况下，检测传感器的应用受到了很大限制。目前通常采用的电池供电方式持续工作时间短，需要定时更换，对于测控点多且分散、要求实时监控的场合，显然也不能很好地满足要求。基于太阳能的传感器电源装置很好地解决了这些问题。

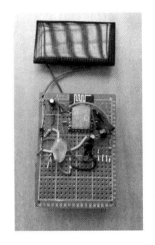

图 4-19　基于太阳能的湿度传感器

图 4-20　光电式火灾感烟探测器

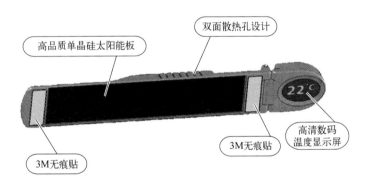

高品质单晶硅太阳能板

双面散热孔设计

22℃

高清数码温度显示屏

3M无痕贴

3M无痕贴

图 4-21　太阳能汽车温度计

太阳能采集的基本原理是利用无线可充电传感器节点携带的太阳能板吸收太阳能，并将太阳能转换成电能给无线传感器节点供电。

太阳能发电的原理是基于半导体 PN 结 [半导体材料一侧掺入受主杂质（提供空穴），另一侧掺入施主杂质（提供电子）所形成的结构称为 PN 结] 的光生伏特效应，因此有时也将太阳能电池叫作光伏器件。当有阳光照射到半导体的 PN 结时，具有足够能量的光子能将共价键的电子激发，从而产生电子-空穴对，电子和空穴在内建电场的作用下会分别向 N 区、P区集聚从而形成一个光生电场，如果使用外部电路将 PN 结连接起来就会形成回路，此时的PN 结就相当于回路中的电源。

应用案例：

（1）太阳能森林防火报警器

太阳能森林防火报警器的工作原理如图 4-22 所示，实物图如 4-23 所示。该系统以STC12C4052AD 为控制核心，通过 AC/DC 变换电路控制 10W 太阳能板对 12V 蓄电池的充放电。蓄电池的电压经 LM2576 开关电源电路降压至 5V，对系统进行供电。若烟雾检测模块检测到烟雾，或者温度检测模块检测到环境温度超过设定的阈值时，MCU 产生中断，最后进行火灾报警。

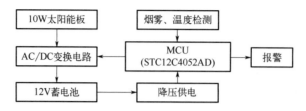

图 4-22　太阳能森林防火报警器工作原理图

图 4-23　太阳能森林防火
报警器实物图

（2）基于太阳能的土壤湿度传感器

土壤湿度传感器工作原理如图 4-24 所示。太阳能电池的主要作用是为控制系统和执行机构提供能源。控制系统采用单片机作为处理核心，通过变送电路将土壤湿度传感器检测到的湿度信号转换为电压信号输出，通过 ADC 模块将模拟电压信号转换成数字信号供单片机电路采集信号使用，应用汇编语言编程控制湿度显示。数据采集模块包括湿度数据采集模块和太阳能数据采集模块。湿度数据采集主要采用湿度传感器通过变送电路对土壤湿度进行采集。太阳能数据采集模块主要采集太阳能电池所产生的电压和工作电流，根据所采集到的信号为太阳能的利用和储存提供数据。

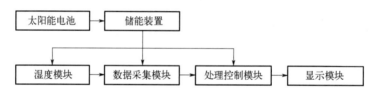

图 4-24　土壤湿度传感器工作原理图

（3）基于太阳能供电的气体传感器

气体传感器工作原理如图 4-25 所示。在光照充足时太阳能电池板将光能转化为电能，通过能量收集芯片为节点供电的同时对锂电池进行充电。在无光照条件下，由锂电池对系统供电。传感器将气体浓度的信号转换为电压信号并通过信号调理电路输出给处理器。通过单片机内的 ADC 模块，采集传感器信号以及锂电池电压，通过无线射频模块将采集到的信息发送至汇聚节点，然后由汇聚节点通过串口传至上位机。由上位机对数据进行处理、显示以及保存。用户也可以通过上位机向网络中的节点发送控制信息，改变传感器的工作状态以及采样周期。

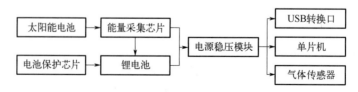

图 4-25　气体传感器工作原理图

4.4.3　热能能量存储

人们常常在周围充满能源的环境中看到无线和有线传感器系统，这种环境能源非常适合用来给传感器供电。例如，能量收集可以显著地延长已安装电池的寿命，尤其当功率要求较低时，可降低了长期维护成本，减少宕机事件。能量采集是将一部分能量从某个现有的但尚未使用的能量源上分离、获取以及存储的过程。热电发生器中的温差可产生电势，从而将热源中的废热转换为另一种能量形式——电能。

热电能量的收集主要通过温差发电实现。基于热电材料的 Seebeck 效应，在材料内部存在温度梯度时，材料中将产生电子的移动，通过外电路形成电流。

温差发电机的开路输出电压为

$$U_{oc} = 2\alpha\Delta T \tag{4-4}$$

式中，α 为材料的塞贝克系数；ΔT 为材料冷热端温度差。

当负载和热电模块阻抗相匹配，即负载阻值与其内阻相等时，其输出功率可达最大，即

$$P_{\max} = \frac{N\alpha^2\Delta T^2 A}{2\rho l} \tag{4-5}$$

式中，ρ 为热电材料电阻率；A 为热电臂横截面积；l 为热电臂长度；N 为热电器件内部热电偶对数。

运行中的电气设备将不间断地向周围空间散热，致使设备外壳或某些部件出现显著的高温热点，构成了合适的环境热源，如变压器箱体、母线排等。通过合理设计集热、散热结构，可在温差热电模块两端产生可利用的温度差，驱动其输出电能。

应用案例：

基于热能供电的胎压传感器

如图 4-26 所示为胎压传感器能量收集策略示意图。首先利用开关将传感器负载和电能输出端隔离开，利用能量收集电路收集电能，并储存在电容中。当电容中的电能储存足够时，控制开关闭合并驱动胎压传感器工作。

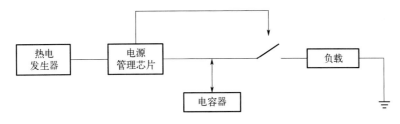

图 4-26　胎压传感器工作原理图

如图 4-27 所示为设计的胎压传感器能量收集电路原理图。

① 充能状态：当热电发生器开始输出电能时，能量收集电路开始工作，电容 C_4 开始存储电能，V_{out} 上升。此时，热电发生器输出低电平，S_1 关断，传感器电路与能量收集电路断开。

② 导通状态：当 $V_{out}=3.4V$ 时，热电发生器输出高电位，通过使能端控制 $V_{out2}=3.3V$，S_1 接通传感器电路的负极形成回路，并在传感器两端产生驱动电压。

③ 关断状态：传感器电路与能量收集电路接通后，V_{out} 电压下降，热电发生器不再为使能端 V_{out-EN} 提供高电平信号。电容 C_3 和电阻 R_1 组成延时关断电路控制 S_1 延时关断，为胎压传感器提供足够的工作时间。

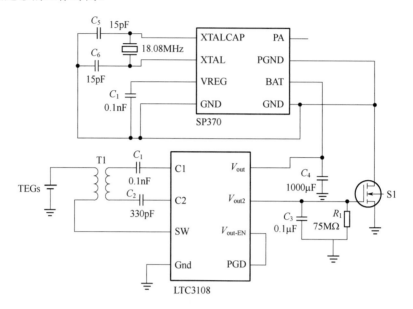

图 4-27　胎压传感器能量收集电路原理图

4.4.4　振动能量存储

振动能量收集的主要方式是静电式、电磁式、摩擦式、磁电式和压电式。

① 静电式：在外部强电场和两个极性相反的极板作用下，电介质被极化并能"永久"保持极化状态。电容器具有环境能量驱动的移动电极，从而导致电荷移动。然而，微电机系统元件的制造工艺必须相互兼容，它们的设计制造有很大的局限性。

② 电磁式：线圈和永磁体的相对运动，线圈切割磁感线引起磁通量发电。具有体积小、发电量大、无须驱动电源的优点，可以用于各种恶劣环境。它广泛应用于振动能量采集系统。

③ 摩擦式：一种新型的能量采集技术。它遵循摩擦原理来产生电能和静电，是由两种不同摩擦系数材料的电极组成。电感将在相应的电极上产生反向电荷。当周期性摩擦材料到达分离阶段时，摩擦发电机会产生输出电流。

④ 磁电式：是在压电材料的基础上添加静电材料形成的。磁阻材料与压电材料层结合并放入磁电电路中。磁质伸缩压电材料的磁路从外部机械振动开始改变，转化为电能。

⑤ 压电式：材料经极化处理后，材料受振动产生变形，材料内部的自由电荷正向移动产生正压电效应，完成机械能向电能的转换。它们都具有高机电耦合系数，常用材料是压电陶瓷。

在现有的能量采集结构中，压电材料相比电磁式和静电式能量采集结构有更强的环境适应能力及高能量密度的优点。压电材料具有抗电磁干扰、无污染、使用寿命长等优点，可以在外力作用下发电。因此，压电技术适用于各种无线传感器技术，如智能设备、健康检测、信息技术等。

压电式振动能量采集的基本原理是：利用压电元件的正压电效应，在外界振动源激励的作用下，将压电元件的机械变形转换成压电元件表面正负电荷的积累，通过不同的能量采集电路将其转换成供电设备需要的能量形式，并存储在电容或者电池中，以保证持续、稳定的电源供应。

正压电效应是当压电材料受到机械或者物理压力时会发生介质化、在材料表面产生电荷的现象，实质上是将机械能转化为电能的过程。压电式发电的核心元器件是压电振子，是能够通过外部激励信号而振动的振动体。

通常对压电式振动能量采集结构可以从压电方程和力学边界条件或者等效电路来分析。通过对压电材料理论分析。得到正压电效应下，压电能量采集结构的电气特性等效电路模型如图 4-28 所示，其中电流等效电路和电压等效电路是等效的。

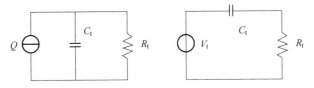

图 4-28　压电等效电路

在低频时，通常将压电式换能器等效为正弦电流源与等效电容、绝缘电阻并联，或者等效为正弦电压源与等效电容、绝缘电阻串联的形式，一般绝缘电阻都比较大，可以认为是开路的。

（1）压电自供电传感器的研究现状

英国 University of Southampton 和法国 TIMA Grenoble 等微系统研究机构进行合作研究一种悬臂梁式压电发电装置，用来实现传感器网络节点的供电。

Arms 与 Townsend 等设计出利用压电发电装置提供电能的无线温度与湿度传感器，通过一个悬臂梁式压电发电装置可将环境中的振动能量通过压电效应转化为电能，能够为传感器和无线通信模块提供电能。

Shenck 和 Paradiso 将压电材料嵌入到鞋子中，在保证鞋子外观正常、穿着舒适的情况下，在鞋子的前端走路变形量较大的部位放置 PVDF 压电发电材料，在鞋子的后跟受力较大的部位放置压电陶瓷片，当人正常行走时将会产生电能。

在 MEMS 压电悬臂梁式的振动能量采集器方面：

2008 年，德国的 Kuehne 设计、制备和测试悬臂梁式压电能量采集器，工作频率为 1kHz，且在 0.2g 的外界激励下的其输出功率为 4.28μW。

2012 年，美国的 Berdy 设计并制备了双压电晶体的压电悬臂梁式能量采集器，为缩短整个装置长度，悬臂梁向内弯折，在 0.2g 的外界激励下，经测试谐振频率为 35Hz，且最大输出功率为 198μW。

同年，法国的 Defosseux 在 SOI 基片上镶嵌了 AIN 薄片，进而制成了体积为 2.8mm³ 的悬臂梁式振动能量采集器，如图 4-29 所示。

（2）应用案例

① 基于 MEMS 振动能量采集器的无线传感器微电源。如图 4-30 所示为微电源能量采集示意图。该电源包括：能量转换模块，用于实现环境振动能量向电能的转换；能量收集与存储模块，包括从能量转换模块获得能量的超低功耗芯片，实现电能的高效收集，并将能量转换模块转换的微弱电能源源不断提供给电池充电；升压模块，所述升压模块用于将能量收集

与存储模块输出的信号升压至设定值。

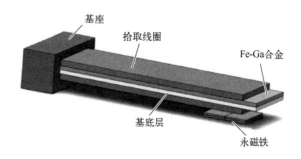

图 4-29　悬臂梁式振动能量采集器

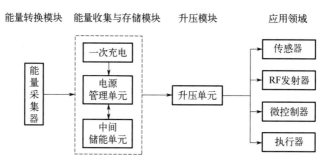

图 4-30　微电源能量采集示意图

　　能量转换模块主要由 2 个完全相同的 MEMS 压电式振动能量采集器串联组成,其转换的电能经外部电路全波整流接入到电源管理单元中,完成微弱电能的收集与存储。当收集到的电能达到 1V 时,升压单元芯片开始启动,配置相应的外接电阻,实现升压转换。该微电源的应用领域具体为:传感器、RF 发射器、微控制器及执行器。该微电源可以与上述电气设备分别集成在一起,实现相应设备或器件的自供电。

　　② 测量人体脉搏信号的柔性压电传感器。如图 4-31 和图 4-32 所示为柔性压电传感器能量采集示意图和测试实验图。人体脉搏振动能量首先经过压电式振动能量采集器转换生成不规则的交流或直流电流,然后经过电源管理单元,经过 AC/DC 转换电路形成规则的直流电流向无线传感器供电,或者把电能存储到能量存储单元中。

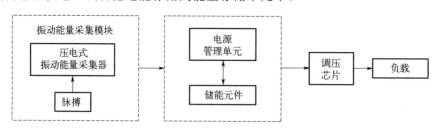

图 4-31　柔性压电传感器能量采集示意图

　　③ 新型车载传感器。新型车载传感器包含基于振动的压电能量收集装置,如图 4-33 所示。该装置是由末端带有质量块的压电悬臂梁组成。质量块用来激发振动和调整共振频率。悬梁臂振动由外部振动引起。压电片受到应力的作用产生电荷,整合这两部分能量使得输出的总能量增加,为车载传感器供电。

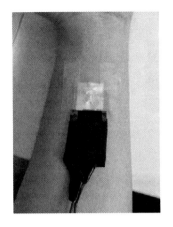

图 4-32　柔性压电传感器测试实验图

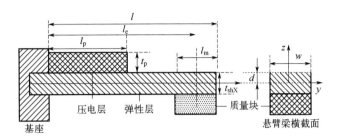

图 4-33　振动压电能量收集装置

4.4.5　射频能量存储

随着无线通信设备的发展，在我们的生活环境周围广泛地分布着各种频段的无线电波。这些电磁波携带着大量的信息和能量，其中一部分的信息因为各种原因没有被接收到而散布在空间环境中成为垃圾信息，同时使得人类周围散布了大量的闲散的电磁能量。射频能量收集系统就是通过吸收这部分闲散的能量为微型传感器系统进行供能。

射频能量收集系统的工作原理为，利用天线收集环境中的电磁波，然后将交流信号转化为直流信号输出。其中天线的等效电路模型如图 4-34 所示。

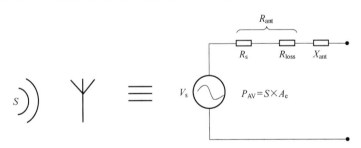

图 4-34　天线等效电路

在能量收集系统等效电路模型中，空间环境的电磁波通过天线等效为交流电压源 V_s 与串联等效电阻 R_{ant} 其中，P_{AV} 代表天线所能收集的能量，A_e 表示与天线的有效收集范围有关的参数。串联等效电阻 R_{ant} 由天线自身串联等效电阻 R_s 和天线的损耗电阻 R_{loss} 组成。X_{ant} 代表天线与后续电路之间的匹配电阻。对于特定形式的天线，R_{loss} 是一个非常小的高频响应量，这里可以忽略。则天线的阻抗 Z_{ant} 为：

$$Z_{ant} = R_s + jX_{ant} \tag{4-6}$$

天线能够收集到的匹配交流电压 V_s：

$$V_s = 2\sqrt{2R_s \times P_{AV}} \tag{4-7}$$

射频能量收集系统的输出电压与天线的设计紧密相关。能量收集系统的输出与 P_{AV} 直接相关。设系统的输出功率为 P_{DC}，则射频能量收集系统的效率 η 为：

$$\eta = \frac{P_{DC}}{P_{AC}} \tag{4-8}$$

将天线等效为交流电压源之后，就可以利用阻抗匹配电路和滤波整流电路将其转化为直流输出。由天线、阻抗匹配电路、滤波电路和整流电路就构成了整个射频能量收集系统，其电路如图 4-35 所示。

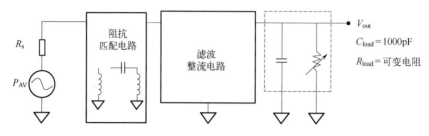

图 4-35　射频能量收集系统电路图

（1）研究现状

图 4-36　射频传感器

射频（radio frequency，RF）能量存在的普遍性以及收集的便利性与可行性使其在低功耗自供电系统中的应用具有广阔前景，如图 4-36 所示为射频传感器。近些年，基于无线能量传输理论的射频能量收集技术越来越多地应用于低功耗的电子设备，如无线传感器网络、电子医疗设备、RFID 等低功耗的电子设备。

2012 年，意大利卡塔尼亚大学研发出了一个射频收发器芯片，由射频电磁波供能，最低的输入功率为 30μW。

2013 年，美国华盛顿大学和弗吉尼亚大学研发出了一个身体传感器节点的芯片，由射频电磁波供能，整个芯片耗能仅为 19μW，能够获取、处理和传输心电图、肌电图和脑电图数据。

美国俄勒冈州立大学在 2014 年发明了一款用于无线传感器供电的射频能量收集器，该射频能量收集器的最低输入功率能达到-20dBm。

在国内关于射频供电传感器的研究方面主要集中于：

① 无线传感器网络射频充电及能量转移调度研究——中南大学；

② 射频供电物联网的能量分配与终端调度技术研究——安徽师范大学；

③ 面向无线射频供电的数据传输调度优化研究——东南大学；

④ 射频能量捕获网络信息与能量集成传输理论与方法——浙江工业大学。

高性能天线的研究与设计对射频能量收集系统具有重要意义。

（2）应用案例

① 儿童专注力心脑同步监测装置。如图 4-37 和图 4-38 所示为儿童专注力心脑同步监测装置结构示意图和实物图。传感器系统包括：信号采集模块，用于采集开关柜的局部放电信号；信号处理模块，用于对所采集的局部放电信号进行滤波、放大和检波处理；信号提取模块，用于提取处理后的局部放电信号的特征参量，特征参量包括放电周期内的放电次数、最大放电量和平均放电量；信号传输模块，用于将局部放电信号的特征参量传输至上位机；上位机，用于对局部放电信号的特征参量进行可视化显示；供电模块，通过收集环境中或射频信号发生器的射频能量对所述传感器供电。系统通过收集环境中或射频信号发生器的

射频能量为传感器供能，从而舍弃传统的锂电池等储能元件，能够大大延长传感器的工作周期，并降低成本。

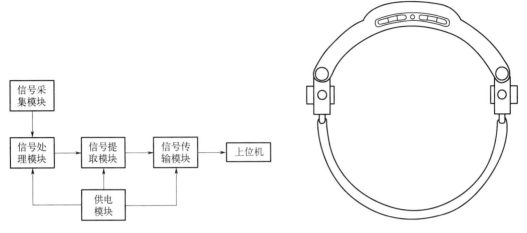

图 4-37　儿童专注力心脑同步监测装置结构示意图　　图 4-38　儿童专注力心脑同步监测装置实物图

　　② 利用环境射频能量自供电的无线传感器。如图 4-39 所示为无线传感器实物图。利用环境射频能量的自供电无线传感器系统包括接收模块、处理模块和存储模块。其中接收模块有多组，并串联相接，每组接收模块分别包括接收天线和超高频整流二极管；接收天线与超高频整流二极管采用串联方式连接，主要负责接收环境中能量相对较大的频段的电磁波能量。处理模块包括滤波电路和稳压电路，其中滤波电路采用一个电解电容，稳压电路采用稳压二极管实现稳压。存储模块包括由三个超级电容并联或者可充电电池构成。该传感器可以全天候源源不断地收集环境中电磁波能量供给负载使用，有效解决众多无线传感器节点供电的问题，摆脱了传统电池电量有限的制约。

图 4-39　无线传感器实物图

　　③ 利用射频能量自供电的温度传感器。如图 4-40 所示为基于射频能量的温度传感器电路图。传感器系统包括：射频发射装置、中心服务器和若干个温度传感装置；射频发射器装置包括功率控制模块和射频发射器，射频发射器通过功率控制模块连接电源；功率控制模块与中心服务器连接。发射装置将能量通过射频的方式传递给温度传感装置，中心服务器根据接收到的数据判断温度传感装置能量收集的情况，当发现温度传感装置收集的能量有所不足

时，通过功率控制模块增大射频发射器的发射功率，维持温度传感装置的正常工作。

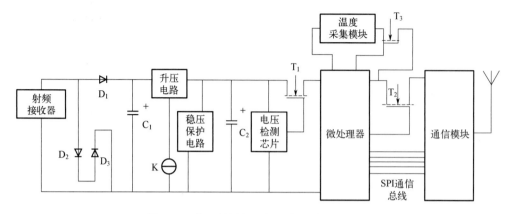

图 4-40　基于射频能量的温度传感器电路图

4.4.6　能量存储的未来趋势

本节介绍了主要的小型化能量采集器和能量存储器的前沿研究进展，其组合被广泛认为是解决快速增长的无线传感器网络自主性需求的可行解决方案。无线连接的无线传感器网络组成阵列，有望在各个领域产生巨大的影响。其发展趋势是进一步小型化、更大规模化以及更长时间的自主性供电，这使得传统的能源供给——电池不能完全满足需求。随着科学技术的不断进步，在可预见的未来，电子元件的功率消耗正在稳步减少到能量采集器能够满足的水平。

在这样的背景下，各种能量采集和存储器件已经引起了学术界和工业界的极大兴趣。市场对能量采集技术的接受程度取决于其成本的进一步降低，这可以通过 MEMS 进一步降低成本来实现。在本小节，详尽阐述了 3 种能量采集器的普遍原理和最先进技术，即基于温差、振动/运动和 RF 传输等 3 种方式；简要介绍了使用能量存储系统的必要性，并对超级电容器、微电池和固态薄膜电池进行了概述。

基于塞贝克效应，热电发电机大部分由集成在硅衬底或者聚合物薄片上的半导体材料组成，例如锗硅或者碲化铋。书中介绍了几种经常使用的器件配置与各自对应的 MEMS 具体器件。输出性能由温差和总的材料特性决定。

运动驱动能量采集器通常分为两类：振动和非振动系统。对于前一种器件而言，主要使用在机械环境中，能够使用静电、压电或者电磁转换机制实现。另外一种器件主要使用在人体低频率和大幅度运动场景中。

带整流天线的 RF 能量采集器提供了一种有意思的可选方案，可使用在其他能量采集方法不能有效工作的环境中。书中给出了 RF 能量采集器的一般模型，用来分析相关的技术方面的问题，例如，Friis 传输方程和共轭匹配，介绍了共轭匹配采集器的设计过程。

为了实现自主能量供给，能量存储器件经常被用作后备能源、能量缓冲器甚至主要能量来源。不同的目标应用对能量存储器件具有不同的需求，例如，大电容、低漏电或者高峰值电流。ESS 的选择不仅与技术需求相关，还要考虑法律法规方面的规定。

能量采集和能源存储设备的选择应该从系统方面考虑。即通过选择一个智能的能量采集、能源存储设备和传感装置组合，可以使耗能组件的使用最小化，同时可以优化整体效率。

由于在太阳能电池中使用储量较少、价格昂贵的碲使其成本大大增加，导致热电能量采集技术的进一步发展面临着严峻挑战。开发新的具有低成本、带有高品质因数 ZT 的热电材料成为迫切的需要。低成本热电材料的范围，例如 Heusler 混合物、方钴矿和笼形结构化合物受到了研究人员的关注。此外，显著降低热导率、多种纳米结构的小尺寸材料，例如纳米线和超晶格，在学术界已经越来越受到关注。

为了进一步推动振动能量采集器商用化，科研人员正在对专用电源控制电路进行开发，同时对低频率或者宽带振动的新的设计概念也已经成为一个活跃的主题。基于器件的 MEMS 的可靠性研究也受到了关注。对于压电 MEMS 器件，高性能薄膜材料的发展也是一个很热的话题。

微型天线传感器商业化应用的可行性已被证实，当前研究的目标是将天线连到无线自动传感器中，用来给电池或者电容充电，以保证传感器的小尺寸天线必须同时具有能量采集和数据传输的功能。此外，集成能量采集天线、通信天线和电池的一体化方案也正在研究之中。

能量存储系统仍然具有很大的研究和探索的空间。新的电极材料的发展和应用有利于增加能量密度，优化的封装结构也能增加超级电容器和电池的能量密度。能量存储系统的大部分空间由无作用的部分占据，例如衬底、阻挡层、封装和其他不能在能量存储中起直接作用的材料。

4.5　智能传感器

4.5.1　智能传感技术介绍

智能传感器系统是一门现代综合技术，是当今世界正在迅速发展的高新技术，至今还没有形成规范化的定义。

传感器（sensor）一词来自拉丁语 sentire，意思是"觉察，领悟"。其作用是对诸如热、光、力、声、运动等物理或化学的刺激做出反应，感受被测刺激后定量地将其转化为电信号，信号调理电路对该信号进行放大、调制等处理，再由变送器转化成适于记录和显示的形式输出。

智能传感器（intelligent sensor）的概念最初是美国宇航局在研发宇宙飞船的过程中提出并形成的，1978 年研发出产品。宇宙飞船上需要用大量的传感器不断地向地面发送温度、位置、速度和姿态等数据信息，用一台大型计算机很难同时处理如此庞杂的数据，于是提出把 CPU 分散化，从而产生智能传感器。目前，智能传感器尚无公认的科学定义，但普遍认为智能传感器是由传统传感器与专用微处理器组成的。智能传感器可分两大部分：基本传感器和信息处理单元。基本传感器是构成智能传感器的基础，其性能很大程度上决定着智能传感器的性能，由于微机械加工工艺的逐步成熟以及微处理器的补偿作用，基本传感器的某些缺陷（如输入输出的非线性）得到较大程度的改善；信息处理单元以微处理器为核心，接收基本传感器的输出，并对该输出信号进行处理，如标度变换、线性化补偿、数字调零、数字滤波等，处理工作大部分由软件完成。智能传感器的两大部分可以集成在一起设置为一个整体，封装在一个表壳内；也可分开设置，以利用电子元器件和微处理器的保护，尤其在测试环境较恶劣时更应该分开设置。

4.5.2 智能传感器的功能

① 自补偿与自诊断功能：通过微处理器中的诊断算法能够检验传感器的输出，并能够直接呈现诊断信息，使传感器具有自诊断的功能。

② 信息存储与记忆功能：利用自带空间对历史数据和各种必需的参数等的数据存储，极大地提升了控制器的性能。

③ 自学习与自适应功能：通过内嵌的具有高级编程功能的微处理器可以实现自学习功能，同时在工作过程中，智能传感器还能根据一定的行为准则重构结构和参数，具有自适应的功能。

④ 数字输出功能：智能传感器内部集成了模数转换电路，能够直接输出数字信号，缓解了控制器的信号处理压力。

⑤ 组态功能：使用灵活。在智能传感器系统中可设置多种模块化的硬件和软件，用户可通过微处理器发出指令，改变智能传感器的硬件模块和软件模块的组合状态，完成不同的测量功能。

⑥ 双向通信功能：能通过各种标准总线接口、无线协议等直接与微型计算机及其他传感器、执行器通信。

4.5.3 智能传感器的设计结构

从处理的信号类型上来看，智能传感器有两种主要设计结构（图 4-41）。一种是数字传感器信号处理（DSSP）；另一种是数字控制的模拟信号处理（DCASP）。

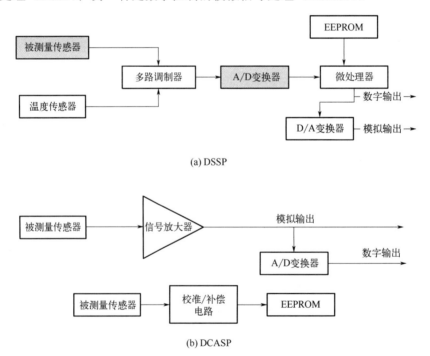

图 4-41　DSSP 和 DCASP 智能传感器结构

精密智能传感器一般采用 DSSP 结构，通常至少包括两个传感器：被测量传感器（如力传感器）和补偿（温度）传感器。在智能传感器中，温度信号可直接从被测量传感器提取出来。传感器信号经多路调制器送到 A/D 转换器，然后再送到微处理器进行信号的补偿和校正。测量的稳定性只由 A/D 转换器的稳定性决定。可采用传感器输出算法趋近或多表面逼近法进行信号处理。每个给定传感器的校正系数都单独存储在永久寄存器（EEPROM）中，如果需要模拟输出，可附加一个 D/A 转换器。

DSSP 结构的分辨率受输入 A/D 转换器的分辨率和补偿/校正处理分辨率的限制。响应时间受 A/D 变换时间和补偿处理时间的限制。

基本的 DCASP 结构在传感器和模拟输出之间直接提供了一个模拟通道。因此，被测量分辨率和响应时间不受影响。温度补偿和校正在并联回路实现，并联回路能改变信号放大器的失调和增益，要获得数字输出信号，可加一个 A/D 转换器。

4.5.4　智能声觉传感器

仿生传感器是一种利用仿生技术思想，采用新的检测原理的新型传感器，它采用固定化的细胞、酶或者其他生物活性物质与换能元件相配合组成，基于生物学原理设计的可以感受规定待测物并按照一定规律转换及输出可用信号的器件或装置，是一种采用新的检测原理的新型传感器，由敏感元件和转换元件组成，另外辅之以信号调整电路或电源等。这种传感器是近年来生物医学和电子学、工程学相互渗透而发展起来的一种新型信息技术。

仿生传感器按照用途分为视觉传感器、嗅觉传感器、听觉传感器、味觉传感器、触觉传感器、接近觉传感器、力觉传感器和滑觉传感器 8 类传感器，比较常用的是人体模拟的传感器。仿生传感器按照使用的介质可以分为：酶传感器、微生物传感器、细胞传感器、组织传感器等。

智能声觉传感器是把外界声场中的声信号转换成电信号的传感器。它在通信、噪声控制、超声检测水下探测和生物医学工程及医学方面有广泛的应用。

智能传感器包括正常声音频率范围内的声觉传感器和超过正常声音频率的声觉传感器（即超声波传感器）。前者研究较多的是人工耳蜗。

听觉仿生传感器技术——电子耳蜗。

（1）电子耳蜗简介

电子耳蜗，又称人工耳蜗。电子耳蜗是一种经手术植入人体内，模拟人体耳蜗功能，将环境中的声音信号转换为电信号，并将电信号传入患者耳蜗，刺激耳蜗残存的听神经细胞，并传送至大脑形成听觉，帮助患有重度、极重度感音性耳聋的成人和儿童重获部分听觉的植入式电子装置。电子耳蜗技术开发于 20 世纪 50 年代，最初只有单一电极（频道）来传递声音信息，现已发展到多极（频道），以增强患者对语音的理解。

"人工耳蜗"是目前唯一使全聋患者恢复听觉的装置。人工耳蜗的研制始于美国和法国。近年来，随着电子信息高新技术的飞速发展，人工耳蜗研究也有了很大的进展，从开始只帮助聋哑人唇读的单通道装置，发展到能使半数以上病人打电话的多通道装置。目前，世界上已有 5 万～6 万耳聋患者植入各种人工耳蜗。电子耳蜗系统如图 4-42 所示。

电子耳蜗是一种换能器，能将声信号转换为电信号，经电极输送到耳内，刺激听觉神经，产生听力。从生理上讲，人的内耳耳蜗从蜗底到蜗顶，不同部分感受的音频频率是不同的，蜗底感受的频率较高，而蜗顶则感受较低的频率。电子耳蜗的设计可以分为体内和体外两部分。体外部分主要进行语言信号的采集、处理和编码、发送，主要包括麦克风、言语分析器、刺激器和电极阵列。语言信号处理器将麦克风检测到的声音信号进行特征提取或滤波处理，产生不同电极的电刺激信号，编码发射器将这些信号编码、调制为高频信号，通过发射线圈将信号以无线方式发送至体内。体内的接收线圈接收到信号后，接收解码器进行解调、解码后还原出刺激信号，然后控制一个刺激电流生成器，产生相应电极的电刺激信号，并通过植入耳内的电极阵列刺激听神经。

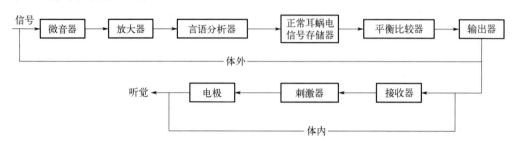

图 4-42　电子耳蜗系统框图

人工耳蜗的关键技术包括语音处理技术、专用集成电路设计技术、体内外电路间无线信号传输技术、电极制造及封装技术等。由于电极制造技术的突破，以及集成电路设计与制造技术的进一步发展，植入电路使用 2~3 片集成电路即可产生多种刺激信号。随着数字信号处理系统技术的发展和低功耗 DSP 芯片的推出，便携式体外语音处理器成为发展趋势。植入电路进一步复杂化，人工耳蜗由原来使患者只有声音传感发展到目前具有相当高的语音分辨率，部分使用者可毫无困难地打电话。

（2）电子耳蜗的工作原理

人工耳蜗的主要部分包括体外部分和植入部分。

体外部分包括：外部麦克风，拾取声音并转化为电信号；言语处理器，可根据预先设置的编码策略对接收的电信号编程；传输线圈，将言语处理器提供的信号转为射频信号，传输给接收-刺激器。

体内植入部分包括：接收-刺激器，接收射频信号并转化为电脉冲，刺激电极阵列；多通道电极阵列，电流通过植入的电极直接传送至耳蜗中残存的神经元细胞而产生听觉。

（3）电子耳蜗结构简图

电子耳蜗结构简图如图 4-43 所示。

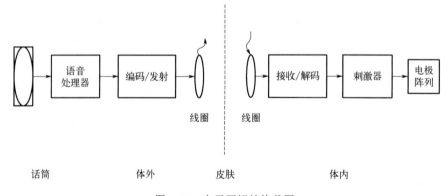

图 4-43　电子耳蜗结构截图

话筒：将声信号转换为电信号。

语音处理器：将电信号滤波分析并且数字化成为编码信号。（语音处理器将编码信号送到传输线圈，传输线圈将编码信号以调频信号的形式传入位于皮下植入体的接收/刺激器。）接收-刺激器对编码信号进行编码，使携带相应频率及电流的电脉冲刺激电极阵列，通过电极阵列特定的位置刺激耳蜗内的听神经纤维，经听神经传到大脑，产生听觉。

即流程为：外界声音信息—话筒—语音处理器编码—线圈—接收—刺激解码—电流到电极—听神经—脑干—大脑。

编码策略定义了声音转化为电信号并能被大脑识别翻译的方法。

编码策略的效率越高，效果越好，大脑能从人工耳蜗输入的信息中识别含义的可能性越高，而没有含义的声音只是无用的噪声。

4.5.5 智能嗅觉传感器

顾名思义，智能嗅觉就是对人体嗅觉的模拟，其重要功能是对气味物质进行定性与模糊定量分辨。所以在认识智能嗅觉前了解人体嗅觉的有关理论是非常必要的。由于对人类嗅觉在识别各类气体时的生物、物理和化学机制不甚清楚，导致嗅觉传感器发展缓慢。

现代科学技术和工业生产对智能嗅觉的需求日益增加。最明显的例子是人鼻和狗鼻的模拟，众所周知，狗鼻子在识别痕迹量气味方面的能力是人类望尘莫及的。人工狗鼻子在海关、公安和国家安全方面的作用不可低估。即使是普通的人工鼻子，在许多危险和易泄毒生产科研环境中也有着不可忽略的作用。另一个例子是在 21 世纪末可以看到的高科技产品——智能机器人，必须具有类似人一样的嗅觉及识别体系。因此作为一种高科技研究，人工智能嗅觉面临着极其严峻的挑战，同时也具有广阔的发展前景。

（1）仿生嗅觉系统

仿生嗅觉系统又称为电子鼻，指多个性能彼此重叠的气体传感器以适当的模式分类方法组成的具有识别单一和复杂气味功能的装置。

如图 4-44 所示，仿生嗅觉系统模拟生物嗅觉系统，工作原理也与嗅觉形成相似。

仿生嗅觉系统提取气味信息单元是利用单个气体敏感元件组成的传感器阵列来实现的。它使用了多个并列的对每种气味具有轻微不同响应的传感器构成阵列，阵列的响应是所有气体成分的全体反映，功能上与生物嗅觉系统中的大量嗅觉感受细胞相似，不同传感器对不同气味物质的响应是不同的，组成传感器阵列的每个敏感元件对同一种气味物质的响应也是不同的，它们具有交叉灵敏度，这是模仿生物嗅觉的基础。

仿生嗅觉系统的关键技术就是传感器阵列，也就是智能嗅觉传感器。

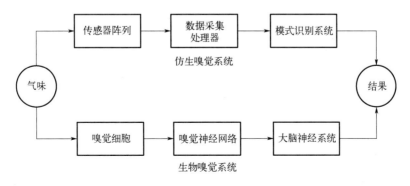

图 4-44 仿生嗅觉系统和生物嗅觉系统比较

智能嗅觉传感器是新型传感器，拥有具有革命性的探测能力，可以对数千种化学物质进行高精度、高灵敏度的探测与鉴定。该传感器可用于公共场所爆炸物与化学武器探测。与人和动物的嗅觉相比，电子鼻技术更为客观，结果更可靠。

（2）智能嗅觉传感器原理

仿生嗅觉传感器利用具有交叉式反应的气敏元件组成具有一定规模的气敏传感器阵列，来对不同的气体进行信息提取，然后将大量复杂的数据交给计算机进行模式判别处理。

仿生嗅觉系统提取气味信息是利用单个气体敏感元件组成的传感器阵列实现的。它使用了多个并列的对每种气体具有轻微不同响应的传感器构成阵列，阵列的响应是所有气体成分的全体反应，功能上与生物嗅觉系统中大量嗅觉受体细胞相似。

传感器阵列输出的信号经专用软件采集、加工、处理后，利用多元数据统计分析方法、神经网络方法和模糊方法将多维响应信号转换为感官评定指标值或组成成分的浓度值，得到被测气味定性分析结果。

由于气体传感器的响应与被测气体体积分数之间的关系一般是非线性的，现在的电子鼻系统多用神经网络方法和偏最小二乘法。近些年发展起来的人工神经网络（artificial neural network），由于具有很强的非线性处理能力及模式识别能力而得到了广泛的应用。神经网络通过学习自动掌握隐藏在传感器响应和气味类型与强度之间的、难以用明确的数学模型表示的对应关系。

许多统计技术和 ANNs 是互为补充的，所以常常与 ANNs 联合使用，以得到一组比用单个技术得到的数据更加全面的分类和聚类。这类统计学或化学计量学方法包括主分量分析，部分最小平方法、辨别分析法、辨别因子分析法和聚类分析法等。

4.5.6 展望

（1）MEMS 传感器

MEMS 传感器是利用 MEMS 技术制备的新一代传感器件。MEMS 是一个独立的智能微小系统，其系统尺寸在几毫米乃至更小，其内部结构一般在微米甚至纳米量级，可大批量生产，常见的产品包括 MEMS 气体传感器、MEMS 压力传感器、MEMS 湿度传感器、MEMS 光学传感器、MEMS 加速度计、MEMS 麦克风及 MEMS 陀螺仪等以及它们的集成产品。

（2）仿生传感器

仿生传感器是将生物物质作为识别标识与待测物质发生生物学反应，将产生的信息转化成物理、化学信号并输出的装置。仿生传感器运用于农业生产中能够快速地对农产品品质、土壤污染情况进行检测，是目前研究和应用最广泛的智能传感器。

（3）电化学传感器

电化学传感器能够对诸如 pH 值、离子活度等土壤数据进行直接测量，是农业领域中的一个新的重要应用。中国科学院上海应用物理研究所在 2014 年研究发布了一种基于气泡介导的电化学生物传感器，单一反应实现免疫分析的问题得到解决，并且能够快速准确地检测多种疾病的标志物，该传感器有望为现场生化检测提供新的手段。

智能传感器是物联网发展的最重要的技术之一，在为传统行业注入新鲜血液的同时也引领了传感器产业的潮流，在医学、工业、海洋、航天、军事、农业等领域均发挥着核心作用，随着智能传感器技术的发展，新一代智能传感器将结合人工神经网络、人工智能等技术不断完善其功能，具有十分可观的发展前景。

参考文献

[1] 刘真真，张敏，姚海军，等．酶生物传感器的研究进展［J］．东莞理工学院学报，2007，14(3)：97-101．

[2] 伍林，曹淑超，易德莲，等．酶生物传感器的研究进展［J］．传感器技术，2005，24(7)：4-6，9．

[3] 李毅，张宗申．微生物传感器的发展和应用［J］．中外食品工业（下半月），2015(1)：80．

[4] 谢平会，刘鹰，刘禹，等．微生物传感器［J］．传感器技术，2001，20(6)：4-7．

[5] 谢佳胤，李捍东，王平，等．微生物传感器的应用研究［J］．现代农业科技，2010，(06)：11-13+15．

[6] Kamarudin S K，Daud W R W，Ho S L，et al. Overview on the challenges and developments of micro-direct methanol fuel cells (DMFC)［J］. Journal of Power Sources，2007，163(2)：743-754．

[7] Vullers R J M，van Schaijk R，Doms I，et al. Micropower energy harvesting［J］. Solid-State Electronics，2009，53(7)：684-693．

[8] 王德明，顾剑，张广明，等．电能存储技术研究现状与发展趋势［J］．化工自动化及仪表，2012(7)：837-840

[9] 陈鑫龙．基于 SPR 光纤传感器的超级电容器温度与电荷同时检测技术［D］．哈尔滨：黑龙江大学，2021．

[10] 张海峰，王志新，闫辉，等．一种基于太阳能的传感器电源装置．CN 201323538［P］．2009-10-07．

[11] 王志达，余永城，程树英．太阳能森林防火报警器的设计与实现［J］．光电子，2012，2(2)：9-14．

[12] 甘露萍，谭雪松，张黎骅．基于太阳能和自制土壤湿度传感器的自动灌溉控制系统［J］．节水灌溉，2009(11)：31-33．

[13] 何荣哲．基于太阳能供电和无线传感器网络的气体监测系统［D］．大连：大连理工大学，2015．

[14] 何荣哲，唐祯安．新型太阳能供电的气体传感器网络节点［J］．仪表技术与传感器，2015(09)：63-66．

[15] Dave Salerno．利用热能收集延长远程传感器所用电池寿命［J］．中国电子商情(基础电子)，2016(03)：21-23．

[16] 王姝，林腾，焦斌斌，等．具有温差能量收集功能的胎压传感器电路设计［J］．电子技术应用，2019，45(05)：98-101．

[17] 郭磊．无线传感器节点宽频振动能量采集装置研究及应用［D］．舟山：浙江海洋大学，2019．

[18] 曹广华，李淼，薛征，等．无线传感器网络的振动能量收集与消耗［J］．自动化技术与应用，2016，35(06)：122-127．

[19] 杜小振．环境振动驱动微型压电发电装置的关键技术研究［D］．大连：大连理工大学，2008．

[20] 霍睿，王志东，王伟科．一种基于 MEMS 振动能量采集器的无线传感器微电源．CN 106100447B［P］．2019-01-25．

[21] 范媛媛，吴尚光，李曼，等．基于压电的车载传感器自供电技术研究［J］．仪表技术与传感器，2015（08）：10-12+15．

[22] 杨刘柱．微型传感器能量自捕获技术研究［D］．西安：西安工业大学，2014．

[23] 臧德华．一种儿童专注力心脑同步监测装置．CN 113143229A［P］．2021-07-23．

[24] 邵文，张瑜，杨米米，等．一种利用环境射频能量的无线传感器自供电装置．CN 206742976U［P］．2017-12-12．

[25] 王龙，吴孝兵，赵国栋，等．射频能量收集无线温度传感系统及能量控制方法．CN 103487150B［P］．2015-09-16．

第 **5** 章
现代传感技术在工业自动化中的应用

5.1 现代传感系统

5.1.1 现代工业检测中的分布测量

随着现代科技及工业的发展，测量任务日趋复杂，测量的现场化、远程化、网络化要求不断提高，单机、本地化的集中测量系统有时难以满足应用需求，地域分散、数据海量、环境复杂的测试场合将越来越多。

分布式测量系统（distributed measurement systems，DMS）通过因特网、内部网（intranet）或无线网络等，把分布于不同地方、独立完成特定功能的本地测量设备和测量计算机连接起来，允许在不同地理位置的多个用户与不同地理位置的多个仪器交互，以完成特定的测试任务，达到测量资源共享、协同工作、分散操作、集中管理、测量过程监控和设备诊断等目的。分布式测量系统可实现测量设备的动态配置、测量数据的资源共享，增加了系统的灵活性、移植性和扩展性。

分布式测量系统采用测量分散、功能分散、危险分散、操作集中、管理集中等理念，加强了使用者的安全感和信任感，随着大规模集成电路、计算机技术、通信技术和智能仪器的发展，新通信协议不断涌现，分布式测试系统的分布式数据采集、集中化分析管理、网络化资源共享特征越来越明显，其优势也越来越突出。

分布式测量系统以网络为基础，测量中心服务器为核心，由测量中心服务器、现场测试子系统和数据查询子系统组成，具有开放互联能力，支持网上测试应用服务的功能。如基于以太网的测量系统包括挂接在以太网上的管理计算机、测控设备、以太网关转换器、管理服务器和测量设备仪器。以太网测控系统需要提供一个现场总线转接网关，将具有不同接口的现场设备整合到网络中。分布式测量系统是一种层次结构，典型系统一般分为客户层、管理层和现场测量层三层，如图 5-1。

客户层是由一台或多台终端设备组成，以网络互连方式接入测量系统，负责与普通用户的交互。普通用户可以完成试验浏览、试验预约和数据查询、分析处理等过程。

管理层是分布式测量系统的事务响应和事务处理中心，同时也是测量数据的处理、存取和交换中心。测量中心服务器负责完成用户的数据处理请求，控制测量服务器、响应与处理测量请求，同时实现对仪器的操作和反馈。

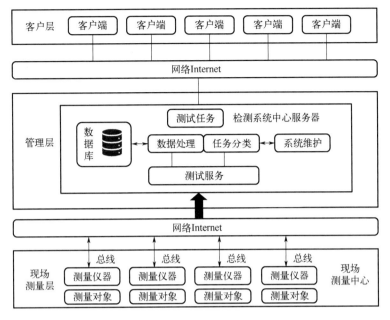

图 5-1 典型分布式系统结构图

现场测量层主要由测试仪器和数据采集设备构成，主要任务是响应测试中心的测试请求，并完成数据采集以及信号放大、滤波和转换调理等。其中测试仪器又分为本地测试仪器和网络测试仪器，本地测试仪器采用多种接口、协议和总线直接与测试服务器互连，在测试服务器的管理和控制下，根据测试用户的测试请求，完成测试任务，并将结果数据逐级返回给测试用户；网络测试仪器可以是具有直接连入广域网能力的测试仪器，也可以是以具有网络互连能力的计算机为核心组成的一个计算机测试子系统。

典型的分布式测量系统主要有主从分布式网络系统与串行总线式网络系统。

主从分布式网络系统中，用单片机来构成网络的通信控制总站与各个功能子站系统。通信控制总站通过标准总线和串行总线与主机相连。主机一般采用通用计算机系统，可以享用网络系统中所有的信息资源，并对其进行调度指挥。通信控制总站一般是单片机应用系统，除了完成主机对各功能子站的通信控制外，还协助主机对各功能子站进行协调、调度，大大减轻了主机的通信工作量，从而实现了主机的间歇工作方式。通信控制总站通过串行总线与各个安放在现场的具有特定功能的子站系统相连，形成主从式控制模式。

串行总线形式的测量系统一般由多单片机或多中央处理器以局部网络方式构成。每个单片机或中央处理器独自构成一个完整的应用系统，应用系统中均有串行口驱动器，它们都连接在系统总线上。各个应用系统的优先、主从关系由多机系统硬件、软件设定。

5.1.2 现代工业自动化领域中的传感技术

传感技术迅速发展，传感器新原理、新材料和新技术的研究更加深入、广泛，传感器新品种、新结构、新应用不断出现，传感器技术已经成为涉及国家安全、经济发展和科技进步的关键技术之一。传感器在工业、农业、国防、航空航天、航海、医学、生物工程及交通、家庭服务等各个领域应用越来越广泛。

能源、石油、化工、冶金、电力、机械制造、汽车等工业制造过程中的各类传感器，完成相应过程中的位移、速度、加速度、力、热、光、磁、声、湿、电、环境等信号的检测，实现相应的控制过程。随着信息时代的到来，传感器成为生产领域中信息获取的主要途径与手段。在现代工业生产尤其是自动化生产过程中，要用各种传感器来监视和控制生产过程中的各个参数，使设备工作在正常状态或最佳状态，并使产品达到最好的质量；在基础学科研究中，传感器更具有突出的地位。随着科学技术的进步与发展，现代传感技术在工业中的应用越来越广泛。传感器的先进程度决定了我国在机械制造、汽车、过程控制和制造领域的国际竞争力。随着自动化系统、基于物联网的解决方案和第四次工业革命的发展，工业领域对应用的传感器设计和功能有了越来越多的要求。

从传感器产业看，工业及汽车行业成为传感器最大的应用领域，其市场份额达到 33.5%以上。工业领域应用的传感器有传统的自动传感器，测量温度、压力、流量等工艺变量的传感器，测量电流、电压、运动、速度、负载、强度等物理量的传感器，以及传统的定位传感器。同时近年来中国汽车产业呈现持续增长态势，中国汽车行业的快速发展正在迅速推动中国汽车电子产品市场的发展，近年来中国汽车电子在整车中的应用比例有了显著的提升。

传感技术成为国家发展战略的重要组成部分。很多国家都从国家层面协调政府资源、企业和相关部门在传感器技术、功能材料等方面开展工作，服务于国家工业制造、智能制造和军工领域。

近年来，随着自动驾驶、工业4.0、物联网等技术的发展，生产制造信息、运算、服务以及管理等需要的信息和数据传输也越来越依赖于智能框架下的传感系统及相应技术，以更好地进行评估，并能实时地完成任务。

5.2 传感技术与智能制造

5.2.1 智能制造概述

当前，以新一代信息通信技术与制造业融合发展为主要特征的产业变革在全球范围内兴起，智能制造已成为制造业发展的主要方向。智能制造是基于新一代信息通信技术与先进制造技术深度融合，贯穿于设计、生产、管理、服务等制造活动的各个环节，具有自感知、自学习、自决策、自执行、自适应等功能的新型生产方式。推动智能制造，能够有效缩短产品研制周期、提高生产效率和产品质量、降低运营成本和资源能源消耗。智能制造具有以智能工厂为载体，以关键制造环节智能化为核心，以端到端数据流为基础、以网络互联为支撑等特征。智能制造对于我国工业转型升级和国民经济持续发展产生重要作用。

随着科学技术的进步，智能制造成为国家发展战略的重要组成部分。很多国家都从国家层面协调政府资源、企业和相关部门在智能制造领域全方面开展工作，制订了促进智能制造发展的战略计划。

2012 年，美国提出"先进制造业国家战略计划"，提出中小企业、劳动力、伙伴关系、联邦投资以及研发投资等五大发展目标和具体实施建议，2013 年进一步发布《制造业创新国家网络》计划，聚焦的重点领域包括：3D 打印、新一代电力电子、数字制造、智能制造、柔性混合电子、高级合成材料、轻型和现代金属制造等。

2013 年 4 月，德国政府宣布启动"工业 4.0（Industry 4.0）"国家级战略规划，意图在新一轮工业革命中抢占先机，奠定德国工业在国际上的领先地位。

2013 年 10 月，英国提出了"工业 2050"国家战略计划，将发展智能制造作为国家构建制造业竞争优势的关键举措。

2014 年，日本发布制造业白皮书，提出重点发展机器人、下一代清洁能源汽车、再生医疗以及 3D 打印技术。

我国为实现制造强国的战略目标，在 2015 年由国务院发布了《中国制造 2025》战略规划，智能制造成为其主攻方向。

智能制造是把机器智能融合于制造的各种活动中，以满足企业相应的目标。智能制造系统是把机器智能融入到包括人和资源形成的系统中，使制造活动能动态地适应需求和制造环境的变化，从而实现系统的优化目标。智能制造系统并非要求机器智能完全取代人，即使未来高度智能化的制造系统也需要人机共生。

智能制造是先进的制造技术与新一代信息技术、通信技术、传感技术等的深度融合，代表着制造工业及其覆盖工业领域的高质量发展的主要方向。智能制造体系贯穿于设计、生产、服务、管理等制造活动的各个环节，具有自感知、自决策、自执行、自适应、自学习等功能，目的在于提高产品的质量、企业的效益、服务的能力，同时减少能源的消耗，推动行业的创新、协调、绿色、开发以及共享发展。

结合信息化与制造业在不同阶段的融合特征，智能制造相关范式可以总结、归纳和提升出三个智能制造的基本范式：数字化制造、数字化网络化制造、新一代智能制造，如图 5-2 所示。

数字化制造通过对产品信息、工艺信息和资源信息进行数字化描述、分析、决策和控制，快速生产出满足用户要求的产品。数字化网络化制造通过网络将人、流程、数据和事物连接起来，通过企业内、企业间的协同和各种社会资源的共享与集成，重塑制造业的价值链。新一代智能制

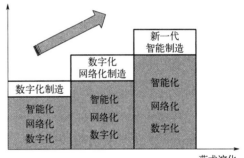

图 5-2　智能制造基本范式演化图

造人工智能技术与先进制造技术深度融合，重塑设计、制造、服务等产品全生命周期的各环节及其集成，催生新技术、新产品、新业态、新模式。

可以看出：数字化和网络等信息技术，使得现代传感系统在信息的获取、使用、控制以及共享上变得极其快速和普及，促进了人工智能的突破和应用，进一步提升了制造业数字化、网络化、智能化的水平。

5.2.2　智能制造体系下的传感技术

新一代智能制造是一个大系统，主要由智能产品、智能生产和智能服务三大功能系统以及工业智联网和智能制造云支撑系统集合而成。产品和制造装备是智能制造的主体，其中，产品是智能制造的价值载体，制造装备是实施智能制造的前提和基础。智能产线、智能车间、智能工厂是智能生产的主要载体。智能服务包括了市场、销售、供应、运营维护等产品全生命周期服务。智能制造云和工业智联网是支撑新一代智能制造的基础，智能制造云和工业智联网将由智能网络体系、智能平台体系和智能安全体系组成，为新一代智能制造生产力和生产方式变革提供发展的空间和可靠的保障。新一代智能制造技术是一种核心使能技术，可广泛应用于离散型制造和流程型制造的产品创新、生产创新、服务创新等制造价值链全过程的

创新与优化等过程中，其设计理念和关键技术已渗入至航天、交通、物流等行业中。

传感技术是材料学、力学、电学、磁学、微电子学、光学、声学、化学、生物学、精密机械、仿生学、测量技术、半导体技术、计算机技术、信息处理技术，乃至系统科学、人工智能、自动化技术等众多学科相互交叉的综合性高新技术密集型前沿技术。其研究、制造和应用技术水平是衡量一个国家综合国力、科技水平、创新能力的重要指标。传感技术及其产品作为智能制造的基础，已经悄然应用到各行各业。传感器与通信、计算机被称为现代信息技术的三大支柱和物联网基础，其应用涉及国民经济及国防科研的各个领域，是国民经济基础性、战略性产业之一。

智能产品中常用多是智能传感器，有距离传感器、光线传感器、重力传感器、图像传感器、三轴陀螺仪和电子罗盘等。可穿戴设备最基本的功能就是通过传感器实现运动传感，其通常内置 MEMS 加速度计、心率传感器、脉搏传感器、陀螺仪、MEMS 麦克风等多种传感器。智能家居（如扫地机器人、洗衣机等）涉及位置传感器、接近传感器、液位传感器、流量和速度控制、环境监测、安防感应等传感器技术。

智能生产中，传感技术在制造中的典型应用之一，是机械制造行业广泛采用的数控加工系统。现代数控加工制造系统在检测位移、位置、速度、压力等方面均部署了高性能传感器，能够对加工状态、刀具状态、磨损情况以及能耗等过程进行实时监控，以实现灵活的误差补偿与自校正，体现了智能化的发展趋势。以基于光学传感的机器视觉为例，在工业领域的三大主要应用有视觉测量、视觉引导和视觉检测。在汽车制造行业，视觉测量技术通过测量产品关键尺寸、表面质量、装配效果等，可以确保出厂产品合格；视觉引导技术通过引导机器完成自动化搬运、最佳匹配装配、精确制孔等，可以显著提升制造效率和车身装配质量；视觉检测技术可以监控车身制造工艺的稳定性，同时也可以用于保证产品的完整性和可追溯性，有利于降低制造成本。

智能制造中的高端装备中，越来越多的传感器应用在设备运维与健康管理环节。如航空发动机装备的智能传感器，使控制系统具备故障自诊断、故障处理能力，提高了系统应对复杂环境和精确控制的能力。基于智能传感技术，综合多领域建模技术和新型信息技术，可以构建出可精确模拟物理实体的数字孪生体，该模型能反应系统的物理特性和应对环境的多变特性，实现发动机的性能评估、故障诊断、寿命预测等，同时基于全生命周期多维反馈数据源，在行为状态空间迅速学习和自主模拟，预测对安全事件的响应，并通过物理实体与数字实体的交互数据对比，及时发现问题，激活自修复机制，减轻损伤和退化，有效避免具有致命损伤的系统行为。

5.3 传感技术在数控加工制造中的应用

智能制造是先进的制造技术与新一代信息技术、通信技术、传感技术等的深度融合。现代数控机床在检测位移、位置、速度、压力等方面均部署了高性能传感器，能够对加工状态、刀具状态、磨损情况以及能耗等过程进行实时监控。

5.3.1 数控加工中的传感技术

数控加工过程中的感知、分析以及决策等一系列重要的环节都离不开传感技术。在利用信息时，首先就是要获得可靠的信息，传感技术则是获取信息数据的最主要手段与途径。数控加工过程的传感技术应用主要体现刀具的监测、工件几何量的监测、数控机床的监测等，见图 5-3。

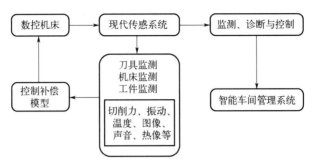

图 5-3　数控加工检测与控制过程

加工过程中刀具的磨损将造成工件的精度和表面质量变差，甚至造成工件报废、加工设备损坏、机床停机等故障，严重影响机械加工的精度和效率，从而造成巨大的经济效益损失。在传统制造业中，换刀主要依靠经验，根据切削时发出的声音、切屑颜色、加工工件表面质量的变化等现象来进行判断。在智能制造过程中，则可以通过现代传感技术与方法实时监测切削过程中的物理量来实现刀具磨损状态的监测，判断刀具的磨损状态，确定是否需要更换刀具，从而提高加工质量。常用的传感器包括切削力传感器、振动加速度传感器、声发射传感器、电流传感器、温度传感器、图像传感器、声压传感器等。

随着智能制造技术的发展，数控机床系统功能越来强大，其结构系统也变得越来越复杂，与此同时相应的价格成本也变得越来越高。因此对数控机床本身运行状态的监测要求也越来越高。通过使用相应的传感器实现对机床的振动、负载、位移、温度等数据，实时分析实现对机床健康状态和运行状态进行判断。对于没有开放式标准通信协议接口的机床，则可以使用电压电流传感器对机床的伺服电机电流、主轴驱动电流、三相电流电压等进行监测。随着智能制造技术的不断发展，视频图像、二维条码、光纤等传感技术不断应用于数控机床的运行状态监测中。同时，RFID、Wi-Fi、BLUETOOTH、ZIGBEE 等无线传输技术的应用，极大地提高了传感技术的应用效率和能力。

制造技术的日益提高以及科学技术的不断发展，微小尺寸、薄壁和复杂形面等的零件加工需求越来越多。同时，工业产品质量要求，对测量速度和检测质量提出了更高的要求。传统的测量方法很难满足目前的检测要求。为了解决相应的问题，应不断地应用新的传感技术，比如视频图像、GPS 等。利用机器视觉系统，获取测量产品的图像，根据像素分布和亮度、颜色等信息提取目标的特征，从而进行质量检测。利用 GPS 技术可以实现对大尺寸产品的精密测量，实现产品质量检测。

5.3.2　传感技术在数控加工刀具监测中的应用

刀具状态监测是指在产品加工过程中，由各种传感器对刀具状态进行检测并通过计算机进行处理，实时预测刀具的工作状态。刀具状态监测对控制切削过程、调整切削参数、检测刀具磨损具有重要作用，够有效提高加工精度和保障设备安全，达到保证加工质量、提高加工效率、降低成本的目的。采用刀具磨损状态在线监测技术，实现刀具的及时更换，可以将机床利用率提高至 150% 以上，节约 30% 以上的成本费用。根据刀具磨损量监测原理的不同，刀具状态监测方法主要分为直接监测法和间接监测法。

（1）刀具磨损的直接测量

直接测量刀具磨损量或刀具破损程度的方法称为刀具状态的直接监测法。常用的方法主要有射线测量法、接触测量法、光纤测量法和图像处理法。直接监测法的优点在于可直接、准确地获得刀具状态，但同时也容易受到现场光线、切削液、切屑等的干扰，而且刀具或工件的高速旋转对图像信号的获取也是一个阻碍。因此，基于直接传感器的在线精度检测受到较大的影响。

射线测量法是将有放射性的物质掺入刀具材料内，刀具磨损时，放射性物质微粒随切屑落入射线测量器中，则射线测量器所测的射线剂量反映了刀具磨损量的大小。该方法的最大缺点是放射性物质对环境的污染太大，对人体健康十分不利。因此，此方法仅用于某些特殊场合。

接触测量法是利用接触探测传感器检测刀刃与工件之间的距离变化来获得刀具磨损状态。在检测刀具磨损和破损程度时，让刀具后刀面与传感器接触，根据刀具加工前后的位置变化获得刀具的磨损量。

光纤测量法是利用刀具磨损后刀刃处对光的反射能力的变化来检测刀具的磨损程度。刀具磨损量越大，刀刃反光面积就越大，传感器检测的光通量就越大。

图像处理法是一种快捷、无接触、无磨损的检测方法，它可以精确地检测每个刀刃上不同形式的磨损状态。这种检测系统通常由 CCD 摄像机、光源和计算机构成。图像处理方法的光学设备对环境的要求很高，很难应用于恶劣的切削工况。

（2）刀具磨损的间接监测

间接监测法通过测量反映刀具状态的物理量，如切削力、切削温度、表面粗糙度、振动、功率、声发射等信号，对刀具实际的切削加工过程进行监测。间接监测法能在刀具切削加工时进行监测，但是监测到的各种过程信号中含有大量的干扰因素。随着信号分析处理技术、模式识别技术的发展，间接监测法已成为应用的重点。

切削力监测法利用切削力与刀具磨损之间的关系实现刀具状态的间接判断。切削力是切削过程中最重要的因素，可以看作与刀具磨损和破损密切相关的物理量。切削加工中，各种随机振动通过刀尖上的力和位移的变化表现出来，从而产生切削力。此外，刀具和工件之间的相互摩擦也会产生摩擦力。因此，可以通过监测切削力来监测刀具的磨损状态，例如采用压电式、应变式传感器测量切削力、转矩等方法。

振动信号监测法是根据实际加工中，机床、刀具和工件等会随着刀具切削工件的过程而产生振动实现刀具状态的间接判断。振动信号的高频分量中含有大量的与刀具磨损相关的信息。在刀具进行车、铣、钻等切削的过程中，对各方向振动信号进行采集，建立振动信号特征和刀具磨损量的回归模型，可以实现刀具在使用过程中的磨损状态监测。

电流或功率信号监测法是根据刀具磨损会导致切削力发生变化，从而引起机床供应负载发生变化的现象实现刀具状态的间接判断。电流传感器成本低，安装时不会改变机床结构。监测电流和功率信号比较适合在粗加工机床主轴电流较大的场合使用，在主轴工作电流较小的精加工过程中不太适用。

声发射监测法方法是利用材料进入塑性变形阶段时释放的瞬态弹性波应变能的物理现象实现刀具状态的间接判断。切削过程中因材料塑性变形、摩擦和刀具磨损，刀具会产生大量的声发射信号。声发射信号的产生与工件表面和切屑的塑性变形、刀具和工件及切屑间的摩擦、切屑断裂、刀具局部破裂等都有关联。通过对声发射信号的采集和处理，以及监测刀具磨/破损前后的信号特征变化可以检测刀具的异常。声发射信号频率高，不易受环境噪声干扰。声发射监测法是极具潜力的刀具磨损监测方法。

工件表面纹理监测法是利用 CCD 图像传感器获取加工工件的表面图像，通过对原始工件表面纹理图像的预处理、纹理特征提取、识别分析，完成刀具状态的监测。工件表面纹理是刀具刀刃状态的直接映像，刀具锋利时切削出的表面纹理清晰，连续性好；刀刃磨钝时切削出的工件表面纹理紊乱，不连续，有断痕。不同的加工方式和刀具有不同的纹理特征，通过分析纹理信息可判断刀具的磨损状态。在实际的工件表面纹理图像获取过程中，受噪声、光照等外界随机因素的干扰，获取的原始纹理图像质量不高，因此需要对获取到的原始图像进行预处理，且图像预处理的好坏直接影响后续的工作。纹理特征能够反映刀具状态，纹理越规则、连续性越好，反映切削刀具越锋利；而纹理越杂乱，连续性越差，反映切削刀具磨损越严重。因此，可以通过选取能够表征纹理规则性、连续性的统计量作为纹理分析的特征量，利用特征提取方法获取工件表面图像中的纹理特征，并据提取出的纹理特征数据进行刀具磨损状态的监测。

随着刀具磨损量的增加，切削温度明显升高。温度升高的同时会加速刀具的磨损，因此刀具磨损和温度变化密切相关。温度可以用作监测刀具状态的物理特征。传统测量温度的传感器是热电偶，然而在实际加工中热电偶安装困难，且热惯性大，响应慢，因此不适合在线监测。随着温度传感技术的进步，薄膜式热电偶传感器在刀具温度测量中得到越来越多的应用。

多传感器信息融合法是在特殊加工工况和复杂工况下，单一传感器信号不能满足刀具磨损状态监测要求，此时采用多传感器监测技术解决单一传感器的使用局限性的方法。在不同切削阶段，不同传感器对刀具状态的敏感性不同，使用多种传感器可以全面和敏锐地捕捉刀具的状态变化，同时也避免了单一传感器信号受干扰而导致监测不准确甚至失效的问题，能够提高监测的可靠性。例如同时采集切削力、振动、声发射和主轴功率四种信号，从时域和频域提取多个特征，运用相关分析法、统计分析法优选特征，对采集的信息进行融合识别，可以更好地改善刀具状态监测的效果。

刀具状态监测已成为集切削加工、新型传感器、现代信号处理等于一体的综合性技术，并有一些商业化的产品投入制造过程应用。但由于切削过程中刀具、工件在切削区域相互作用的复杂性，刀具状态监测技术至今仍未形成完整成熟的理论体系，还不能很好地解决现代数控机床多种工况下刀具磨损的识别问题。如何提高刀具状态的传感能力、多个传感器信号的处理能力以及刀具状态监测系统的知识自动获取能力，仍是亟待解决的问题。

5.4 传感技术在物流领域中的应用

物流过程是一项系统工程，包括运输、仓储、配送等各项活动，它们之间相分离又互相统一，尤其需要信息的有效交互，才能共同完成物流活动。在传统物流过程中，有些工作需人工采集、传输和录入等环节的支持。

随着工业互联网、物联网、智能制造等技术的发展应用，物流过程也进入智能时代。智能物流系统是通过信息化、物联网和机电一体化共同实现的智慧物流解决方案，实现物料产品出入库、存储、输送、生产、分拣等物流过程的自动化、信息化和智能化。

根据企业业务性质，智能物流系统可分为工业生产型和商业配送型。工业生产型物流系统主要实现工业生产中原材料、半成品、成品以及零备件等货物存储、输送和信息化管理，实现物料自动传输与订单自动处理，提高生产配套效率、车间物流管理水平以及仓储管理能力。商业配送型物流系统主要是为产品提供服务，提供产品存储、分拣、配送和信息化管理，实现信息自动传输与订单自动处理，提高订单处理能力、降低订单分拣成本，减少流通成本。两种类型的仓储物流系统使用的硬件装备和软件信息系统均具有类似性。工业生产型侧重于物流系统与生产线的对接，满足生产线的物流需求、提高生产效率；商业配送型则侧重于物料分拣、配送的效率和准确性。

5.4.1　物流领域中常用的传感技术及传感器

工业互联网、物联网、智能制造体系下物流过程向信息化、自动化、标准化、网络化、国际化、智能化、柔性化和绿色化的方向发展。智慧物流环境下，即各项业务所涉及的物流对象成为感知布局的对象、信息交互的主体。通过信息采集可得到各项活动的即时状态信息，采集的信息可为各项流程信息管理控制系统所共享，用于对各自的业务流程进行控制和指导。

现代传感技术中的条形码技术、无线射频技术、地理信息技术、全球定位技术、自动电子订货技术、电子数据交换技术、快速反应技术等技术在物流领域得到广泛采用。常用的传感器包括：RFID 传感器、GPS 传感器、图像传感器、光电感应传感器、红外感应传感器、力传感器等。

无线射频识别即射频识别技术（radio frequency identification，RFID），是自动识别技术的一种，通过无线射频方式进行非接触双向数据通信，利用无线射频方式对记录媒体（电子标签或射频卡）进行读写，从而达到识别目标和数据交换的目的，其被认为是 21 世纪最具发展潜力的信息技术之一。RFID 通过电磁波实现电子标签的读写与通信，如图 5-4 所示。在RFID 系统工作时，由阅读器在一个区域内发送射频能量形成电磁场，区域的大小取决于发射功率。在阅读器覆盖区域内的标签被触发，发送存储在其中的数据，或根据阅读器的指令修改存储在其中的数据，并能通过接口与计算机网络进行通信。物流仓储是 RFID 最有潜力的应用领域之一，UPS、DHL、Fedex 等国际物流巨头都在积极实验 RFID 技术，以期在将来大规模应用以提升其物流能力。可应用的过程包括：物流过程中的货物追踪、信息自动采集、仓储管理应用、港口应用、邮政包裹、快递等。

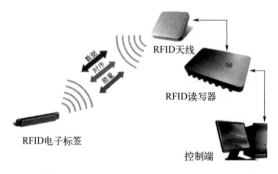

图 5-4　RFID 的识别

全球定位系统（global positioning system，GPS），是一种以人造地球卫星为基础的高精度无线电导航的定位系统，它在全球任何地方以及近地空间都能够提供准确的地理位置、车行速度及精确的时间信息。GPS 属于被动式卫星导航系统，在被动式测距系统中，用户天线只需要接收来自这些卫星的导航定位信号，就可测得用户天线至卫星的距离或距离差。这种发送测距信号和接收测距信号分别位居两个不同地方，称为被动测距。利用它所测得的站星距离和已知的卫星在轨位置，可推算出用户天线的三维位置。这种基于被动测距原理的定位，称为被动定位。随着物流业的快速发展，GPS 有着举足轻重的作用，成为继汽车市场后的第二大主要消费群体。

如图 5-5，GPS 在物流领域的应用主要体现在：货物跟踪 GPS 计算机信息管理系统可以通过 GPS 和计算机网络实时收集全路列车、机车、车辆、集装箱及所运货物的动态信息，实现对陆运、水运货物的跟踪管理。GPS 技术可以大大提高运营的精确性和透明度，为货主提供高质量的服务。与地理信息系统（GIS）结合解决物流配送。物流包括订单管理、运输、仓储、装卸、送递、报关、退货处理、信息服务及增值业务。全过程控制是物流管理的核心问题。供应商可以通过 GPS 系统全面、准确、动态地全过程控制物流管理，把握整体状态，并可据此制订生产和销售计划，及时调整市场策略。

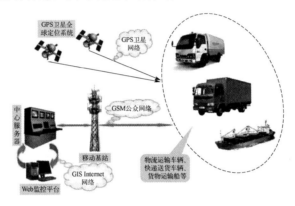

图 5-5　GPS 的物流应用

条形码技术是在计算机的应用实践中产生和发展起来的一种自动识别技术，如图 5-6 所示。它是为实现对信息的自动扫描而设计的，它是实现快速、准确而可靠地采集数据的有效手段。条形码技术的应用解决了数据录入和数据采集的瓶颈问题，为物流管理提供了有力的技术支持。条形码是由一组规则的条空及对应字符组成的符号，用于表示一定的信息。条形码技术的核心内容是通过利用光电扫描设备识读这些条形码符号来实现机器的自动识别，并快速、准确地把数据录入计算机进行数据处理，从而达到自动管理的目的。条形码技术是实

图 5-6　物流条形码的识别

现 POS 系统、EDI、电子商务、供应链管理的技术基础，是物流管理现代化的重要技术手段。条形码技术包括条形码的编码技术、条形码标识符号的设计、快速识别技术和计算机管理技术。

5.4.2　传感技术在物流仓储中的应用

基于现代传感技术的物流仓储可实现对货品和设备的实时跟踪、信息的快速传递，从而

提高了货物流通效率，实现信息快速查询，降低了货物出库、入库操作时间，提高了货物分拣速度。目前应用于快递仓储业的感知技术主要是 RFID 技术、GPS 技术、视频识别与监控技术、激光技术、红外技术和蓝牙技术等。

基于现代传感技术的物流仓储主要由入库管理、货物管理和出库管理三个核心环节构成，具体如图 5-7。

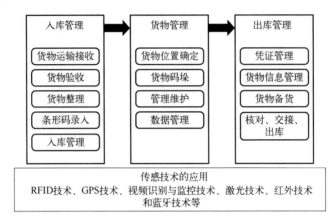

图 5-7　物流仓储业务流程图

（1）入库管理

商品入库是物流仓储的起点，通过运输货物接收确定了仓库方对货物的接管，为随后的工作打好基础。传统入库，是通过送货方、仓库方双方签字确认，并通过人工检查，对货物的品名、规格、数量、包装、质量等方面进行确认。通常，入库商品都是品种多、数量大、体积小的货物，入库工作耗时耗力。使用 GPS 技术、地理信息技术等传感技术，可以使仓库方与快递收件端口建立网络联系，在货物送达前，利用条形码化技术快速完成货物信息的确认和录入。在接收货物时，根据货物信息，利用条形码、RFID 传感技术，快速准备识别货物数量、仓储要求等信息。条形码技术、RFID 技术在收集货物信息的同时，将数据传至服务器，服务器自动对货品进行库位分配，再将分配信息发送到无线数据终端。作业人员得到指令，根据入库分配准确将货物送到库位，并传回相应数据，更新库存数据。

（2）货物管理

商品入库后，仓库负责对货物进行日常的保管、养护、库位分配等管理。对仓库的房、棚、场及库房的楼层、仓间、货架、走支道等按地点、位置顺序进行编码，针对存货需要进行区分，方便商品准确按地点存放。

对于配合大件货物的入库、移库，仓库的搬运设备可以使用图像、激光、红外等传感技术，实现搬运设备的智能管理与维护。如：叉车、拣选车也采用无线通信技术，与计算机实时通信，实现货物移动的自动化。随着传感技术的加入，为全自动化物流中心提供了具有智慧的物流终端。

为保证货物品质，仓库的存储过程中也使用了传感技术，对温度、湿度等要求较高的产品，其存储过程中可使用相应的传感器进行存储仓库的温度、湿度的监测与控制。比如，冷鲜品的储存、冷冻货物的存储，通过传感器及传感器网络，仓库的物理信息及时传到服务器进行智能控制与管理。

仓库日常货物管理过程中，作业人员可以通过无线终端，对货品进行扫描，并将数据传回终端。终端也通过对货物信息的分析，针对盘点方式、时间发出智能化指令。

（3）出库管理

货物出库可以根据订单要求的数量、时间进行商品货物出库的组织。利用传感技术，可通过与客户端的网络互联，获得订单信息，由终端发出分拣命令，自动形成出库单。作业人员须通过扫描确认核查货物信息，将货物送到指定位置，完成出库全部作业。在出库作业中，终端会根据订单要求进行部分分配、完全分配、部分装箱、完全装箱，按不同订单级别对出库进行严格控制和调配。

现代传感技术的应用，保证了物流货物仓储管理各个环节获取数据的快速性和数据准确性，为合理保持和控制企业库存提供依据。通过对商品、货位、仓库进行准确编码，从根本上提高仓储管理的工作效率。

5.4.3　传感技术在物流货物配送中的应用

基于智慧物流的传感技术能够对道路交通、价格、客户地理位置、数量和需求等信息进行集成与整合，在货物的运送过程中能够实时确认货物配送信息，并根据该信息对物流配送过程进行动态管理，实现货物拣选、加工、包装、分割、组配等配送作业的智能化，加快货物配送速度，提高配送效率与准确率，有效降低物流配送成本。

基于传感技术的物流货物运送业务流程主要在作业调度配载、在途监控、绩效管理信息化等作业环节进行改进优化，实现配送过程信息化、智能化，并与上、下游业务进行物资资源整合和无缝连接。采用条形码技术和 RFID 技术进行信息采集、物流跟踪和库存控制，从而实现经济效益和管理水平的双重提高，加强配送时效性和业务环节中的工作效率和准确率。

货物运送配送业务流程见图 5-8。

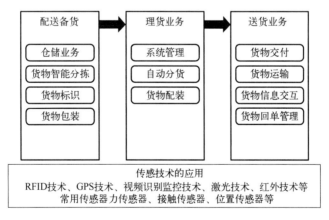

图 5-8　货物运送配送业务流程

（1）配送备货

配送备货采用 RFID、条形码等技术进行货物的智能分拣，实现了备货环节智能化流程再造，提高了备货工作效率。

（2）理货业务

根据用户订单的需求，综合采用条形码技术、传感技术、射频技术完成配送业务进程中对货物进行系统配货、自动分货和智能装配，使理货过程变得更加有条理，大大提高了理货效率。

（3）送货业务

利用 GPS、地理信息系统等传感技术，根据订货客户的地理位置、具体路线上的商品特性及数量、需要的车辆、车辆上装载的商品、行车的先后顺序、司机和装卸人员等，选定最佳配送路线、配送频率和配送时间来完成货物的交付，然后通过客户管理系统收集客户反馈的信息，有针对性地对回单进行处理，使整个环节的进行都在网络的监控下完成，实现了客户和物流公司的双赢。

5.5 传感技术在工业机器人中的应用

5.5.1 工业机器人常用的传感器

为了让机器人工作，必须对机器人的手足位置、速度、姿态等进行测量和控制。另外，还要了解操作对象所处的静态环境。当机器人直接对目标进行操作时，改变了外部环境，可能进入到预料不到的工况，从而导致意外的结果。因此，必须掌握变化的动态环境，使机器人相应的工作顺序和操作内容能自然地适应工况的变化。利用传感器从机器人内部和外部获取有用信息，对提高机器人的运动效率和工作效率、节省能源、防止危险都是非常重要的。

机器人传感器按用途可分为内部传感器和外部传感器。

内部传感器装在操作机上，包括位移、速度、加速度传感器，用于检测机器人操作机内部状态，在伺服控制系统中作为反馈信号。外部传感器，如视觉、触觉、力觉距离等传感器，是为了检测作业对象及环境与机器人的联系。

内部传感器就是实现该功能的元件，具体检测的对象有关节的线位移、角位移等几何量、速度、角速度、加速度等运动量，还有倾斜角、方位角、振动等物理量，对各种传感器要求精度高、响应速度快、测量范围宽。

内部传感器按功能分类，包括：规定位置、规定角度的检测，位置、角度测量，速度、角速度测量，加速度测量。

检测预先规定的位置或角度，用于检测机器人的起始原点、越限位置或确定位置。常用的传感器有微型开关、光电开关等。

测量机器人关节线位移和角位移的传感器是机器人位置反馈控制中必不可少的元件。常用的传感器有电位器、旋转变压器、编码器等。

速度、角速度测量是驱动器反馈控制中必不可少的环节，有时也利用测位移传感器测量速度及检测单位采样时间位移量。最通用的速度、角速度传感器是测速发电机或转速表的传感器、比率发电机等。

随着机器人的高速化、高精度化，为了监测控制机器人的振动状态，需要安装加速度传感器，测量其振动加速度，并把它反馈到驱动器上。常用的加速度传感器有：应变片加速度传感器、伺服加速度传感器、压电感应加速度传感器、液体式倾斜角传感器、电解液式倾斜角传感器、垂直振子式倾斜角传感器、陀螺仪、地磁传感器等。

为了检测作业对象及环境或机器人与它们的关系，在机器人上安装外部传感器，以改善机器人工作状况，使其能够更充分地完成复杂的工作。常用的外部传感器包括：触觉传感器、视觉传感器、力觉传感器、接近觉传感器、超声波传感器和听觉传感器等。

机器人触觉传感器是检测感知和外部直接接触而产生的接触觉、压力、触觉及接近觉的传感器，利用触觉传感器可进一步感知物体的形状、软硬等物理性质，进行机器人抓取。常用的有接触觉传感器、接近觉传感器、滑觉传感器等。

力觉是指对机器人的指、肢和关节等运动中所受力的感知，主要包括腕力觉、关节力觉和支座力觉等，根据被测对象的负载，可以把力传感器分为测力传感器（单轴力传感器）、力矩表（单轴力矩传感器）、手指传感器（检测机器人手指作用力的超小型单轴力传感器）和六轴力觉传感器。

5.5.2　工业机器人的视觉伺服系统

视觉伺服系统将视觉信息作为反馈信号，用于控制调整机器人的位置和姿态。这方面的应用主要体现在半导体和电子行业。机器视觉系统还在质量检测、识别工件、食品分拣、包装的各个方面得到了广泛应用。

通常，机器人视觉伺服控制是基于位置的视觉伺服或者基于图像的视觉伺服，它们分别又称为三维视觉伺服和二维视觉伺服，这两种方法各有其优点和适用性，同时也存在一些缺陷，于是有人提出了 2.5 维视觉伺服方法。

基于位置的视觉伺服系统，利用摄像机的参数来建立图像信息与机器人末端执行器的位置/姿态信息之间的映射关系，实现机器人末端执行器位置的闭环控制。末端执行器位置与姿态误差由实时拍摄图像中提取的末端执行器位置信息与定位目标的几何模型来估算，然后基于位置与姿态误差，得到各关节的新位姿参数。基于位置的视觉伺服要求末端执行器应始终可以在视觉场景中被观测到，并计算出其三维位置姿态信息。消除图像中的干扰和噪声是保证位置与姿态误差计算准确的关键。

二维视觉伺服通过摄像机拍摄的图像与给定的图像（不是三维几何信息）进行特征比较，得出误差信号。然后，通过关节控制器和视觉控制器对机器人当前的作业状态进行修正，使机器人完成伺服控制。相比三维视觉伺服，二维视觉伺服对摄像机及机器人的标定误差具有较强的鲁棒性，但是在视觉伺服控制器的设计时，不可避免地会遇到图像雅可比矩阵的奇异性以及局部极小等问题。

针对三维和二维视觉伺服方法的局限性，F.Chaumette 等人提出了 2.5 维视觉伺服方法。它将摄像机平动位移与旋转的闭环控制解耦，基于图像特征点，重构物体三维空间中的方位及成像深度比率，平动部分用图像平面上的特征点坐标表示。这种方法能成功地把图像信号和基于图像提取的位姿信号进行有机结合，并综合产生的误差信号进行反馈，很大程度上解决了鲁棒性、奇异性、局部极小等问题。但是，这种方法仍存在一些问题需要解决，如怎样确保伺服过程中参考物体始终位于摄像机视野之内，以及单应矩阵分解时解不唯一等问题。

在建立视觉控制器模型时，需要找到一种合适的模型来描述机器人的末端执行器和摄像机的映射关系。图像雅可比矩阵的方法是机器人视觉伺服研究领域中广泛使用的一类方法。在机器人视觉控制中，雅可比矩阵是时变的，因此需要在实时操作中进行计算或估计，以确保控制器的正确性和性能。

5.5.3　传感技术在焊接机器人中的应用

焊接机器人广泛用于汽车行业，以较低的复杂性焊接汽车内部和外部零件，见图 5-9。焊接机器人具有特定的接近度，可以帮助它们正常运行。此外，焊接机器人配备了传感器和控制器，可以均匀地进行焊接。

焊接机器人的采用，确保了焊接线上的生产率提高。减少了工伤的发生，提高了订单执行速度和准确性，并增加了正常运行时间，同时降低了成本。汽车、制造和金属行业采用了自动化焊接技术，以降低成本、节省时间并提高焊接质量。自动化焊接技术还可以提高工作空间的利用率，并改善最终用户行业的供应链绩效。机器人焊接的另一个优势是有助于减少员工的工作量，并与他们合作以提高效率。从世界上工业机器人应用的统计结果来看，主要应用领域是焊接，尤其是在汽车生产国，全自动焊接机器人已占总数的50%以上。

图 5-9　焊接机器人

在焊接的现场施工中，往往会伴有强弧光、粉尘、飞溅、烟雾等现象，而焊接工件也会由于加工精度、受热变形等因素导致焊接结果误差，甚至还可能焊接失败。焊缝识别跟踪技术在焊接过程中至关重要。焊缝识别追踪过程中常用的传感器有：接触式传感、光学传感、电磁感应传感、声学传感、电弧传感等。

随着科学技术的发展，激光焊接技术被广泛运用在汽车、轮船、飞机、高铁等高精制造领域，加工的质量和效率得到了重大提升。激光焊接机器人，在加工制造、粉末冶金、汽车制造、电子加工、生物医学等领域，得到了广泛应用。

如图 5-10，焊接机器人操作流程为：

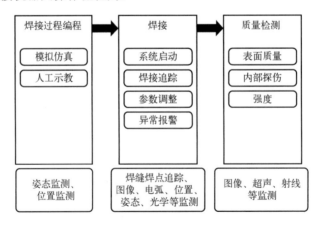

图 5-10　焊接流程图

① 焊接过程编程：技术人员需要对焊接机器人进行编程工作。可以通过在编程软件中建构运动轨迹以及焊枪姿态等，根据工件的图纸设定好焊接点位，编程结束后输入到控制系统中，进行操作。也可以人工示教的方式记录运动轨迹以及焊枪姿态等，然后输入控制系统

中，进行操作。

② 焊接：包括系统启动、焊接追踪、参数调整、异常报警等。连通焊接机器人的焊接电源，检查设备是否启动完毕，将工件放到焊接夹具上，根据焊接工位，在相应的控制面板启动操作，开始焊接操作。焊接过程中，可以通过图像、电弧、位置、姿态、光学等实时监测，由机器人智能调整焊接参数，并对异常过程进行报警。焊接机器人自带检测功能，在焊接过程中如果出现异常就会发出报警信号，焊接机器人会急停焊接作业来保护本体不受伤害，操作人员根据报警信号检查，出现故障需要报备维修人员。

③ 质量检测：在焊接完成后，检查工件的焊缝质量，进行相应的调整工作，检查无误后取下工件。

5.6　传感技术在工业装备运行维护中的应用

本节以风电传动系统的状态监测与维护为对象，从传感系统的功能设计、硬件部分、软件功能设计等方面详细介绍传感技术在工业设备状态监测诊断与维护中的设计及其应用。

5.6.1　应用背景

利用传感技术对生产设备进行健康监控，可以及时跟踪生产过程中各个工业机器设备的使用情况，通过网络把数据汇聚到设备生产商的数据分析中心进行处理，能有效地进行机器故障诊断，快速、精确地定位故障原因，而且可以提供设备维护和故障诊断的解决方案，提高维护效率，降低维护成本。

风电作为一种再生能源，受到国际社会的极大关注。伴随着风电行业的快速发展，风力机的维护费用和故障发生带来的经济费用也在增加。资料显示，风力发电的运行和维护费用是传统火力发电的 3 倍。对于一台 20 年寿命的大型风力机，其叶片维护成本约占风力机带来经济效益的 1/10，而这指的是环境较好的地区，对于环境特别恶劣的地区，风力机的维护成本要远高于经济效益的 1/10。

5.6.2　传感系统总体设计

风机传动系统及发电机等关键部件属于故障多发部件，其在线监测系统需要实现对传动系统的振动、温度、转速等参数进行实时监测，及时发现存在的微弱故障并给出报警提示。监测人员根据相关信息，结合系统历史运行的规律和现状，综合各个方面的因素，客观有效地对运行状态进行评估；根据当前状态确定维修计划，以便能够及时对异常状态进行处理，以有效地预防事故的发生。

风机传动系统状态监测与维护系统设计从整体上可以分为以下几个方面：

① 进行监测方案设计。完成：满足工程需要和符合工程特殊需求的总体布置设计、数据通信方式及协议的确定、传感器设备的选用等工作。

② 前端传感器设备的现场安装设计。完成：满足风机传动系统工作环境特点的现场布线设计、传感器固定装置设计、电磁兼容测试等工作。

③ 监测采集与管理确定。完成：监测数据保存的长度、采样频率、采集时间间隔等参数确定，相关采集信息的储存，采集工作过程的管理。

④ 系统工作监测状态的分析与评价。这一阶段设计的主要工作包括：识别分析对象的

正常、故障等工作状态；对其全性能进行评价；向管理人员反馈监测信息和分析结果，用于指导运行调度及维修维护等。

基于风力机传动系统状态监测系统的需求分析及应用研究，对监测系统进行设计，主要包括：数据采集、数据处理与故障分析、通信、分析系统等模块。具体如下：基于 TCP/IP 的远程数据传输协议制定，风机塔筒顶部工作仓内的基于以太网的嵌入式数据采集系统，基于 B/S 模式的远程监测诊断系统等。系统结构如图 5-11 所示。通过系统可以实现多路振动信号、转速信号、温度信号的采集，采集数据通过以太网经过交换机及网关发送至远程数据服务器存储，Web 服务器从数据服务器查询监测数据，并为多个客户端提供基于网页的数据分析及故障诊断服务。

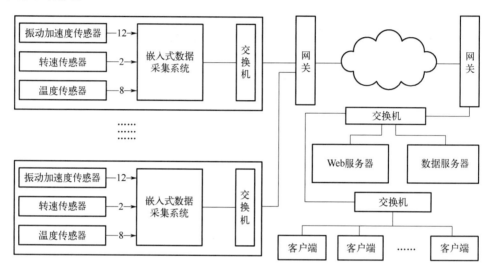

图 5-11　远程风电机组传动系统状态诊断系统结构示意图

5.6.3　基于以太网的嵌入式数据采集系统设计

嵌入式数据采集系统的硬件组成主要包括振动信号调理电路、转速信号调理电路、温度信号调理电路、同步 AD 转换模块、ARM 处理器及其外围电路、FPGA 及其外围电路、双端口 RAM、以太网通信模块、串口通信电路、液晶显示电路等。硬件系统的总体结构如图 5-12 所示，图中振动信号接入信号调理后给模数转换芯片 AD7606 进入 FPGA 进行处理；调理后的转速信号直接进入 FPGA 进行处理，温度信号经调理电路后给模数转换芯片 AD7708 后进入 FPGA 进行处理；获取的数据经 ARM 芯片处理后通过以太网及 TCP/IP 协议实时发送到远程数据服务器。

5.6.4　基于 TCP/IP 的数据传输设计

TCP/IP（transmission control protocol/internet protocol）是传输控制协议/因特网互联协议族，是开放式系统互连参考模型（open system interconnect，OSI）的精简，将传统的 7 层抽象参考模型的物理层、数据链路层、网络层、传输层、会话层、表示层和应用层改变为 4 层结构网络接口层、网络层、传输层和应用层，如图 5-13。TCP/IP 不是 TCP 和 IP 两个协议的合称，而是因特网整个 TCP/IP 协议族，在各个层次中提供对应的协议。

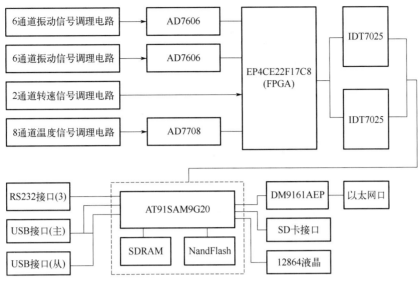

图 5-12　硬件系统总体结构图

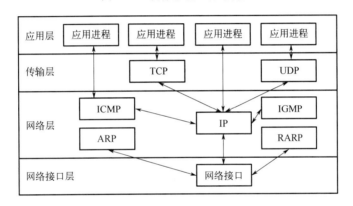

图 5-13　TCP/IP 层次结构

　　为了保证系统采集的数据传输的可靠性，采用 TCP 协议。TCP 是面向连接的通信协议，通过多次握手建立连接，提供可靠的端到端的通信。TCP 采用"带重传的肯定确认"技术来实现传输的可靠性，即封装的 TCP 数据包中包括序号和确认，所以未按照顺序收到的包可以被排序，而损坏的包可以被重传，增强通信可靠性。

　　数据采集终端获取的信息通过 TCP/IP 网络传输至数据存储层。在数据存储层设置一台或多台服务器，接收数据采集终端发送过来的数据，完成通信解码后存储到本机或局域网内的数据库中。在中间业务层依据用户需求将监测诊断系统的功能进行模块化设计，设置独立的业务网站服务器，提供设备管理、传感信息的实时数据查询、历史数据查询、振动趋势分析、傅里叶图谱分析、轴心轨迹分析、故障案例比对分析等功能。在信息表示层，用户通过网络浏览器获取所需的信息。

　　风电传动监测诊断系统主要结构如图 5-14 所示。

　　信号采集层的数据采集终端将数据发送到数据存储服务器，必须进行解码以获取有效数据信息。数据解码是依据自定义的风电传动监测诊断系统 TCP 数据包通信帧格式进行的。

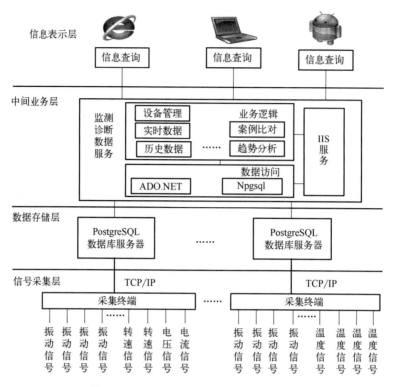

图 5-14　风电传动监测诊断系统主要结构

5.6.5　基于 B/S 模式的远程监测诊断系统设计

从系统功能角度分析，风电传动远程监测诊断系统主要包括：实时监测信息显示、历史信息查询、故障诊断分析、故障预警分析、机组信息管理、用户信息管理等基本功能模块。

（1）实时监测信息显示

实时信息显示包括显示整个风电场的各机组传动机械实时故障总体评估、各风电机组的具体振动温度转速等参数实时信息。单台机组的实时振动监测信息显示的是设定的某种时域统计参量，即振动幅值的均方根值、平均值、峰值、有效值等统计参量中一种。在机组总貌图中可以选择某一振动测点，显示该测点的实时波形，同时单台机组还可以显示该机组的安装位置、生产厂家、目前网络状态等基础信息。根据设定的通道报警阈值与单台机组状态评价方法，确定单台机组的三种状态：正常、预警和报警。风电场的实时监测信息显示各机组的总体工作状态（图 5-15），如有异常，可进一步查看单台机组的详细监测信息（图 5-16）。监测信息显示方式包括组态形式显示与列表数据显示。

监测系统中的振动测点主要布置在太阳轮发电机侧轴承座（测点 1）、中间轴发电机侧轴承座（测点 2）、齿轮箱内齿圈（测点 3 与测点 4）、主轴叶轮侧轴承座（主轴前轴承座，测点 5 与测点 6）、主轴发电机侧轴承座（主轴后轴承座，测点 7 与测点 8）、高速轴前轴承座（测点 9）、高速轴后轴承座（测点 10）、发电机输入端轴承座（测点 11）、发电机自由端轴承座（测点 12）等部位的水平与垂直方向。

（2）历史信息查询

历史信息查询主要查询振动历史数据（图 5-17）与机组故障报警记录（图 5-18）。能够依据设备厂家、类型、编号、时间等条件查询风电机组的维修记录，包括故障现象、故障时间、维修处理方法等。建立合适缓存技术减少磁盘读取频率，加快数据读取速度，建立快速索引，在保证系统硬件经济性的基础上有效提升数据查询性能。能够查询的振动测点历史数据包括原始高密度监测数据、定时统计振动特征量、定时低密度振动监测数据、危险期高密度监测数据和启停机振动转速历史数据等。

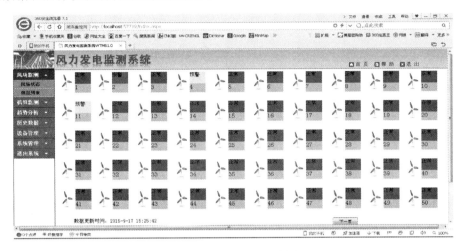

图 5-15　总体运行状态图

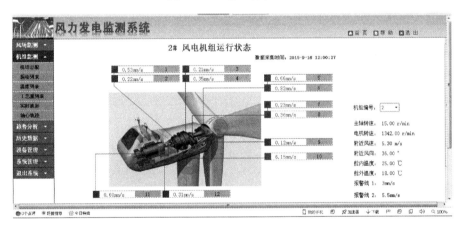

图 5-16　单台机组实时运行状态

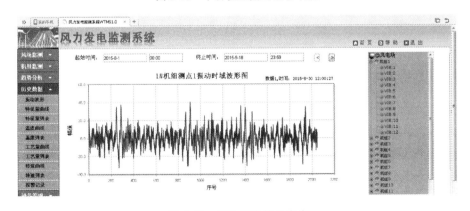

图 5-17　振动历史数据查询

图 5-18　机组故障报警记录查询

（3）故障诊断分析

故障诊断分析建立传感测点安装记录表、关键零部件型号与其对应的零部件特征频率。故障诊断分析模块能够把各种监测信息更加形象直观展现给维修工人，包括机组总貌图、时域波形图、FFT 频谱图（图 5-19）、自功率谱图（图 5-20）、倒谱图、自相关谱图、瀑布图、轴心轨迹图、全频谱图等图谱展现。结合相关部位故障处理记录快速查询与处理知识帮助。系统能够将需要的分析数据、图形报表打印输出。

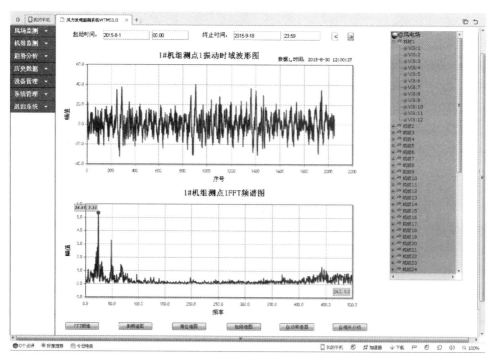

图 5-19　振动数据 FFT 分析

（4）故障预警分析

故障预警分析包括进行机组传动关键部件的振动、温度与转速等测点数据发展趋势分析和机组可靠性分布统计分析。依据历史数据库详细记录的故障发生时间、传感器种类、故障模式、维修记录、振动特征量、转速、温度等信息，建立故障趋势特征量与故障模式匹配规则。基于故障发生的历史信息，采用自回归预测分析给出机组状态趋势判断，预测风电传动机械故障发展趋势，并将故障预警信息按角色推送给指定客户端，及时反馈与处理故障信息，如图 5-21 所示。

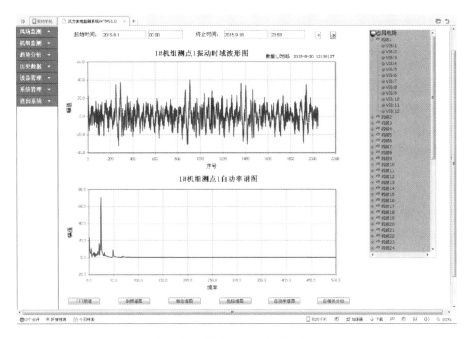

图 5-20　振动数据自功率谱分析

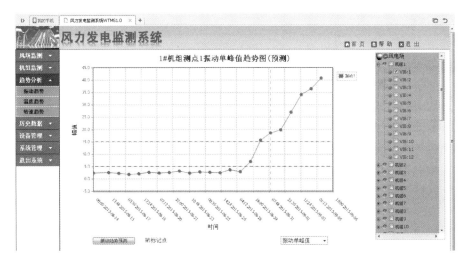

图 5-21　振动测点数据趋势分析

（5）机组信息管理

机组信息管理提供机组编号、名称、型号、额定功率、机组重量、制造厂家、运行时间和机组负责人等基础信息的录入与维护，集成设备管理与维修信息到同一系统中，方便企业管理和资源统一调度，如图 5-22 所示。机组信息管理提供机组保养记录与维修记录的录入与查询等功能，包括风电传动机械保养的计划时间、执行时间、保养级别、维修故障单号、故障发生时间、故障描述、维修内容、保养和维修负责人等信息。

（6）用户信息管理

用户信息管理包括用户账号的创建、密码修改、角色和用户权限设置。不同级别的管理员设置不同的权限，只有高级管理员才具有对原始数据的删除和修改权限，一般级别的用户只具有查询浏览数据的功能权限（图 5-23）。

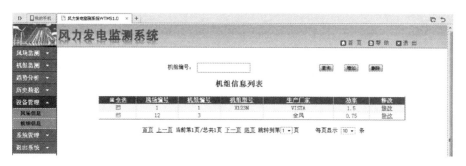

图 5-22　机组信息查询

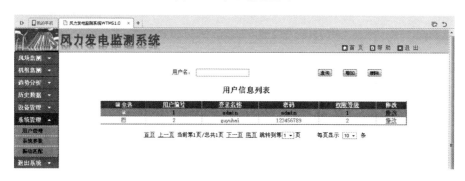

图 5-23　用户信息查询

5.7　工业自动化领域传感技术的发展趋势

在计算机技术、网络通信技术、智能传感器技术、数据融合技术和 MEMS 等技术推动下，现代自动化领域传感技术出现了如下发展趋势。

新型传感器的新原理、新方法要求不断提高。现代工业自动化系统的发展，对传感技术提出了更高的要求，需要研究开发新型传感器。随着研究的不断深入，人们将进一步探索具有新效应的敏感功能材料；基于微电子、光电子、生物化学及信息处理等各种学科、各种新技术，从工业自动化需求出发，研制开发具有新原理、新功能的新型传感器。

向高精度、高可靠性等方面发展。自动化生产程度的不断提高，对传感器的精度、可靠性等方面要求也在不断提高。需要根据工业生产、产品应用需求，研制出具有灵敏度高、精确度高、响应速度快、互换性好等性能的新型传感器以确保生产自动化的可靠性。同时，要求传感器在高温、低温、振动冲击强等恶劣环境下，仍要有较好的可靠性、稳定性等。

向微型化方向发展。工业自动化装置的功能越来越多，要求各个部件体积越小越好，传感器本身的体积也越小越好，这就要求重点发展基于新材料及加工技术的微型传感器。

向微功耗和无源化方向发展。大部分传感器工作需提供电源，尤其在野外现场或远离电网的地方。开发微功耗传感器及无源传感器是必然的发展方向，这样既可以节省能源，又可以提高系统寿命。

向智能化发展。越来越智能的工业自动化现场，需要更加智能的传感器，实现信息获取、信息分析、处理功能紧密结合在一起，并具有诊断、数字双向通信等新功能。由于微处理器具有强大的计算和逻辑判断功能，故可方便地对数据进行滤波、变换、校正补偿、存储记忆及输出标准化等；同时实现必要的自诊断、自检测、自校验以及通信与控制等功能。智能化传感器功能更多，精度和可靠性更高，优点更突出，应用更广泛。

向数字化、网络化发展。数字化、网络化传感器应用日益广泛，其以传统方式不可比拟的优势渐渐成为新技术的趋势和主流。

多传感器的集成与融合要求不断提高。多传感器的集成与融合技术已经成为智能机器与系统领域的一个重要的研究方向。它涉及信息科学的多个领域，是新一代智能信息技术的核心基础之一。多传感器的集成与融合技术迅速扩展到军事和非军事的各个应用领域，如自动目标识别、自主车辆导航、遥感、生产过程监控、工业机器人应用等。

向分布式无线网络化方向发展。无线传感器网络是由微小传感器节点构成的自组织分布式网络系统，能根据环境自主完成指定任务的"智能"系统。它是涉及微传感器与微机械、通信、自动控制及人工智能等多学科的综合技术，大量传感器通过网络构成分布式、智能化信息处理系统，以协同的方式工作，能够从多种视角、以多种感知模式对事件、现象和环境进行观察和分析，获得丰富的、高分辨率的信息，极大地增强了传感器的探测能力，是近几年来的新的发展方向。其应用已由军事领域扩展到反恐、防爆、环境监测、医疗保健、家居、商业、工业等众多领域，有着广泛的应用前景。

参考文献

[1] 李培根，高亮. 智能制造概论［M］. 北京：清华大学出版社，2021.

[2] 周济，李培根，周艳红，等. 走向新一代智能制造［J］. Engineering，2018，4（01）：28-47.3.

[3] 谭建荣，刘达新，刘振宇，等. 从数字制造到智能制造的关键技术途径研究［J］. 中国工程科学，2017，19（03）：39-44.4.

[4] 林玉池，曾周末. 现代传感技术与系统［M］. 北京：机械工业出版社，2009.

[5] 胡向东. 传感器与检测技术［M］. 北京：机械工业出版，2021.

[6] 王文成，管丰年，程志强. 传感器原理与工程应用［M］. 北京：机械工业出版社，2020.

[7] 陈文仪，王巧兰，吴安岚. 现代传感器技术与应用［M］. 北京：清华大学出版社，2021.

[8] 陈仁文. 传感器. 测试与试验技术［M］. 北京：科学出版社，2021.

[9] 赵惟，张文瀛. 智慧物流与感知技术［M］. 北京：电子工业出版社，2016.

[10] 魏学业，周永华，祝天龙. 传感器应用技术及其范例［M］. 北京：清华大学出版社，2015.

[11] 范大鹏. 制造过程的智能传感器技术［M］. 武汉：华中科技大学出版社，2020.

[12] 谷玉海. 大型风电机组齿轮箱早期故障诊断技术与系统研究［D］. 北京：机械科学研究总院，2016.

第**6**章

现代传感技术在数字孪生中的应用

6.1 基于传感技术的数字孪生概述

随着复杂系统诊断、预测和系统健康管理技术的不断发展，在新兴的工业信息系统和工业智能的推动下，基于传感技术的数字孪生成为智能制造领域和复杂系统智能运行和维护领域的新兴研究热点。鉴于此，针对数字孪生技术在复杂工业系统和复杂装备领域的基本概念、应用前景、技术内涵以及发展趋势、已有初步研究规划和阶段性成果等进行梳理，归纳面向复杂工业系统和复杂装备的智能运行和维护领域的数字孪生技术体系、关键技术、发展趋势和技术挑战等，分析基于传感技术的数字孪生与其支撑的工业大数据、云计算、人工智能、虚拟现实等的相互促进关系，预期能够给复杂系统诊断、预测和系统健康管理领域研究人员提供一定的参考和借鉴。

6.1.1 概念变迁史

1994 年，Cheshmehdoost 等，首次提出了"虚拟数字"的概念，为之后数字孪生概念的提出作好了技术铺垫。数字孪生的概念模型最早出现于 2003 年，由 Grieves 教授在美国密歇根大学的产品全生命周期管理（product lifecycle management，PLM）课程上提出，当时被称作"镜像空间模型"，后在文献中被定义为"信息镜像模型"和"数字孪生"。2010 年，美国国家航空航天局（NASA）在太空技术路线图中首次引入数字孪生概念，以实现飞行系统的全面诊断和预测功能，保证在整个系统使用寿命期间实现持续安全的操作。之后，NASA 和美国空军联合提出面向未来飞行器的数字孪生范例，并将数字孪生定义为一个集成了多物理场、多尺度、概率性的仿真过程，基于飞行器的可用高保真物理模型、历史数据以及传感器实时更新数据，构建其完整映射的虚拟模型，以刻画和反映物理系统的全生命周期过程，实现飞行器健康状态、剩余使用寿命以及任务可达性的预测。同时，可预测系统对危及安全事件的响应，通过比较预测结果与真实响应，及时发现未知问题，进而激活自修复机制或重新规划任务，以减缓系统损伤和退化。美国空军研究实验室（AFRL）于 2011 年引入数字孪生技术用于飞机结构寿命预测，并逐渐扩展至机身状态评估研究中，通过建立包含材料、制造规格、控制、建造过程和维护等信息的机身超现实、全寿命周期计算机模型，并结合历史飞行监测数据进行虚拟飞行，评估允许的最大负载，确保适航性和安全性，进而减轻全寿命周期维护负担，增加飞机可用性。数字孪生概念产生示意如图 6-1 所示。

AFRL 同时给出了实现机身数字孪生中存在的主要技术挑战。在上述数字孪生概念和框架基础之上，国外部分研究机构开展了相关关键技术探索，如范德堡大学构建了面向机翼健康监测数字孪生的动态贝叶斯网络，以预测裂纹增长的概率。

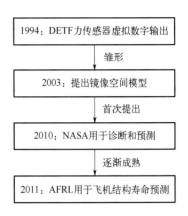

6.1.2　数字孪生定义及内涵

数字孪生指在信息化平台内建立、模拟一个物理实体、流程或者系统，借助于数字孪生，可以在信息化平台上了解物理实体的状态，并对物理实体里面预定义的接口元件进行控制。数字孪生的反馈源主要依赖于各种传感器，如压力、角度、速度传感器等。数字孪生的自我学习（或称机器学习）除了可以依赖于传感器的反馈信息，也可以是通过历史数据或者是集成网络的数据学习。后者常指多个同批次的物理实体同时进行不同的操作，并将数据反馈到同一个信息化平台，数字孪生根据海量的信息反馈，进行深度学习和精确模拟。数字孪生是物联网里面的一个概念，通过集成物理反馈数据，辅以人工智能、机器学习和软件分析，在信息化平台内建立一个数字化模拟。这个模拟会根据反馈，随着物理实体的变化而自动作出相应的变化。理想状态下，数字孪生可以根据多重的反馈源数据进行自我学习，几乎实时地在数字世界里呈现物理实体的真实状况。

图 6-1　数字孪生概念产生示意图

数字孪生的概念最早提出是用来描述产品的生产制造并实时虚拟化呈现，但受限于当时的技术水平，该理念没有获得足够的重视。随着传感技术水平的提升，数字孪生的理念得到了进一步发展，尤其是通过先进传感器对产品、装备的实时运行进行监测方面。从产品全寿命周期的角度来看，数字孪生技术可以在产品的设计研发、生产制造、运行状态监测和维护、后勤保障等产品的各个阶段对产品提供支撑和指导。在产品设计阶段，数字孪生技术可以将全寿命周期的产品健康管理数据的分析结果反馈给产品设计专家，帮助其判断和决策不同参数设计情况下的产品性能情况，使产品在设计阶段就综合考虑了后续整个寿命周期的发展变化情况，获得更加完善的设计方案。在产品生产制造阶段，数字孪生技术可以通过虚拟映射的方式将产品内部不可测的状态变量进行虚拟构建，细致地刻画产品的制造过程，解决产品制造过程中存在的问题，降低产品制造的难度，提高产品生产的可靠性。产品运行过程中，数字孪生技术可以全面地对产品的各个运行参数和指标进行监测和评估，对系统的早期故障和部件性能退化信息进行丰富的反馈，指导产品的维护工作和故障预防工作，使产品能够获得更长的寿命周期。后勤保障过程中，由于有多批次全寿命周期的数据作支撑，并通过虚拟传感的方式能够采集到反映系统内部状态的变量数据，产品故障能够被精确定位分析和诊断，使产品的后勤保障工作更加简单有效。通过将数字孪生技术应用到产品的整个生命周期，产品从设计阶段到最后的维修阶段都将变得更加智能有效。如图 6-2，通过工业现场的实时通信 POWERLINK，以及集成开发平台 AutomationStudio、运输系统 SuperTrak/ACOPOStrak 和 ABB 机器人、建模仿真软件、OPCUA 实现的互联来构成整个产线的数字孪生架构。

以卫星的监测、优化、管理和控制为例，基于遥感数据深度融合技术和系统动态实时建模和评估技术，能够通过卫星实时遥测数据在地面站构建卫星的数字孪生体，实时反映卫星的健康状态并预估卫星各系统、各部件的使用寿命，在丰富的传感信息和基于数学模型的感知信息增强的基础上，对卫星状态进行全面深入的分析和计算，呈现给使用者全面而又细致入微的卫星状态监测接口，使使用者对卫星当前的健康状态具有深刻细致的理解，同时还可以优化卫星的调度管理和控制，实现卫星使用寿命的延长。该实例是对数字孪生技术在产品运行状态监测和维护阶段的一个实例化应用，卫星实体和卫星虚拟影像之间的精确匹配是整个技术体系的核心。

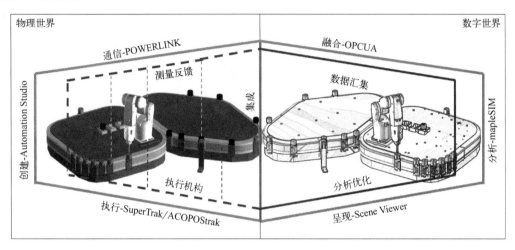

图 6-2　产线数字孪生架构

基于传感技术的数字孪生实现主要依赖于以下几方面技术的支撑：先进传感采集、数字仿真、智能数据分析、VR呈现，实现对目标物理实体对象的超现实镜像呈现。通过构造数字孪生体，不仅可以对目标实体的健康状态进行完美细致的刻画，还可以通过数据和物理的融合实现深层次、多尺度、概率性的动态状态评估、寿命预测以及任务完成率分析。数字孪生体以虚拟的形式存在，不仅能够高度真实地反映实体对象的特征、行为过程和性能，如装备的生产制造、运行及维修等，还能够以超现实的形式实现实时的监测评估和健康管理。

6.1.3　基于传感技术的数字孪生研究现状

伴随物联网技术、云计算及机器学习等新一代信息技术的迅速发展，数字孪生技术已逐渐成为新的研究热点。基于文献计量法，对1994年以来全球486篇基于传感技术的数字孪生相关论文的研究领域、国家与地区、论文发布期刊、关键词、研究作者及高被引论文等模块展开详细分析。结果表明，基于传感技术的数字孪生作为一个新的研究课题，其技术挖掘性强，已在制造工程、计算机科学及电子工程等领域得到了广泛应用。在智能制造刚性需求的驱动下，该技术在未来具有非常好的理论研究和技术应用前景。

近年来，关于数字孪生的研究方兴未艾。基于传感技术的数字孪生作为一个新的范式或者方法体现出了巨大的潜力，但是，这一概念的内涵和范围尚不确定，尤其是对数字孪生模型概念的界定很不清晰。根据模式类别可以将其分为通用模型和专用模型，其中专用模型仍是当前的研究热点，研究内容主要体现为对具体项目使用数字孪生方法进行建模，也包括对专用模型进行开发。这些具体项目除了传统制造业所涉及的零件测量和质量控制、增材制造、设计和工作过程以及系统管理外，还包括在生物医药、石油工程领域的应用等。开发专用模型的工具和技术呈现多元化，有通用工业软件、专用工业软件、仿真平台和自研二次开发工具等。数字孪生通用模型的研究对象不针对某一具体项目，而是研究如何将模型受控元素表示为一组通用的对象以及这些对象之间的关系，从而在不同的环境之间为受控元素的管理和通信提供一种一致的方法。数字孪生通用模型的研究主要分为概念研究和通用模型的实现方法，两者的研究热度相当。其中概念研究从宏观角度的产品生命周期管理，到描述系统行为，如一般系统行为和系统重新配置，再到具体工作流，如设计方法、产品构型管理、制造系统、制造过程等，研究内容较为发散，尚没有出现特别突出的热点。关于数字孪生通用模型实现方面，主要研究了建模语言的构建、模型开发方法的探索、具体工具的使用、元模型理念的植入和模型算法的探索。

基于传感技术的数字孪生模型是数字孪生研究的核心领域之一，其未来的研究重点是如何将不断涌现的各不相同的数字孪生体的外部特征和内在属性归纳为可集成、可交互、可扩展的模型，便于更高效地实现信息在物理世界和数字世界之间流动，从而实现数字孪生的普遍应用，继而支持 CPS（网络物理空间）和 CPPS（网络物理生产系统）的建设。因此，数字孪生模型研究下一步需要解决的问题是如何对接标准参考架构，如德国提出的工业 4.0 参考架构模型 RAMI4.0 和中国的智能制造系统架构 IMSA 等；关于数字孪生模型需要建立统一的描述方法并确立一致的结论，以规范各自独立发展建立起来的模型，从而改善模型的互操作性和可扩展性，否则，随着系统规模的扩大模型效能会显著下降；中国数字孪生模型的研究急需国产专业工业软件和建模软件的支持，以便中国学者深入开展更加符合国情的深入研究。

6.2　传感技术在数字孪生中的关键作用

在"制造强国"和"网络强国"大战略背景下，我国出台了先进制造发展战略，具有代表性有工业 4.0、工业互联网、中国制造 2025 等，其核心均是促进新一代信息技术和人工智能技术与制造业的深度融合，推动实体经济转型升级，大力发展智能制造。在智能制造产业中复杂机械产品是主力军，智能化生产中诸多加工环节需要由复杂机械设备完成，设备的运动性能与产品质量密切相关。因此，实现生产过程中机械产品运动性能的智能调控是发展智能制造的关键环节。机械产品的生产运动是一个十分复杂的动态过程，建立虚拟产品是运动研究的重要辅助手段。

传统的运动研究过程中，虚拟产品与实际产品的数据交流困难，互操作性差，难以实现融合共通。数字孪生技术集成了智能传感技术、联合仿真技术、数据分析技术以及智能控制技术等，可以有效地融合、集成和同步虚拟产品与物理产品，并支持它们之间巨大的数据互动。数字孪生系统是物理实体系统的实时动态现实映射，数据的实时采集传输和更新对于数字孪生具有至关重要的作用。大量分布的各类型高精度传感器是整个孪生系统的最前线，为整个孪生系统起到了基础的感官作用。因此智能传感技术在数字孪生系统中至关重要，高精度传感器数据的采集和快速传输是整个数字孪生系统体系的基础。温度、压力、振动等各个类型的传感器性能都要最优复现实体目标系统的运行状态，传感器的分布和传感器网络的构建要以快速、安全、准确为原则，通过分布式传感器采集系统的各类物理信息以表征系统状态。同时，搭建快速可靠的信息传输网络，将系统状态信息安全、实时地传输到上位机供其应用具有十分重要的意义。

6.2.1 传感技术保障数据采集

从种类上来说，全球传感器已超过 2.2 万种，种类繁多且应用领域广阔；从性质上来说，它是信息感知的基本元件，是物联网、大数据、人工智能等新兴产业的核心关键技术之一，是万物互联的基础。由于普通传感器的精度、可靠性、工作环境和采集方式等受到当前技术发展水平的限制，目前数字孪生系统数据采集仍然是一大难题。受限于当前技术水平数据传输的实时性和安全性，网络传输设备和网络结构、网络安全性保障都无法很好地满足数字孪生的需求。

随着传感器水平的快速提升，传感器日趋低成本和高集成度。高带宽和低成本的无线传输技术的应用推广，为获取更多用于表征和评价对象系统运行状态（异常、故障、退化）的信息提供前提。但是，这些传感器距离构建信息物理系统（cyber-physical-system，CPS）的智能系统尚有较大差距。许多新型的传感手段或模块存在于现有对象系统体系内或兼容于现有系统。构建集传感、数据采集和数据传输一体的低成本体系或平台，这也是支撑数字孪生体系的关键部分。

现有传感器不能满足使用需求，这也催生了智能传感器的发展。目前，智能传感器的发展，主要为高精度、集成化、微型化、数字化四个方面。而智能传感的迭代升级，绕不开降低成本和提升智能化程度这两个话题。当传感器的投入产出比过低，便无法接触某些领域。且物联网和智能的内涵早已发生了变化，芯片、算法、边缘计算是未来物联网的内核发展趋势。若将这两个问题解决，智能传感便将迎来一个爆发期。

从数据角度解释，智能传感器就是通过传感器获取数据，之后对物理世界的人、物、事进行数字化，形成一个与之对应的虚拟世界。之后，通过系统和数据对其进行驱动，实现与物理世界的交互，最后能够服务于生产。未来智能传感将与数据系统紧密相连，无论是智慧城市还是智能制造，两者结合将形成巨大的产业空间。

6.2.2 传感技术促进虚实链接

数字孪生是指充分利用物理模型、传感器、运行历史等数据，集成多学科、多尺度的仿真过程，它作为虚拟空间中对实体产品的镜像，反映了相对应物理实体产品的全生命周期过程。说得通俗些，数字孪生就是将现实世界的物理实体或者系统等建模为数字模型，其实不然。数字孪生除了实时和准确创建与物理实体等价的"克隆体"或数字模型外，更重要的是它还会"动"，即根据传感现实数据、历史数据以及物理本体周边场景数据进行仿真分析，为物理实体的后续运行提供改进与优化方案，并会辐射到物理实体的全生命周期过程。

因此，双向性即本体向孪生体输出数据和建成模型，同时孪生体向本体反馈信息和输出优解是数字孪生的核心特征，这就涉及多领域多尺度的融合建模，多领域建模是指在正常和非正常工况下从不同领域视角对物理系统进行跨领域融合建模，且从最初的概念设计阶段开始实施，从深层次的机理层面进行融合设计理解和建模。当前大部分建模方法是针对特定领域进行模型开发和完善，然后在后期采用集成和数据融合等方法将来自不同领域的独立的模型融合为一个综合的系统级模型，但这种融合方法融合深度不够且缺乏合理解释，限制了将来自不同领域的模型进行深度融合的能力。多领域融合建模的难点是多种特性的融合会导致系统方程具有很大的自由度，同时传感器采集的数据要求与实际系统数据高度一致，以确保基于高精度传感器测量的模型动态更新。多尺度建模能够连接不同时间尺度的物理过程以模拟众多的科学问题，多尺度模型可以代表不同时间长度和尺度下的基本过程并通过均匀调节物理参数连接不同模型，这些计算模型比起忽略多尺度划分的单维尺度仿真模型具有更高的精度。多尺度建模的难点同时体现在长度、时间尺度以及耦合范围 3 个方面，克服这些难题有助于形成更加精准的数字孪生系统。

看得出，数字孪生可以支持与引导人们穿越虚实界墙，在物理主体与数字模型之间自由交互与行走，实现现实世界与虚拟世界的彼此交融。既然数字孪生完全不同于简单的影像生成与上传，同样就不难理解数字孪生肯定不同于 CAD（计算辅助技术），也有别于 VR（虚拟现实）与 AR（增强现实），因为后者截至目前都还是单向的，即人们可以沉浸其中，但它们都不会因某些需求的出现而发生及时调整与改变。

但是，数字孪生的确离不开 VR 和 AR 的同时，更需要大数据、传感器、物联网以及 AI 等技术的支持。没有物联网就不可能实现端与端的链接，而失去传感器，数据就只能孤立存在于现实物体，更谈不上虚拟世界的信息反馈，同样，离开了 AI，数字模型就等于失去了"大脑"，数字孪生只能成为仅有躯壳的"胚胎"。而在这一技术矩阵中，数字孪生犹如可以点火的引擎，带动各个技术细胞次序活跃与协同运转。

6.2.3　传感技术提升感知性能

感知是数字孪生体系架构中的底层基础，在一个完备的数字孪生系统中，对运行环境和数字孪生组成部件自身状态数据的获取，是实现物理对象与其数字孪生系统间全要素、全业务、全流程精准映射与实时交互的重要一环。其中智能传感技术和多传感器融合技术都起到了至关重要的作用。

智能传感器是将传感器获取信息的基本功能与专用微处理器的信息分析、自校准、功耗管理、数据处理等功能紧密结合在一起，具备传统传感器不具备的自动校零、漂移补偿、传感单元过载防护、数采模式转换、数据存储、数据分析等能力，其能力决定了智能化传感器具备较高的精度、分辨率，稳定性及可靠性，使其在数字孪生体系中不但可以作为数据采集的端口，更可以自发地上报自身信息状态，构建感知节点的数字孪生技术。

多传感器集成与融合技术通过部署多个不同类型传感器对对象进行感知，在收集观测目标多个维度的数据后，对这些数据进行特征提取的变换，提取代表观测数据的特征矢量，利用聚类算法、自适应神经网络等模式识别算法将特征矢量变换成目标属性，并将各传感器关于目标的说明数据按同一目标进行分组、关联，最终利用融合算法将目标的各传感器数据进行合成，得到该目标的一致性解释与描述。

6.2.4　传感技术在数字孪生中的应用

（1）基于传感技术的全面测量

只要能够测量，就能够改善，这是工业领域不变的真理。无论是设计、制造还是服务，都需要精确的测量物理实体的各种属性、参数和运行状态，以实现精准的分析和优化。但是传统的测量方法，必须依赖于价格不菲的物理测量工具，如传感器、采集系统、检测系统等，才能够得到有效的测量结果，而这无疑会限制测量覆盖的范围，对于很多无法直接采集到测量值的指标，往往无能为力。而数字孪生技术，可以借助于物联网和大数据技术，通过采集有限的物理传感器指标的直接数据，并借助大样本库，通过机器学习推测出一些原本无法直接测量的指标。例如，可以利用润滑油温度、绕组温度、转子转矩等一系列指标的历史数据,通过机器学习来构建不同的故障特征模型,间接推测出发电机系统的健康指标。

(2)基于传感技术的经验数字化

在传统的工业设计、制造和服务领域,经验往往是一种模糊而很难把握的形态,很难将其作为精准判决的依据。数字孪生的一大关键进步,是可以通过数字化的手段,将原先无法保存的专家经验进行数字化,并提供了保存、复制、修改和转移的能力。例如,针对大型设备运行过程中出现的各种故障特征,可以将传感器的历史数据通过机器学习训练出针对不同故障现象的数字化特征模型,并结合专家处理的记录,将其形成未来对设备故障状态进行精准判决的依据,并可针对不同的新形态的故障进行特征库的丰富和更新,最终形成自治化的智能诊断和判决。

(3)基于传感技术的运行维护中

感知装置方面,为了全面感知设备的状态,需要部署大量感知装置,这导致数字孪生系统建设前期需要较高的传感器投入成本。因此,传感器的小型化、低功耗、高可靠性成为未来数字孪生技术推广应用的重要因素。同时,随着数据量的不断加大和对数据质量要求的不断提高,传感器还将在高精度、集成化、智能化方面加以提升。例如微机电系统(micro-electro-mechanical system,MEMS)传感器作为微型智能传感器的研究热点,有望与数字孪生技术结合,实现电力设备领域的普及化。

运行监控和智能运维方面,对于能够实现智能互联的复杂产品,尤其是高端智能装备,将实时采集的装备运行过程中的传感器数据传递到其数字孪生模型进行仿真分析,可以对装备的健康状态和故障征兆进行诊断,并进行故障预测;如果产品运行的工况发生改变,对于拟采取的调整措施,可以先对其数字孪生模型在仿真云平台上进行虚拟验证,如果没有问题,再对实际产品的运行参数进行调整。目前,某企业将来自智能传感器的温度、加速度、压力和电磁场等信号和数据,以及来自数字孪生模型中的多物理场模型和电磁场仿真和温度场仿真结果传递到 Mindsphere 平台,通过进行对比和评估,来判断产品的可用性、运行绩效和是否需要更换备件,如图 6-3。

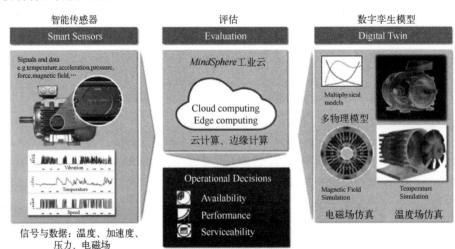

图 6-3　传感器与仿真在数字孪生应用案例

6.3　基于传感技术的多信息融合与决策

数据驱动的智能化是当前国际学术前沿与应用过程智能化的发展趋势，如数据驱动的智能制造、设计、运行维护、仿真优化等。信息物理融合数据需求的相关研究如图 6-4 所示。

信息物理融合数据需求相关的研究
1　主要依赖信息空间的数据进行数据处理、仿真分析、虚拟验证及运行决策等，缺乏应用实体对象的物理实况小数据(如设备实时运行状态、突发性扰动数据、瞬态异常小数据等)的考虑与支持，存在"仿而不真"的问题。
2　主要依赖应用实体对象实况数据开展"望闻问切"经验式的评估、分析与决策，缺乏信息大数据(如历史统计数据、时空关联数据、隐性知识数据等)的科学支持，存在"以偏概全"的问题。
3　虽然有部分工作同时考虑和使用了信息数据与物理数据，能在一定程度上弥补上述不足，但在实际执行过程中两种数据往往是孤立的，缺乏全面交互与深度融合，信息物理一致性与同步性差，结果的实时性、准确性有待提升。

图 6-4　信息物理融合数据需求相关的研究

数据也是数字孪生的核心驱动力，与传统数字化技术相比，除信息数据与物理数据之外，数字孪生更强调信息物理融合数据，通过信息物理数据的融合来实现信息空间与物理空间的实时交互、一致性与同步性，从而提供更加实时精准的应用服务。从目前的技术发展来看，各种复杂物理实体空间的数据采集技术越来越成熟。5G 技术的普及将进一步解决数据采集及实现信息空间与物理空间的实时交互、一致性与同步性等问题，虚实双向的实时性在技术层面已经有了基本保障。其中，多传感器的信息融合是指将不同的传感器得到的关于目标属性的不完全的信息进行融合，得到比单个传感器更精确的属性估计和判决。从不同的角度描述命题的不确定性，相对于概率论中一个命题只有真假两种对立的情况，将大量的原始数据、特征指标、表征性能、子系统状态等多信息进行融合，可以得到对命题更为全面的描述。

6.3.1　基于传感技术的多信息融合

多层次的传感器的数据融合结构是先对各局部进行数据的融合处理，再将局部融合后的数据进行下一步的融合处理，在融合过程中可以采用多种融合算法，能够很有效地解决实际工程中多方面的问题。采用的多层次的数据融合并不要求知道传感器测量数据的任何先验知识，只需要多个传感器所提供的测量数据，在经过一定融合后，融合数据将趋于稳定，其方差也将变小。实际中，由于传感器自身质量和所处方位的不同，以及一些随机因素的影响，估计的数据会存在一定的偏差。如何看待各类传感器的融合数据以及如何确定被测参数结果的问题，通过加权平均法是无法解决的，采用传感器的多层次融合方法可以解决这一问题，接下来对此类方法进行举例介绍。

（1）联合卡尔曼滤波

联合卡尔曼滤波的基本思想是先分散处理，再全局融合。联合卡尔曼滤波算法与修正航迹融合算法的计算流程类似，但两者不同之处在于各个子滤波器的输入值不同，联合卡尔曼滤波中各个局部滤波器进行卡尔曼滤波之后得到各局部滤波器的最优状态估计值和协方差估计值，这些最优值将直接作为下一时刻各局部滤波器的输入初始值。而在修正的航迹融合算法中，各局部滤波器的输入初始值是上一时刻融合中心融合之后的最终最优状态估计值和协方差估计值。

（2）最小二乘融合算法

设两个局部滤波器的状态估计为$\hat{x}_1$和$\hat{x}_2$，其对应的估计误差方差为σ_1和σ_2，考虑线性组合：$\hat{x}=w_1\hat{x}_1+w_2\hat{x}_2$。其中$w_1$和$w_2$是待定的系数，利用最小二乘法则，使得当$w_1$和$w_2$满足一定条件时，$\hat{x}$为无偏即有最小方差估计。

经推导得出：当$w_1=\dfrac{\sigma_2^2}{\sigma_1^2+\sigma_2^2}$，$w_2=\dfrac{\sigma_1^2}{\sigma_1^2+\sigma_2^2}$时，$\hat{x}$有最小方差估计，也即此时两个子传感器的融合值$\hat{x}$有最优状态估计值的协方差估计值。

最优状态估计值为：

$$\hat{x}=\frac{1}{\sigma_1^2+\sigma_2^2}(\sigma_2^2\hat{x}_1+\sigma_1^2\hat{x}_2) \tag{6-1}$$

最优协方差估计值为：

$$P=\left(\frac{1}{\sigma_1^2}+\frac{1}{\sigma_2^2}\right) \tag{6-2}$$

（3）自适应加权融合估计算法

设有N个传感器同时对某一对象进行测量，如图6-5所示，不同的传感器各自有不同的加权因子，在总均方误差最小这一最优条件下，根据各个传感器得到的测量值以自适应的方式寻找其对应的最优加权因子，使得融合后的结果达到最优。

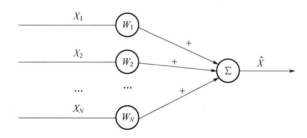

图6-5　多传感器加权融合估计模型

设测量的数据分别为$X_1,X_2,\cdots,X_N$，它们之间彼此相互独立，其方差分别为$\sigma_1^2,\sigma_2^2,\cdots,\sigma_N^2$，各传感器的加权因子分别为$W_1,W_2,\cdots,W_N$，估计的值为$\hat{X}$且为真值$X$的无偏估计。

（4）粒子群寻优PSO-BP神经网络

BP网络是一种误差逆向传播的多层前馈神经网络，以输出结果与目标结果的差距为依据对网络的权值和阈值进行调整，从而减小输出结果与目标结果的误差，使网络能够更好地训练出输入与输出之间的映射关系。相较于其他神经网络模型，BP神经网络具备如下优点：

① 可以得出复杂非线性映射关系的规律，解决内部机制较为复杂的问题。

② 可以进行自我学习，提取合理的求解规则。

BP神经网络（back propagation neural network）是一种反向传播神经网络，在数据预测和场景应用方面发展较为成熟，在机械传动过程中的载荷预测和突发故障识别等领域应用较广。

BP神经网络主要包括输入层、隐含层和输出层。其中隐含层的层数越多，误差反向传播过程的计算就越复杂，训练时间也会随之提高；但隐含层层数过少，则无法满足实际工程问题的需求，且神经网络结构参数的选取对于预测精度有着巨大的影响。此处所构建 BP 神经网络结构如图 6-6 所示。从图中可以看出，此处所构建的神经网络的输入层包含转速和压力两个参数，由 2 个神经元组成，输出层包含临界径向温差和临界磨损率两个参数，也由 2 个神经元组成。网络中的输入层、隐含层和输出层之间形成了错综复杂的网络，彼此间相互联系和影响。

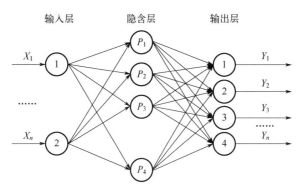

图 6-6　典型 BP 神经网络

神经元的基本结构如图 6-7 所示。其中 k_i 表示神经元的输入，w_i 表示与该神经元连接的权重，b 和 y 分别表示该神经元的偏置量和输出结果。f 表示该神经元的激活函数，激活函数表征相邻层不同单元之间的关系。本文所构建的 BP 神经网络选用能够使输入数据平滑且连续地变换为输出数据的 S 型函数，其表达式为：

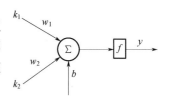

$$F = \frac{1}{1 + e^{-(\Sigma w_i k_i + b)}} \quad (6-3)$$

图 6-7　神经元结构示意图

初始化训练网络的权值和阈值，连接权值 V、W 与阈值选取[-0.999，0.999]区间内随机值。对输入参数后的输出进行计算，网络内输入层的输出向量和输入模式向量具有一致性，对隐含层各个神经元的输入和输出进行计算：

$$s_j^p = \sum_{i=1}^{n} x_i^p w_{ij} - \theta_j \quad (6-4)$$

$$b_j^p = f(s_j^p) \quad (6-5)$$

式中，$j=1,2,\cdots,q$；p 表示输入层神经元个数。

调整输出层各个神经元的误差，依据给定的期望输出，前馈循环训练，校验误差值，达到给定误差范围：

$$d_t^k = (y_t^k - c_t^k)f'(l_t^k) \quad (6-6)$$

式中，$t=1,2,\cdots,q$；k 表示输出层神经元个数。

通过校验误差对输入层至隐含层之间的连接权值 W、隐含层至输出层之间的连接权值 V 以及隐含层神经元的阈值 θ 进行修正。

$$\Delta w_{ij} = \beta e_j^k x_i^k \quad (6-7)$$

$$\Delta v_{jt} = \alpha d_t^k b_j^k \tag{6-8}$$

$$\Delta \theta_j = \beta e_j^k \tag{6-9}$$

式中，α、β 表示学习速率，$0<\alpha<1$，$j=1,2,\cdots,p$，$t=1,2,\cdots,q$；$0<\beta<1$，$i=1,2,\cdots,n$，$j=1,2,\cdots,p$。

判断全局网络训练次数是否达到设定的训练要求，且同时满足误差设定范围，即 $E\leqslant\varepsilon$，如果条件同时满足，表示训练结果收敛，学习结束。如果网络学习次数小于设定次数，或还存在 $E\leqslant\varepsilon$ 的情况，则继续进行前馈循环训练直至收敛。

粒子群寻优算法（particle swarm optimization，PSO）是一种智能的全局搜寻算法，基本原理是在可解空间内选定一堆粒子，并随机对其进行初始化。

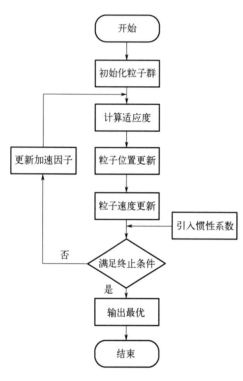

图 6-8　PSO 算法寻优步骤

假定搜寻空间是一个 N 维空间，该种群由 n 个粒子组成。此种群 $X=(x_1,x_2,\cdots,x_n)$，其中第 k 个粒子的位置用 $X_k=(x_{k1},x_{k2},\cdots,x_{kn})$ 表示，速度用 $V_k=(v_{k1},v_{k2},\cdots,v_{kn})$ 表示，粒子个体极值用 $P_k=(p_{k1},p_{k2},\cdots,p_{kn})$ 表示，整体全局极值用 $P_g=(p_{g1},p_{g2},\cdots,p_{gn})$ 来表示。

PSO 算法的步骤以及流程图如图 6-8 所示。

① 初始化。选定 PSO 算法中涉及的各类参数，算法的最大迭代次数 $T_{\max}$，学习训练因子 c_1，c_2，粒子速度搜寻区间 $[V_{\min}, V_{\max}]$。随机初始化搜索点的位置及其速度，提前设定每个粒子的初始位置，从个体极值找出全局极值并记录位置。

② 求解适应度。通过初始拟定的适应度函数来计算适应度值，若计算所得好于当前个体极值，则个体最优位置更新为计算后粒子的位置。所以需要找到当前提供的所有粒子个体极值中的最优值，若好于当前的全局极值，则全局极值更新为该最优值，全局最优位置更新为该粒子个体的最优位置。

③ 更新粒子位置与速度。若 $V_i<V_{\min}$ 则将 V_i 更新为 $V_{\min}$，$V_i>V_{\max}$ 则将 V_i 更新为 $V_{\max}$，反之更新加速因子继续寻找以至满足条件。

④ 寻优结束。若迭代次数大于最大迭代次数 $T_{\max}$，或全局最优位置满足最小界限，则本次寻得全局最优位置为最后的最优值并输出最优解，否则返回②继续迭代。

6.3.2　基于传感技术的决策

决策是在对采集到的数据初步完成特征提取的基础上，模仿人的思维，充分利用特征层融合所提取的测量对象的各类特征信息，借助一定的规则或特定的算法，得到目标的最后身份，此融合是一种高层次的融合。在信息融合的三个融合层级当中，决策层融合尤为重要，这主要是因为决策层融合直接针对的是具体决策目标，是三级融合的最终结果，直接为检测、控制、指挥、决策提供依据，直接影响着决策水平。决策层融合的过程和人类的思维更加接近，可以用不精确的推理方法得出合理或近乎合理的结论。

　　给出多传感器目标识别决策融合模型，研究几种多属性决策算子以及其权重信息完全未知情况下算子权重的确定方法，在对 C-OWA、C-OWG 算子进行了深入研究的基础上，对其进行拓展，以便处理两个或两个以上区间的集结问题，基于拓展的 C-OWA 算子给出具体的目标识别的决策融合步骤。

　　作为信息融合的一个重要研究内容，目标识别又称身份融合（identity fusion），可以理解为充分利用多个传感器资源，将这些传感器关于目标身份的信息依据某种准则来进行组合，以获得准确可靠的目标身份估计。当然，这里所说的传感器既包括雷达、红外等实际的物理传感器，也包括不同的分类器、不同的特征子集等构成的逻辑意义上的传感器。

　　用于目标识别的属性融合根据被融合信息存在的形式，可以分为三种结构：数据层融合目标识别、特征层融合目标识别和决策层融合目标识别。然而，对于用在不同环境下的目标识别系统，属性结构的选择既要对给定的任务具有优化检测和识别的能力，又要受技术能力的制约，同时还与传感器质量、传输数据的带宽等因素有关。

　　从目标识别时复杂的干扰环境来看，环境因素的干扰通信带宽不可能会很大。首先，利用数据层的融合方式可行性较小；而单纯使用特征层的融合来实现多传感器目标识别，会产生维数较高的特征向量，就增加了识别系统的复杂性，一旦出现一个或几个数据源受到干扰和破坏，识别系统的灵活性就会受到考验；决策层融合虽然信息损失量较大，但在信息处理方面具有很高的灵活性，它所使用的融合数据相对来说具有最高的抽象层次，融合中心所要处理的信息量较少，对通信带宽和计算机等资源要求相对较低，对原始的传感数据一般也没有特殊的要求，提供原始数据的各传感器可以是异质传感器。因此决策层融合在复杂背景下多传感器目标识别的应用上有一定的优势。目前已经开发了许多关于决策层融合目标识别的技术，其中一些还得到了实际的应用。但是对于这种融合本身而言，被融合的信息已经经过了加工处理，信源的原始信息在处理过程中存在不少丢失。这些信息，特别是在多变的环境条件下，对系统最终作出正确的分类识别，有不可忽视的作用，这就是决策层本身存在的局限性。

　　决策层融合目标识别就是各传感器先在本地分别进行预处理、特征提取、模式分类，建立起对所观测目标的初步结论，然后融合中心对各传感器的识别结果进行融合以得到最后的目标身份说明。决策层融合目标识别又可以在如下三个层次上进行。

　　① 抽象层。传感器只输出一个唯一的目标类别，或者更一般的情况，输出一个目标类别的子集。

　　② 排序层。传感器输出的是一个排好顺序的目标类别子集，其中排在第一位的是待识别目标最有可能的目标类别。

　　③ 度量层。传感器输出待识别目标属于每类目标的度量，如概率、相似度、距离等。

　　在上述三层识别结果信息中，度量层包含的信息量最多，抽象层包含的信息量最少。根据传感器输出的待识别目标属于每类目标的度量信息，可以对待识别目标属于每类目标的顺序进行排序，也可以从中选择度量值最大或最小的目标类别作为待识别目标最有可能的目标类别。根据传感器输出的排好顺序的目标类别子集，选择排在第一位的即是待识别目标最有可能的目标类别。

　　目前用于决策层融合的方法主要包括：投票表决法、平均法、加权平均法、Bayes 方法、Dempster-Shafer 理论、模糊积分法、模糊模板法、概率法以及神经网络法等。近年来在不确定多属性决策融合方面，OWA 算子（ordered weighted averaging operator）逐渐应用开来。

OWA 算子亦称有序加权平均算子。

为了建立一个多传感器目标识别的决策融合系统，下面从多传感器目标识别决策融合模型（图 6-9）入手，对于多传感器目标识别过程，考虑 t 个传感器组成的目标识别系统，用集合 $D=(d_1,d_2,\cdots,d_t)$ 来表示，$\boldsymbol{\lambda}=(\lambda_1,\lambda_2,\cdots,\lambda_t)^{\mathrm{T}}$ 为属性权重向量。决策者针对传感器 k 提取的特征信息给出决策矩阵 $\boldsymbol{A}^k$，元素 a_{ij}^k 进行规范化处理，得到相对应的规范化矩阵 $\boldsymbol{R}^{(k)}=(r_{ij}^{(k)})_{n\times m}$。

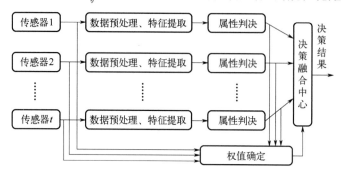

图 6-9　多传感器目标识别决策融合模型

在该结构中，目标识别系统是建立在特征信息提取基础上的，每个传感器送入识别系统的数据是经过一定处理的目标特征数据，这些特征信息在识别系统中进行相应的属性判决后再输入到决策融合中心。同时送入的还有各个传感器识别信息的可信度权值。经过融合中心的融合处理后，识别系统输出一个排好顺序的目标类别子集，其中排在第一位的是待识别目标最有可能的目标类型。

OWA 是一种介于最大和最小算子之间的加权平均算子，相当于模糊运算中"或"运算和"与"运算，其"与或"度是可以根据需要进行调整的，从而更能满足实际应用的需要。

假设 OWA：$\boldsymbol{R}^n \to \boldsymbol{R}$，有一与 OWA 相关联的 n 维加权向量 $\boldsymbol{w}=(w_1,w_2,\cdots,w_n)^{\mathrm{T}}$，$\boldsymbol{w}\in[0,1](1\leq i\leq n)$，且 $\sum_{i=1}^{n}w_i=1$ 使得

$$OWA_w(a_1,a_2,...,a_n)=\sum_{i=1}^{n}w_ib_i \qquad (6\text{-}10)$$

式中，b_i 是数组 $(a_1,a_2,\cdots,a_n)$ 中第 i 个最大的元素，则称函数 OWA 为有序加权平均算子，也称为 OWA 算子。

上述算子的特点是：对数据 $(a_1,a_2,\cdots,a_n)$ 按从大到小的顺序重新进行排序并通过加权集结，而且元素 a_i 与 w_i 没有任何关系，只与集结过程中的第 i 个位置有关。

设 $\boldsymbol{w}$ 为任一 OWA 算子的有序加权向量，其"或"度量表示为：

$$orness(\boldsymbol{w})=\frac{1}{n-1}\sum_{i=1}^{n}(n-i)w_i \qquad (6\text{-}11)$$

其"与"度量表示为：

$$andness(\boldsymbol{w})=1-orness(\boldsymbol{w}) \qquad (6\text{-}12)$$

"或"度量和"与"度量表示了有序加权向量 $\boldsymbol{w}$ "或"和"与"的程度。可以看出，当 $\boldsymbol{w}=（1,0,0,\cdots,0）$ 时，$orness(\boldsymbol{w})=1$；当 $\boldsymbol{w}=（0,0,\cdots,0,1）$ 时，$andness(\boldsymbol{w})=1$；当 $\boldsymbol{w}=\left(\dfrac{1}{n},\dfrac{1}{n},\cdots,\dfrac{1}{n}\right)$

时，$orness(w)=andness(w)=0.5$。当 w 越接近"或"运算时，$orness$ 越接近 1；当 w 越接近"与"运算时，$andness$ 越接近 1。

假设 WAA：$\boldsymbol{R}^n \to \boldsymbol{R}$，若：

$$WAA_w(a_1,a_2,\cdots,a_n)=\sum_{j=1}^{n}w_j a_j \tag{6-13}$$

式中，$\boldsymbol{w}=(w_1,w_2,\cdots,w_n)^{\mathrm{T}}$ 是一组数据 $(a_1,a_2,\cdots,a_n)$ 的加权向量。$\boldsymbol{w}\in[0,1]$，$1\leqslant i\leqslant n$，且 $\sum_{i=1}^{n}w_i=1$；b_j 是一组加权数据 $(nw_1a_1,nw_2a_2,\cdots,nw_2a_2)$ 中第 j 个最大元素。这里 $\boldsymbol{w}=(w_1,w_2,\cdots,w_n)^{\mathrm{T}}$ 是数据 $(a_1,a_2,\cdots,a_n)$ 的加权向量，$w_i\in[0,1]$，且 $\sum_{i=1}^{n}w_i=1$，n 是平衡因子，称函数 HWA 是混加权算术平均算子，也称为 HWA 算子。

该算子同时推广了 WAA 算子和 OWA 算子，它不仅考虑了每个数据的自身的重要程度，而且还体现了该数据所在位置的重要程度。

目前，多信息融合决策技术越来越受到人们的重视，这是因为它在信息处理方面具有一定的优势。增强系统的生存能力，也就是防破坏能力，改善系统的可靠性；可以在时间、空间上扩展覆盖范围；提高可信度，降低信息的模糊度，可以使多传感器对同一目标或时间加以确定；提高空间分辨率，多传感器信息的合成可以获得比任一单传感器更高的分辨率；增加了测量空间的维数，从而使系统不易受到破坏。多信息融合决策技术在数字孪生领域中有着广泛的应用，如军事上进行战场监视、图像融合，包含医学图像融合等、工业智能机器人（对图像、声音、电磁等数据进行融合，以进行推理，从而完成任务）、空中交通管制（由导航设备、监视和控制设备、通信设备和人员四部分组成）、工业过程监控（过程诊断）、刑侦（将人的生物特征如指纹、虹膜、人脸、声音等信息进行融合，可提高对人身份识别的能力）、遥感等。接下来一节将举几个典型的例子进行分析。

6.4　基于传感技术的数字孪生典型应用

传感技术是数字孪生的关键技术之一，数字孪生体镜像物理系统的生命历程的基础在于：能够实时感知系统性能状态并收集系统周围的环境信息，这就需要借助传感技术来实现。通过安装在系统结构表面或嵌入结构内部的分布式传感器网络，获取结构状态与载荷变化、操作以及服役环境等信息，实时监测系统的生产、制造、服役以及维护过程。持续获取的传感数据不仅能够用于监测系统当前状态，还能借助大数据、动态数据驱动分析与决策等技术用于预测系统未来状态。

6.4.1　重型车辆传动装置的数字孪生系统构建

（1）重型车辆传动装置应力载荷及寿命映射关系研究

① 辅助系统结构件典型应力载荷下疲劳寿命研究。针对辅助系统的典型零部件（如支承、管道、风扇等），通过实车试验，对其典型工况下的温度和振动载荷展开研究，采用 PSD 测量、隔热式传感器等监测结构件所受应力载荷数据；利用雨流计数法、频率雨流计数法，对振动载荷进行统计，编制辅助系统各个结构件受冲击、振动、动态载荷的载荷谱，编制振动疲劳载荷谱；通过进一步室内试验和数值模拟分析应力载荷谱；基于应力载荷谱，利用

Miner 疲劳累计损失原理,进行疲劳试验和有限元仿真,获得典型零部件振动、温度与疲劳寿命的基本数据。

② 基于历史数据的寿命映射关系研究。首先对传感器采集的历史数据采用最小二乘法线性回归分析,得到基于历史数据的三参数威布尔分布,并求出各典型应力载荷水平下典型零部件疲劳寿命的期望;其次依据历史数据和当前小样本数据融合的策略,利用加权最小二乘法,建立样本寿命的威布尔分布模型,并利用历史数据优化确定威布尔分布模型的参数;最后利用威布尔分布特征,得到本次小样本疲劳寿命预测的寿命均值,并利用最小二乘法进行线性回归分析确定寿命映射关系,建立小样本试验数据下辅助系统零部件寿命映射关系。

③ 基于概率映射原理的寿命映射方法研究。依据小样本材料性能-疲劳寿命概率映射原理,开展辅助系统的典型零部件寿命映射关系研究。首先,在传感器获取的应力载荷水平中选取符合试验条件的应力、寿命数据,利用最小二乘法线性回归分析,求解出各典型应力水平下的对数寿命均值及标准差;其次依据对数寿命标准差与应力水平呈线性关系,利用摄动寻优技术,确定关键参数 K 值和各典型应力水平下疲劳寿命标准差;最后依据材料性能-疲劳寿命映射原理,计算出大样本数据的疲劳寿命,根据最小二乘法线性回归分析得到寿命映射关系。

④ 基于分布假设的辅助系统寿命映射关系验证。基于分布假设检验,开展寿命映射关系的试验验证和修正。首先利用辅助系统典型零部件疲劳寿命预测试验数据,在不同任务剖面下,对两种映射关系进行验证并得到应力-误差图;其次基于应力-误差图,利用Anderson-Darling 检验法和 W 检验法对拟合度较差的典型应力水平下疲劳寿命分布进行分布假设检验;最后根据不同的检验结果,对两种应力-载荷映射关系进行针对性的修正。

（2）重型车辆传动装置寿命预测研究

① 辅助系统数字孪生模型与真实系统状态连接技术。通过传感技术建立辅助系统的实时监测系统,对在役设备进行分析,确定危险位置、高效观测位置和可监视位置,获得辅助系统在使用过程中典型部位和关键区域的位移、应力、加速度、温度等数据,建立数据传输软硬件系统,确定在役设备状态测量方案,获得状态监测数据。

采用训练部件运行至失效的监测数据,得到辅助系统仿真模型和实测数据性能退化数据。通过输入输出接口将传感器数据传递给数字孪生系统。通过数字孪生系统的虚拟仿真,获得精确的预测分析结果,判断辅助系统寿命和寿命薄弱关键,优化控制参数给出控制建议和预期寿命。

② 辅助系统性能指标参数的数据前处理。采用 z-score 或 max-min 归一化方法,对辅助系统不同物理意义的数据进行融合。

③ 建立辅助系统合成的性能退化指标。建立多传感器数据的融合方法,并获得合成的辅助系统性能退化指标。

④ 辅助系统性能指标退化轨迹平滑建模。合成健康指标的时间序列在监测周期内存在较大的波动。建立拟合平滑方法,平滑处理合成健康指标的时间序列,建立退化轨迹平滑模型,建立退化轨迹数据库。

⑤ 基于辅助系统退化轨迹相似性分析的剩余寿命预测方法研究。安装设备,实时在线监测采集测试部件的数据。比较确定测试部件连续退化指标的最佳观测时间窗口。同退化轨迹数据库中退化轨迹数据进行逐条的相似性比对,计算部件当前所在的时间窗与退化轨迹时间窗之间的相似度,相似度最小取值处也是最佳匹配时间窗的位置。根据与退化轨迹的相似

度，计算测试部件的 RUL（剩余使用寿命）。

最后，判断辅助系统寿命和寿命薄弱关键，优化控制参数给出控制建议和预期寿命。

（3）重型车辆传动装置结构件疲劳寿命研究

① 载荷和历史数据的获取。在实车试验中，针对辅助系统结构件如弹性支承、空气管道等所处高温、高振动环境，采用隔热式传感器安装方式的加速度传感器、速度传感器、PSD（位置敏感探测器）以及电阻应变片监测辅助系统结构件弹性支承、空气管道等所受冲击载荷、振动载荷、动态载荷数据。同时，收集车辆不同任务剖面下辅助系统结构件寿命的历史数据。

② 编制载荷谱。利用雨流计数法和频率雨流计数法计数，针对车辆行进中辅助系统结构件，如弹性支撑、空气管道等所受冲击载荷、动态载荷、振动载荷进行应力载荷谱和振动疲劳载荷谱编制。具体方法如下：

a. 利用雨流计数法计数；其次计算出载荷的总平均值，找出载荷的频率分布规律，绘制载荷频次图；然后以累积频次为横坐标，以载荷级为纵坐标绘制出累积频次图；最终进行载荷幅值分级并利用 Matlab 进行程序载荷谱的编制。

b. 在传统雨流计数法基础上进行扩展得到基于振动疲劳的频率雨流计数法。主要思路就是对于振动数据进行统计时，记录每个峰值的时刻，获得每个峰谷值对应时刻的频率。在进行计数时记录峰值时刻，计算相邻峰值间的时间差 Δt，即可求得该峰值对应的频率 F。

$$S_{\text{Amp}}^i = \frac{S_{\text{Peak}}^i - S_{\text{Valley}}^i}{2} \tag{6-14}$$

$$F^i = \frac{1}{t_{S_{\text{Peak}}^{i+1}} - t_{S_{\text{Peak}}^i}} \tag{6-15}$$

式中，S_{Peak}^i、S_{Valley}^i 为波峰、波谷的幅值；i 为峰谷值频次；$t_{S_{\text{Peak}}^{i+1}}$ 为 $t_{S_{\text{Peak}}^i}$ 对应的时间刻度。

通过对传统雨流计数法提取的时域幅值划分载荷级，确定载荷发生频次。将频率特征与上述载荷谱进行耦合，由频率的定义可知频率为时间间隔的倒数，因此可以实现载荷谱从载荷-循环次数到载荷-时间的转换，根据上述频率数据，求出每对峰谷值发生的时间，最后将所有峰谷值按照时间进行连接，从而实现载荷谱形式的转换。编制后的载荷谱形式为载荷-时间，保留应力峰谷值和对应频率，是时域和频域的耦合形式，即得到振动疲劳载荷谱。

③ 疲劳试验和仿真。基于所编制的载荷谱，使用疲劳试验机进行疲劳试验以及有限元仿真进行疲劳试验。具体方法如下：

a. 针对弹性支承、空气管道等结构件，利用电液伺服拉扭疲劳试验机，进行疲劳寿命试验。电液伺服拉扭疲劳试验机主要用于金属材料及其构件等零部件的拉、压、扭等复合试验，同时也可以进行单纯的拉、压、扭试验；电液伺服疲劳试验机主要用于检测各种材料、零部件、弹性体和减振器的动、静态力学性能试验。试验机操作灵活方便，移动横梁升降、锁紧、试样夹持均由按钮操作完成。采用先进的液压伺服驱动技术加载、高精度动态负荷传感器和高分辨率磁致伸缩位移传感器测量试件力值和位移。

b. 利用有限元仿真进行疲劳寿命试验。基于有限元仿真平台，建立辅助系统不同结构件模型，利用编制的载荷谱，在各典型应力水平下开展有限元仿真。

c. 利用上述试验机以及有限元软件，依据 Miner 损伤理论进行疲劳寿命预测：

利用雨流计数法在局部应力的时域提取疲劳循环。在每个循环里通过参考选择的损伤曲线评估损伤分布。依据 Miner 疲劳累积损伤规则进行每个循环线性损伤的累积。

Miner 理论认为各个应力作用下，结构的疲劳损伤相互独立，总损伤则可以由相互独立的疲劳损伤线性叠加得到。

Miner 理论假设一个循环造成的损伤为：

$$D = \frac{1}{N} \tag{6-16}$$

等幅载荷作用下，n 个循环造成的损伤为：

$$D = \frac{n}{N} \tag{6-17}$$

非等幅载荷作用下，n 个循环造成的损伤为：

$$D = \sum_{i=1}^{n} \frac{1}{N_i} \tag{6-18}$$

依据 Miner 理论所得的疲劳极限，绘制 S-N 曲线。S-N 曲线（寿命曲线）表述了在一定的应力幅度下，材料失效所需的载荷次数。

S-N 方法公式：

$$(\sigma - A)^m N = D \ \text{或} \ \sigma = A\left(1 + \frac{C}{N^a}\right) \tag{6-19}$$

式中，$1/m$ 为 S-N 曲线的负斜率；A 为材料的疲劳极限；D 为材料常数；α 为 S-N 曲线的负斜率；C 为材料常数。

（4）重型车辆传动装置故障预测研究

采用辅助系统数字孪生多物理耦合特性建模和仿真技术分析、优化和评估辅助系统在不同环境和工况下的结构安全、寿命等，分析最为有效的关键测量位置，建立辅助系统的位移、加速度、应力等的传感器监测布置方案。根据辅助系统结构特点和故障树分析结果，整合辅助系统项目设计过程中的模型资源和试验数据。建立基于物理方法和数据驱动方法的辅助系统数字孪生建模方法，在虚拟空间中建立辅助系统的多学科、多物理量、多尺度、多概率的辅助系统数字孪生模型。建立数字孪生模型的代理模型，提升数字孪生系统的分析速度。

辅助系统数字孪生多物理耦合特性建模和仿真技术的步骤为：根据辅助系统结构特点和故障树分析结果，收集模型资源和试验数据，确定影响辅助系统寿命的关键故障、故障的影响因素和关键故障所涉及的学科。选取能够表征辅助系统工作状态以及间接表征辅助系统工作载荷的发动机状态监测参数，确定监控参数范围并进行相关性分析，得到不同类别且相关性较低的状态监测参数，将其作为数字孪生辅助系统的输入参数。数字孪生系统的建模与分析模型如图 6-10。

建立辅助系统整机性能数字孪生模型。针对辅助系统性能退化行为，建立各零部件退化参数-部件特性参数的量化关系，采用数据融合的大数据方法，分析辅助系统关键性能的数据孪生系统。利用数字孪生模型定量化描述辅助系统在物理世界中响应状态和性能退化的行为特性。

① 基于物理方法的辅助系统数字孪生建模方法。根据辅助系统的故障树，针对每一种可能的故障，整合辅助系统设计模型资源，在虚拟空间为每个零件建立不同学科、失效模式、不同粒度和不同工况的仿真模型（如辅助系统某个支架的宏观振动模型、支架局部应力-应变分析模型、局部磨损模型和疲劳失效仿真模型）。根据各个零件的相互关系和耦合特性，将所

有零件组合起来，建立辅助系统的多学科数字孪生模型。

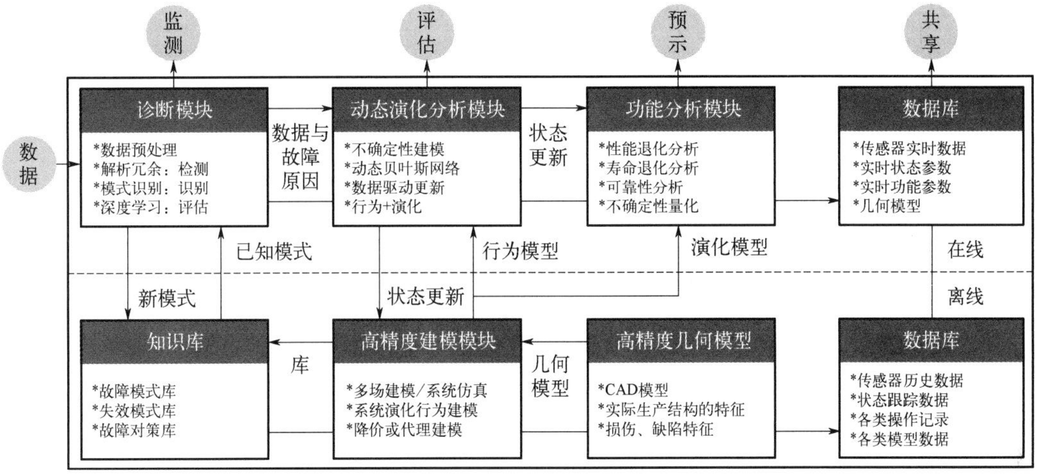

图 6-10　数字孪生系统的建模与分析模型

② 基于数据驱动的辅助系统数字孪生建模方法。根据辅助系统的故障树，搜集辅助系统预研、设计、试验、加工、运行中所有状态参数和故障数据。采用大数据分析方法，研究影响辅助系统寿命的关键因素和决定性故障。通过深度学习神经网络，辨识辅助系统数据驱动的数字孪生模型，表征状态参数对辅助系统振动特性、运行状态、寿命等的影响。利用系统状态条件,在数据驱动数字孪生模型上开展辅助系统多场耦合计算各个工况条件下的辅助系统温度、应力等状态。根据辅助系统运行环境数据，评估辅助系统当前状态，结合各类退化和缺陷检查结果数据，建立辅助系统运行环境、状态、性能退化的缺陷状态模型库。

③ 建立系统数字孪生模型与真实系统状态数据的输入输出接口。收集真实辅助系统外场数据样本，如辅助系统历史运行工况与状态数据、退化检查数据、失效时间数据等。修正辅助系统对应的数字孪生模型参数，降低模型计算和预测的不确定性，提高辅助系统数字孪生模型与物理实体的保真度。

④ 在辅助系统上安装应力监测系统，监测及辅助决策系统。对辅助系统运动状态、装载、温度、加速以及关键位置的应力等数据进行采集、储存、分析和显示。当这些数据的变化超过了预设临界值时，根据辅助系统运行环境和历史数据评估辅助系统当前状态，结合温度、应力、加速度、振动等检查数据，判断辅助系统数字孪生模型中是否有适合失效特征的损伤仿真模型或者代理模型。若有,则用该仿真模型或代理模型和输入状态参数，计算辅助系统的危险部位振动、应力场、温度、累积损伤当量，同时更新辅助系统数字孪生模型，给出操作维修建议；若无，则提出警告，要求针对该工况建立对应的振动、应力场、寿命、温度、损伤等的仿真模型或者代理模型，将新建的仿真模型或者代理模型接入辅助系统数字孪生模型，更新辅助系统数字孪生模型库，根据寿命给出警告和使用建议。收集辅助系统外场数据样本，借助贝叶斯方法融合外场失效数据，修正模型参数，降低辅助系统数字孪生模型计算和预测的不确定性,提高辅助系统数字孪生模型与物理实体的保真度。

根据辅助系统状态监控数据计算危险部位的应力场、温度场。基于损伤机理，建立蠕变、高周疲劳、低周疲劳、热机械疲劳、腐蚀、塑性变形、机械损伤等单一或多种损伤模式耦合的计算模型，利用状态监控参数和损伤计算模型计算辅助系统危险部位振动、应力场、温度、寿命累积损伤当量（图 6-11）。

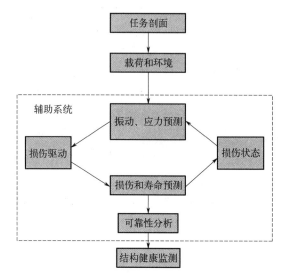

图 6-11　基于数字孪生系统的寿命预测过程

6.4.2　数字孪生海洋牧场

（1）案例概述

数字孪生海洋牧场，借助三维仿真技术对海洋进行数字还原，并接入 IOT、GIS 数据赋予其动态感知能力，通过渔场总体态势可视化展示，以及海水检测数据展示、IOT 监测设备展示、养殖设备远程控制、海洋场景虚拟模拟、移动端远程访问控制等，实现了海洋环境模拟、水质环境参数展示、门闸开关无线传输、食物投放智能处理、养殖预警信息发布、决策支持远程自动控制等功能。数字孪生海洋牧场需要应用到温度、湿度、压力等多方位感知传感器，例如控制压强和温度的压力传感器和温度传感器。传感器可以将非电信号的变化转换为电信号，以水位传感器为例，当传感器中的线圈固定不动，气压推动隔膜带动磁芯使其与线圈之间的相对位置发生变化，线圈的电感量发生变化，导致线圈中电流变化，通过感应电阻转换成变化的电压输出变量，由此实现了水位由非电信号到电信号的变换。这些传感器除了能及时地掌握牧场状况，确保其安全外，还能满足对牧场运行状态的诊断、预测以及研究需求。先进传感技术在数字孪生海洋牧场方面的应用使得工作人员能更加科学有效地做好牧场的控制和规划，也杜绝了工作人员依靠经验判断而导致牧场出现安全隐患。

（2）典型场景

场景 1：三维数字还原海洋场景

数字孪生海洋牧场可对海洋、海岸线、海水深度等要素进行仿真模拟，在数字孪生平台构建真实还原的数字海洋。采用双精度坐标，同时支持 PBR 渲染技术，也支持镜面反射和金属性贴图工作流、逼真的光源灰尘，使海洋场景贴近真实。

场景 2：海洋场景模拟

通过先进的网络数字传感器，平台自动计算出水面效果、波浪效果、日照效果，可进行海浪模拟、风向模拟、日照模拟等，达到现实场景的高逼真还原。如网络数字水位传感器在普通的数字水位传感器的基础上添加了通信技术，使得传感器不仅具有自我检测、自我校准、自我诊断的功能，还添加了网络通信的功能，更加方便了用户的使用。常见的水位传感器有两种：开关式和电子式。开关式水位开关由于挡位少，不能满足对于水的多方面控制，现在很少再采用，而电子式水位开关挡位多、线路少、精度较高且具有较强的防浪涌功能等优点，因此被广泛应用于各种实用水位采集中。智能渔场海洋场景模拟见图 6-12。

图 6-12　智能渔场海洋场景模拟

场景 3：海洋牧场数字化模拟

在平台中输入养殖相关参数，如鱼群种类、养殖周期等，通过智能计算海洋牧场养殖区域面积、鱼群数量及生长时间，动态模拟鱼的养殖密度，对鱼的不同生长时期进行数字化建模，真实还原海洋牧场养殖场景，提高养殖效率。

场景 4：养殖设备远程操作

针对海洋牧场环境限制、运维人员现场操作不方便等问题，可基于数字孪生平台，运用先进传感技术结合智能处理与智能控制等物联网技术的集成，实现养殖门闸开关、食物投放远程操作管理，在远程 PC 端/移动端登录海洋牧场数字孪生平台，选择任意养殖设备进行开启/关闭，如图 6-13 所示。

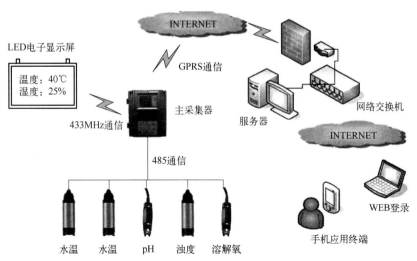

图 6-13　养殖设备远程操作示意图

场景 5：海水监测数据可视化

通过接入各类先进的网络数字传感器传输数据进行分析，可对海水流动方向、海水 pH 值数据、溶氧量数据、海水温度数据、盐度数据、氮氧化合物含量数据等进行实时监测及可视化呈现，动态分析环境参数的变化对鱼类养殖的影响，并根据现实情况给出改善建议。

场景 6：海洋牧场全域感知与实时交互

深海养殖场距离陆地较远，传统的传输网线无法部署，对现场的运维管理有非常大的挑战。5G 网络解决了原本 4G 信号带宽存在不足造成传感器信号差的问题，可满足视频大带宽数字化测控技术的需要，同时 5G 低功耗海量连接的优势可支持更多的传感器覆盖，助力实现海洋牧场的全域感知。海洋牧场可通过移动端查看养殖区域视频监控、远程操控养殖设备、实时接收海洋动态分析及告警数据，从而指导运维管理、科学指挥决策。

（3）案例总结

通过数字孪生海洋牧场，应用先进传感技术，让海洋资源数据"看得见、用得到"，实现可视化的指挥决策和合理的仿真推演，为改善和恢复海洋渔业资源生态环境，提升渔业资源与渔业质量提供了非常大的帮助。建设数字孪生海洋牧场达到了保护增值和提高渔获量双重目的，通过减少人员现场作业从而改善了海洋环境，营造了动植物良好的生态环境。经过本次项目的实施，减少了 50% 运维人员投入，养殖产量增加 50%。

6.4.3 数字孪生热电厂

（1）案例概述

2019 年 8 月，某集团公司与热电公司正式签订数字化转型项目合同，通过采购"SmartEarth 智慧工厂数字孪生系统"产品，对热电厂进行数字化转型建设，基于先进传感技术运用数字孪生理念和技术助力热电厂"辅助机组节能减排、保障机组安全运行、实现设备精益管理、构建主动安全防控能力、提高工作协同效率、实现资源高效利用"。

（2）典型场景

场景 1：三维高精度数字孪生热电厂

根据热电厂现场和现有数据情况，采用多种建模手段，将先进传感器所采集数据进行特征提取、降维等数据分析，实现融合多种类、多层级的数据成果，构建与现实物理世界等比例、高精度的数字孪生电厂，如图 6-14 所示。

图 6-14　三维高精度数字孪生热电厂模拟

场景 2：基于数字孪生热电厂实现设备全生命周期智能化管理（图 6-15）

利用三维模型语义化和属性语义扩展等数字孪生技术，完成设备几何信息、业务信息的融合，实现传感器以及设备安装、运行巡检过程中的三维仿真和实时互动，以及全厂设备的全程可视化和全生命周期管理透明化。运行管理人员可以在三维虚拟平台中用直观高效的一体化方式综合浏览热电厂各类信息，包括热电厂本体、接线逻辑以及运行、检修状态等，同时结合智能分析模型，预测设备运行趋势，实现故障提前预警。

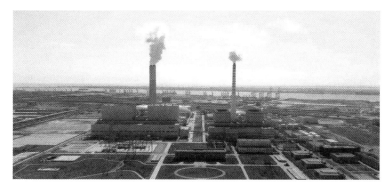

图 6-15　热电厂设备智能化管理

场景 3：基于数字孪生编码技术，构建现实热电厂搜索引擎（图 6-16）

以数字孪生热电厂为基础，索引并归档物理热电厂中的对象，并以知识图谱为基础构建对象之间的逻辑关系，从而提供便捷完善的搜索方式，包括关键字搜索、编码搜索、空间关系搜索、时序关系搜索和逻辑关系搜索等，实现快速定位和精准获取所需内容。

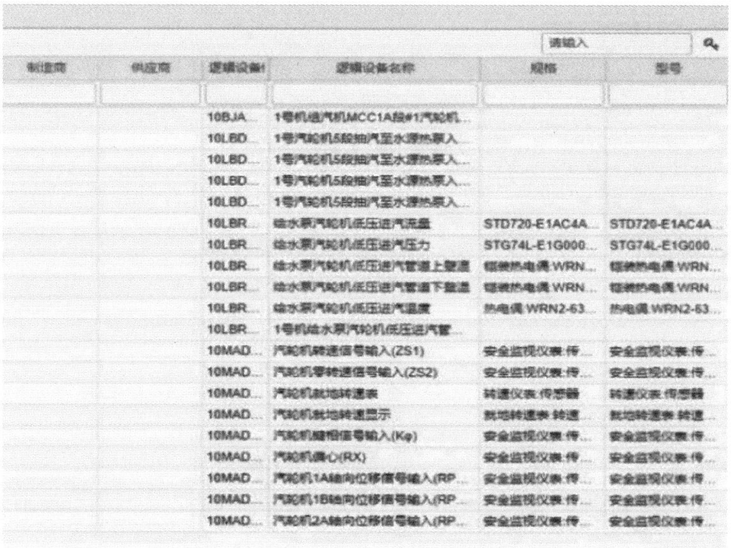

制造商	供应商	逻辑设备编	逻辑设备名称	规格	型号
		10BJA...	1号机给汽机MCC1A段#1汽轮机...		
		10LBD...	1号汽轮机5段抽汽至水源热泵入...		
		10LBD...	1号汽轮机5段抽汽至水源热泵入...		
		10LBD...	1号汽轮机5段抽汽至水源热泵入...		
		10LBD...	1号汽轮机5段抽汽至水源热泵入...		
		10LBR...	给水泵汽轮机低压进汽流量	STD720-E1AC4A...	STD720-E1AC4A...
		10LBR...	给水泵汽轮机低压进汽压力	STG74L-E1G000...	STG74L-E1G000...
		10LBR...	给水泵汽轮机低压进汽管道上壁温	铠装热电偶 WRN...	铠装热电偶 WRN...
		10LBR...	给水泵汽轮机低压进汽管道下壁温	铠装热电偶 WRN...	铠装热电偶 WRN...
		10LBR...	给水泵汽轮机低压进汽温度	热电偶 WRN2-63...	热电偶 WRN2-63...
		10LBR...	1号机给水泵汽轮机低压进汽管...		
		10MAD...	汽轮机转速信号输入(ZS1)	安全监视仪表:传...	安全监视仪表:传...
		10MAD...	汽轮机零转速信号输入(ZS2)	安全监视仪表:传...	安全监视仪表:传...
		10MAD...	汽轮机就地转速表	转速仪表:传感器	转速仪表:传感器
		10MAD...	汽轮机就地转速显示	就地转速表:转速...	就地转速表:转速...
		10MAD...	汽轮机键相信号输入(Kφ)	安全监视仪表:传...	安全监视仪表:传...
		10MAD...	汽轮机偏心(RX)	安全监视仪表:传...	安全监视仪表:传...
		10MAD...	汽轮机1A轴向位移信号输入(RP...	安全监视仪表:传...	安全监视仪表:传...
		10MAD...	汽轮机1B轴向位移信号输入(RP...	安全监视仪表:传...	安全监视仪表:传...
		10MAD...	汽轮机2A轴向位移信号输入(RP...	安全监视仪表:传...	安全监视仪表:传...

图 6-16　热电厂搜索引擎

场景 4：高精度人员定位，满足安全管控要求

结合对人员管理的实际工作要求，基于先进传感技术，实现全厂工作人员的精准定位，采用 UWB 精准定位技术、图像识别、人脸识别、大数据分析等新技术，打造工业复杂环境下分米级定位的三维安全管控系统。高精度人员定位模块通过 PC 端和移动端 APP 相结合方式，实现对整个厂区人员活动轨迹的监控，并以此功能深入拓展，实现智能点巡检、智能两

票管理系统等,实现智慧电厂全方位安全生产管理。厂区监控系统见图 6-17。

图 6-17　厂区监控系统

场景 5:实时视频监控,加强厂内安全监管

在数字孪生热电厂环境下,接入网络传感器并融合视频物联网数据,可实时调用并查看视频。同时,可在数字孪生空间针对摄像头位置进行分析,保障重点区域实现监控全覆盖,从而加强对重点监控区域的监察管理。实时视频监控平台见图 6-18。

图 6-18　实时视频监控平台

6.4.4　电网数字孪生电站运营平台

（1）案例概述

能源互联网是促进可再生能源消纳、提高能源使用效率的重要途径,但因构成网络多、特性差异大,能源互联网的规划、运行和控制面临大量难题。因此,传感器首先要突破通信能力有限这个最大的瓶颈,这需要采用一些新的原理和协议。其次是能量的消耗。在硬件方面,随着信息材料技术和能源技术的发展,除了采用低功耗元件之外还可以采用太阳能等新兴能源作为辅助能源;软件方面,由于数据传输是能量消耗的重灾区,采用媒体接入控制算法以及一些优化算法,它们可以选择最佳路径进行数据传输,并尽可能地延长工作时间。基于数字孪生理念,智能电站运营平台实现全业务领域主题分析、各专业业务域的全景仿真建模,以三维可视化为特色,以物联网、大数据、人工智能等新型数字化技术为基础,构建智慧园区的"智慧运营大脑"。变电站地处交通不便处,电力省公司人手较少,因此数字孪生技术有助于无人巡检、设备监测,提升安全生产的可靠性。

（2）典型场景

场景 1：电力舱管理

电力舱布局错综复杂，环境封闭，管理人员需要清晰了解电力舱的空间结构、环境、照明、通风等状态。基于先进传感技术，同步 BIM 数据，实现电力舱布局、通风、照明、监控、环境、井盖、供电单元、配电单元的还原与定位。同时，引入 IOT 的数据，结合通路关系，将拓扑关系还原，在发生紧急事件时，系统不仅能报警，也能通过拓扑关系了解关系出事点上下游的台区和分区，协助管理人员开关闸门。对接 GIS 后，可以实现 2D/3D 综合管理，既能从微观上了解各类设备的工作，又能从电力舱布局上进行快速定位，处理综合态势。电力舱管理平台见图 6-19。

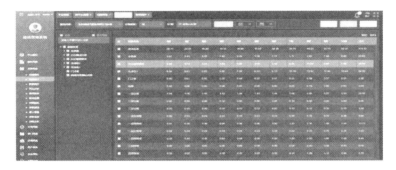

图 6-19　电力舱管理平台

场景 2：机器人巡检

机器人能按照既定计划或者人员远程唤醒、控制，完成巡更工作。监管的对象有常规巡查、重点设备巡查、温度监测、湿度监测、动植物干扰、异常声音等，利用 IOT 传感器、摄像头完成数据的采集。人员可以远程调用相关数据，操控机器人到固定传感器盲区进行重点核查，也可以通过巡更路线对比、周界安防、视频融合对机器人管理监控。机器人巡检状态查询见图 6-20。

图 6-20　机器人巡检状态查询

场景 3：设备精细运营

按照《国家电网有限公司关于全面应用输变电工程及建设工程数据中心的意见》（国家电网基建〔2018〕585 号）的要求，新建 35kV 及以上输变电工程全面开展三维设计。大部分变电站的设备，诸如变电器等需要超长时间不间断工作，且在露天工况下，环境比较恶劣。

变电站事关工业生产和居民生活，因此需要根据先进传感器传输数据进行实时监测并给出状态预判。在虚拟环境中进行线路和站点的模拟规划可以保证输电效率最大化，对监测设备进行数据采集可以对输电和变电站运营进行实时监控并在虚拟环境中完成故障分析和预测，据此及时提醒运维人员进行处理，保障正常供电。

（3）案例总结

电力数字孪生平台实现了全周期管理，促进了数字孪生与先进传感技术配合方面的研究，进一步推动无人变电站的落地。在管理成本上，道口岗人数从 2 变为 1，大门岗从 2 变为 1，巡逻岗从 1 变为 0，机动岗从 1 变为 0（多电站共用），监控中心岗从 2 变为 0.3（多电站共用），工程岗从 7 变为了 0（多电站共用），累计减员 55 人，效率提升 170%。

6.5 基于传感技术的数字孪生发展前景

目前，数字孪生研究与应用处于初级阶段，在工业应用方面仍然存在许多研究挑战，如建模技术、数据分析、信息安全和隐私保护等。数字孪生的发展离不开物联网、先进传感技术、大数据等新一代信息技术的支持，要实现数字孪生的高速发展，构建一个高效、健壮的数字孪生系统，应将数字孪生与新一代信息技术进行融合。下面从急需突破的支撑技术，以及从技术和应用层面对数字孪生的未来进行展望。

6.5.1 基于传感技术的数字孪生突破方向

回望过去的 100 多年，整体工业发展最重要的一个标识是产业化生产制造。当下传统的工业设备，持续载入了通信控制模块、CPU、储存、上亿行软件编码，商品变得愈来愈繁杂，对工业产品的要求越来越高。因此基于传感技术的数字孪生突破方向主要有以下几个。

（1）高保真度的建模仿真

高保真度的建模仿真是构建产品数字孪生的数据准备。可以开展高保真度的仿真，也是数字孪生区别于 DMU 的重要特征。DMU 的设计意愿与物理产品的实际表现通常存在分歧，被称为"buildtime"和"runtime"的脱节，主要原因是基于理想定义的 DMU 开展的仿真工作，仅存在指导性作用。而基于数字孪生的仿真，不仅依靠基于模型的系统工程框架作为指导，而且仿真主体从理想样机转为实体孪生，其结果更加逼近真实系统的行为。这种仿真也被称为"高保真度/逼真度的仿真（high-fidelity-simulation，HFS）"。为此，早在下一代载具系统项目的实施过程中，美国国防部就发布 DaVinci 概念设计工具、Kestrel 固定翼飞机分析工具和 Helios 旋翼机分析工具 3 种产品，并通过后两者对飞行器的 HFS 研究积累了大量经验。因此，高保真度的建模仿真研究被视为实现产品数字孪生的重要里程碑，也是未来一段时间围绕产品数字孪生的研究重点。

（2）高置信度的仿真预测

高置信度的仿真预测是数字孪生的基本功能。当高保真度的建模工作完成后，数字孪生即可与检验和测量数据、关键技术状态参数等发生关联映射，并基于物理模型与预测分析模型，开展对物理产品制造、运行、故障分析的概率预测，给出产品的健康状况分析、剩余健康寿命和故障说明等有效信息。前文提及的美国空军研究实验室，在飞行器的机身损伤数字化表征、机身结构健康预测模型等方面已建立了极高置信度的仿真算法。要实现高置信度的仿真预测，其前提是实现高保真度的建模仿真，否则仿真预测的置信度必然是无源之水、无本之木。因此这项研究受制于高保真度的建模仿真技术发展，目前以动态贝叶斯算法、深度学习算法的研究为主。

（3）高实时性的数据交互

高实时性的数据交互是数字孪生与物理实体虚实融合的物质基础。数字孪生高实时性的数据交互，主要涉及产品运行的实时数据采集与监控、数字孪生对产品健康状态的实时诊断、数字孪生根据评估预测结果对产品的实时行为控制，以及对应的数据可视化技术。这种数据和信息交互应该是双向的，一方面物理产品的改变能动态可视化地反映在数字孪生上；另一方面，数字孪生通过感知得到的数据、产品状态以及历史数据、经验公式等进行分析决策，转而实时控制物理产品。

（4）大数据应用

即使仅考虑复杂产品，构建基于传感技术的数字孪生也必然产生庞大的数据量；其中既有每个数字孪生自身运行、仿真、预测得到的数据，也有这些数字孪生之间通信交流产生的数据。在探索风力发电机数字孪生应用的过程中，通用电气公司通过挖掘历史数据发现，在特定情境下，关闭部分电机比所有电机同时运行具有更高的输出功率。这样的知识信息在以往是很难捕捉到的。另外，基于传感技术的数字孪生结合机器学习也显得理所应当。以无人驾驶为例，通过构建有人汽车的数字孪生记录并学习人类的路况处理行为，再将学习结果传送给辅助驾驶系统甚至无人汽车，从而实现更加安全舒适的无人驾驶体验。在此过程中，根据对人类驾驶习惯的记录与分析，也可以进一步优化后续车型设计。

6.5.2 基于传感技术的数字孪生发展趋势

基于传感技术的数字孪生正处于发展上升期，技术体系不断完善，产业融合持续提速，行业应用加速渗透。未来，随着新型 ICT 技术、先进制造技术等的共同发展，数字孪生在数据采集、建模、互操作、可视化、平台等多个方面将持续深入提升，数字孪生技术体系将一边探索和尝试、一边优化和完善，其技术发展趋势也逐渐清晰。

① 现有的建模与模拟技术无法兼容，也无法查看模型全生命周期的所有信息。目前缺乏一种专有格式将物理实体的工程数据与模型进行整合，因此怎样构建一个涵盖产品全生命周期管理、制造系统执行和车间运营管理的数字孪生模型将是一个重要的研究趋势。

② 可以预见未来的孪生数据将具有多格式、高重复性和海量等特征，怎样将大数据分析融入数字孪生模型中，避免生产设备的实时数据对历史数据的覆盖，实现智能分析和预测。同时怎样将不同部门，如机械设计、电气设计、气动结构和控制单元等不同结构的数据进行融合，实现基于孪生模型的虚拟调试将是另一个研究趋势。

③ 智能决策系统的构建也将是一个研究趋势。数字孪生应当是一个可以不断积累设计和制造知识的系统，这些知识可以重复使用和不断改进。在虚拟模型与实际生产结果存在差异或物理实体与虚拟模型出现不同步时，决策系统需要根据已有的知识作出最优的反馈控制。

④ 数字孪生系统的安全性也将是一个重要的研究趋势。数字孪生拥有整个生产系统的所有核心数据，因此数字孪生系统或平台极易被攻击和窃取。典型的案例包括：2011 年伊朗核设施遭到电脑病毒"震网"选择性攻击；2012 年 SaudiAramco 石油和天然气公司的 3 万台电脑被一种名为 Shamon 的恶意软件感染和损坏。因此，有必要认识到安全性不是数字孪生的一个附加功能，它必须在整个孪生系统设计阶段就得到很好的开发与整合。

6.5.3　基于传感技术的数字孪生应用推广

随着传感技术的迅猛发展和数字孪生相关实践日渐成熟，基于传感技术的数字孪生走进现实主要有以下四个应用方向。

① 在产品研发方向，如何利用基于传感技术的数字孪生模型构建新型仿真系统，实现产品状态信息与数字孪生模型同步更新，在产品开发过程中及时发现产品设计、生产的缺陷，实现产品设计优化。

② 在产品制造加工方向，如何构建工厂级别的设备集群数字孪生模型，实现产品全加工过程的实时监控、过程优化和远程控制。

③ 在产品运维方向，如何应用基于传感技术的数字孪生实现产品运行维护，特别是机械系统的日常运行维护，比如电梯系统、汽车系统、大型装备等。

④ 同时应该注意到许多制造企业，尤其是中小型制造企业并不具备完全数字化的能力，仅能对部分设备进行数字化，如智能仓库或供应链管理。因此如何将基于传感技术的数字孪生在弱数字化企业进行应用也是一个重要的研究方向。

参考文献

[1] 郑诚慧. 元宇宙关键技术及与数字孪生的异同 [J]. 网络安全技术与应用，2022（09）：124-126.

[2] 詹全忠，陈真玄，张潮，等.《数字孪生水利工程建设技术导则（试行）》解析 [J]. 水利信息化，2022（04）：1-5.

[3] 谢文君，李家欢，李鑫雨，等.《数字孪生流域建设技术大纲（试行）》解析 [J]. 水利信息化，2022（04）：6-12.

[4] 周二专，张思远，石辉，等. 复杂大电网数字孪生构建技术及其在调度运行中的应用 [J]. 电力信息与通信技术，2022，20（08）：50-59.

[5] 龙玉江，李洵，舒彧，等. 数字孪生技术的应用及进展 [J]. 上海电力大学学报，2022，38（04）：409-414.

[6] 孙光宝，邓颂霖. 基于数字孪生技术的水资源管理系统应用研究 [J]. 黄河. 黄土. 黄种人，2022（15）：62-64.

[7] 朱建平. 机电一体化在智能制造中的应用研究 [J]. 信息记录材料，2020，21（12）：114-115.

[8] Zhang P, Guo C, Wu Y, et al. Design of non-contact fuel consumption real-time monitoring system for BDS positioning special vehicle [C]//IOP Conference Series: Materials Science and Engineering. IOP Publishing, 2020, 715（1）：012055.

[9] Topa M M, Karaca M, Bademir A, et al. Buckling Safety Assessment for the Multi-Axle Steering Linkage of an 8×8 Special Purpose Vehicle [J]. Celal Bayar Üniversitesi Fen Bilimleri Dergisi, 2019, 15（4）.

[10] 耿胜男，冯辉，王星来，等. 航天器智能结构与先进传感技术 [J]. 遥测遥控，2017，38（05）：44-48.

[11] 焦正. 先进的环境传感技术与传感器 [D]. 上海：上海大学，2003.

[12] 方可行. 光传感技术的电流、电压传感器 [C]//中国科学技术协会，吉林省人民政府. 新世纪 新机遇 新挑战——知识创新和高新技术产业发展（上册）. 北京：中国科学技术出版社，2001：157.

第 **7** 章

现代传感技术在物联网中的应用

7.1 物联网概述

物联网是通过射频识别、红外感应器、全球定位系统、激光扫描器等信息传感设备，按照约定的协议，把物品与互联网相连接，进行信息交换和通信，以实现智能化识别、定位、跟踪、监控和管理的一种网络概念。物联网是继计算机、互联网和移动通信之后信息产业再一次的革命性发展，具有产业链长、涉及产业群多等特点，其应用范围几乎涵盖各行各业。

物联网自其诞生以来，已引起世界各国广泛关注，被认为是继计算机、互联网和移动通信网之后的第三次信息产业浪潮，其引起的信息技术产业变革将会影响社会生产中的各个行业。通信技术的飞速发展实现了人与人之间的交流，基于互联网的物联网技术即将实现物与物、人与物之间的互联。物联网与人们日常生活具有紧密联系，在城市交通、家居、安防、电力等领域具有广阔的应用前景。随着信息技术与计算机技术的飞速发展，无线通信网络和大范围的宽带覆盖为物联网的发展提供了坚实的基础设施支持。

作为信息领域一次重大的发展和变革机遇，物联网的发展与自身技术、政府政策、行业标准等存在密切关系。"感知中国"的物联网战略拉开了我国物联网高速发展的序幕；为加强对物联网发展方向和发展重点的引导，促进物联网健康发展，我国政府发布了一系列政策，不断优化物联网发展环境。政府政策以及地方政策支持是物联网发展的风向标，国家政策、社会需求、行业标准、技术突破等均是物联网发展的驱动因素。传感器、近距离传输、数据处理及综合集成等领域相关技术的飞速发展，极大促进了物联网的发展，物联网技术在智能家居、环境监测、健康监护、设备运维、工业生产、车联网、智慧城市以及产品销售等方面的应用日渐成熟。GB/T 33474—2016《物联网 参考体系结构》详细描述了物联网系统各业务功能域中主要实体以及实体间的接口关系，如图 7-1 所示。物联网涉及的关键技术主要分为感知、应用、网络与公共技术四部分，其技术框架如图 7-2 所示。

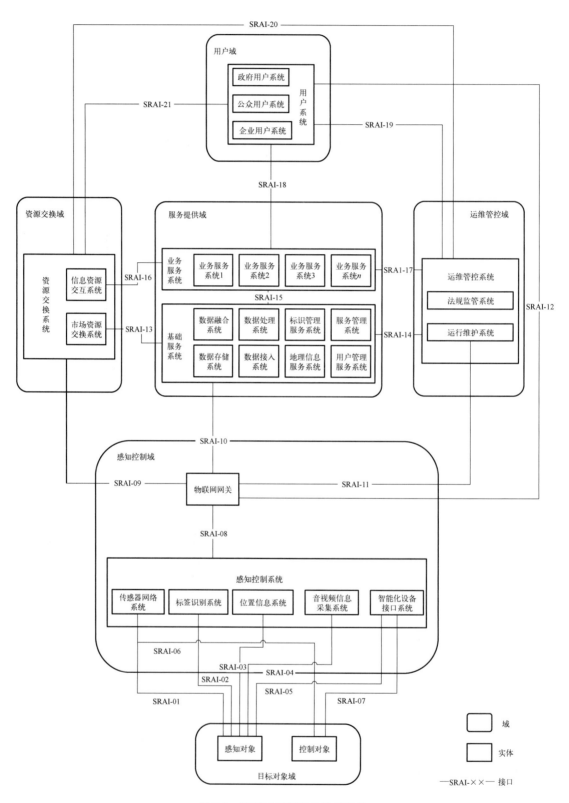

图 7-1　物联网系统参考体系结构

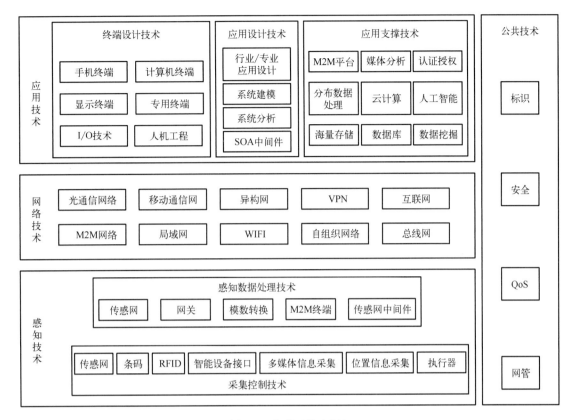

图 7-2　物联网技术框架

7.2　智能家居传感器网络设计

7.2.1　智能家居基本概念

　　智能家居系统也被称为智能住宅、电子家庭或数字家园等，主要采用计算机技术、控制技术以及通信技术将与家居有关的各种子系统通过网络连接到一起，从而满足整个系统的自动化要求，进而为家庭生活日常管理提供便捷管理途径。

　　与普通家居相比，智能家居不仅具有普通家居的居住功能，为人们提供舒适安全、宜人的家庭生活空间，还可将被动静止的结构转变为具有能动智慧的工具，提供全方位信息交换功能，帮助家庭与外部保持信息交流畅通、优化生活方式、增强家居生活安全性、节省能源消费。传统智能家居一般是通过有线方式对楼宇设施进行控制与通信，此种方式未脱离各种线缆的束缚，安装成本高、系统扩展性差。基于无线传感器网络技术的智能家居系统可有效摆脱线缆的束缚、降低安装成本、提高系统扩展性，是现代智能家居的主要发展方向之一。

7.2.2　智能家居传感网络

　　社会经济结构、家庭人口结构、信息技术的发展变化以及人类对家居环境安全性、舒适性、便捷性要求的不断提高，导致家居智能化需求逐渐增加。智能家居产品不仅需要满足基本需求，也要在功能扩展、外延甚至服务方面做到简单、方便、安全。物联网的提出，使得家居物联网的概念进入大众视野,"物联网"的智能家居受到人们青睐。

传感器网络是物联网的核心,主要解决物联网中的信息感知问题。物品总是在流动中体现其价值或使用价值,若要对物品运动状态进行实时感知,则需用到传感器网络技术。传感器网络通过分布在特定区域的传感器节点构建具有信息收集、传输和处理功能的复杂网络。通过动态自组织方式协同感知并采集网络覆盖区域内被查询对象或事件的信息,用于跟踪、监控和决策支持等。自组织、微型化和感知力是传感器网络的三个突出特点。智能家居传感网络作为物联网感知、获取信息的一种重要手段,可为人们提供轻松快捷的生活方式。

例如,当人们出门在外,可通过电话、电脑来远程操控智能家居传感网。新型智能家居传感网本质上是将家庭中的所有的智能电器利用网络联系到一起,使智能家电能够协同工作、信息共享,并且可使用一个或多个智能终端设备统一进行监控与管理。智能家居技术的基础是智能家居传感网络,随着智能家居传感网络的快速发展,智能家居技术逐渐趋于成熟。典型智能家居传感网络如图 7-3 所示。

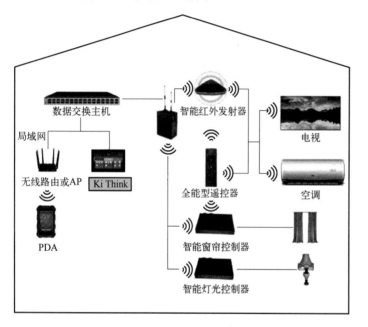

图 7-3　智能家居传感网络

智能家居实现诸多功能的关键是传感器网络,传感器网络在智能家居中的作用主要体现在两方面,一是实现家庭智能化,二是实现环境智能化。在家庭智能化方面,主要途径是在传统家用电器中嵌入智能传感器和执行器,使其成为智能家电,成为传感器网络节点。网络节点之间能够互相通信,并通过互联网与外部互连,便于用户对家用电器进行远程监控。在实现环境智能化方面,主要途径是使居住环境能够感知并满足用户需求。目前主要有两种理念:以人为中心和以技术为中心。以人为中心的理念强调智能环境在输入/输出能力上必须满足用户需求;以技术为中心的理念主张通过开发全新的硬件系统和网络解决方案等方法来满足用户要求。

信息技术的飞速发展促使家居设施和自动化技术水平日益提高,自动抄收室内家用计量仪表以及工业自动控制仪表中的数据已逐渐成为人们生活、工作中的基本操作方式。以下对常用的智能水表、智能电表、智能热表以及智能气表进行简要介绍。

① 智能水表。智能水表适宜采用涡轮流量传感器实现,其信号传输方式为两线制计数

脉冲，并有线路开路、短路信息。智能水表包括水表脉冲信号采集、无线收/发射、按键显示等部分，其组成原理如图 7-4 所示。

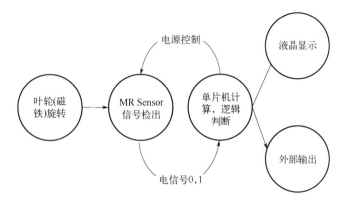

图 7-4　智能水表组成原理框图

②　智能电表。家用智能电表由电能计量与无线收发两部分构成。智能电表电能数据采集模块的核心是高精度单相电能计量传感器芯片，此类芯片大多集成了数字积分器、参考电压源和温度传感器，可提供与电能成比例的频率或脉冲输出；具有校准电路，可测量单相有功以及无功功率等。智能电表具有实时采集并存储电表信息、无线收发、防窃电以及控制电表通断等功能。如图 7-5 所示，系统以微控制器为核心，主要由电表信息存储器、无线收发器、红外传感器、电源和供电开关等构成。微控制器控制整个电表的监控与接口装置运行；无线收发器与微控制器双向通信，并建立无线自主多跳网络，收发与微控制器通信的信息；电表信息存储器储存电表用户信息、用电或预付费信息、红外传感信息等；供电开关串接在用户电表电源进线前端，微控制器通过控制供电开关通断来控制对用户的供电；为防止窃电，红外传感器监测用户电表及其无线监控接口装置的运行状况，并将监测信息返回微控制器。

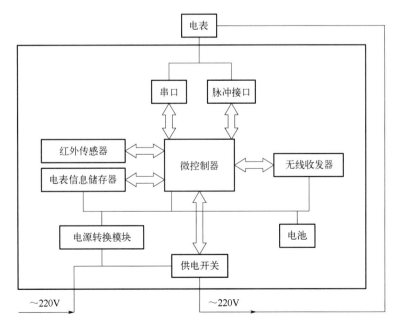

图 7-5　智能电表内部结构示意图

③ 智能热表。按照国家标准对智能网络热量表的定义，目前的智能网络热量表主要是组合式智能网络热量表，即"由流量传感器、微处理器、配对温度传感器所组合而成的智能网络热量表"。其中，流量传感器采集水流量并发出流量信号；计量特性一致或相近的配对温度传感器在同一个智能网络热量表上，分别测量热交换系统的入口和出口温度；微处理器负责接收来自流量传感器和配对温度传感器的信号，进行热量计算、存储和显示系统所交换的热量值。

④ 智能气表。智能气表适用于人工燃气、天然气、液化气、液化石油气的流量计量及数据远程传输，其中家用智能气表可采用热流速气体流量传感器等。

7.2.3　家用环境安全传感器

基于传感网络的家用环境安全传感器应用广泛，智能家居安防系统采用嵌入式技术、无线传输技术、传感器技术等，通过前端探头在家居内部采集各种现场信息，并实时处理、传输和记录，按系统预设的规则采取相应措施。智能家居安防系统能实时、形象、真实地反映家庭住宅的内部情况，基本可随时随地对家庭住宅内部情况进行实时观察与控制。例如，通过无线网络化传感器对室内温度、湿度、光照、空气成分进行监测，获得实时数据，在此基础上自动调控门窗、空调及其他家电设备，实现家居环境参数调节的自动化。图 7-6 所示为典型智能家居环境安全系统的总体架构。

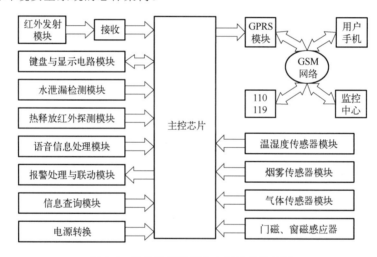

图 7-6　智能家居环境安全系统总体框架

依据家居环境和安防系统需求，可将智能家居系统安防所需传感器划分为温湿度传感器、烟雾报警传感器、燃气泄漏传感器、家庭防盗传感器四大类。

① 温湿度传感器。家用温湿度传感器一般为电子式传感器，通常采用高分子薄膜制成的湿敏电容进行湿度测量。如果采用两个独立的传感器分别测量温度和湿度，不仅会提高成本，也增加了系统设计的复杂性。因此，家用温湿度传感器一般应选用集成温湿度传感器。该类集成传感器可有效提高测量精度，确保产品高可靠性与长期稳定性，其性能指标可满足室内温湿度测量要求。

② 烟雾报警传感器。火灾探测基本原理是采用敏感元件探测火灾中出现的质量流和能量流等物理现象的特征信号，并将其转换为另一种易于处理的物理量。根据对火灾不同的响

应信号特征，火灾探测器基本可分为五类：气敏型、感温型、感烟型、感光型与感声型。

③ 燃气泄漏传感器。燃气泄漏会对居民生命财产安全构成巨大威胁，为实时监测燃气是否存在泄漏，燃气泄漏报警器应运而生。燃气泄漏报警器是非常重要的燃气安全设备，它是安全使用城市燃气的最后一道保护。探测可燃气体的传感器主要有氧化物半导体型、催化燃烧型、热线型等三大类。这些传感器均是通过对周围环境中可燃气体的吸附，在传感器表面产生化学反应，从而改变传感器的电特性。

④ 家庭防盗传感器。防盗报警系统主要用于及时向住户和小区安保部门发出报警信号，使住户免受侵害。典型产品有红外探测器和门窗传感器。

7.2.4　基于云平台的智能家居远程系统

随着物联网和智能传感器技术的飞速发展，智能家居传感网络所实现的功能也会变得越来越多，性能也越来越好。全球智能化趋势的快速发展以及国家对物联网、云计算等高新技术的大力支持，促使建立舒适、方便、快捷的家庭居住环境成为未来生活的必然趋势。

传统智能家居已经难以满足人们更高的生活需求。例如，传统智能家居采用数字电视机顶盒控制，采用综合布线技术连接家电，控制手段单一、线路布置烦琐、系统维护升级不便。针对上述诸多弊端，基于云平台的智能家居远程系统应运而生，该系统以云平台为核心实现存储和计算，综合利用嵌入式技术、传感器技术、短距离无线通信技术以及智能化音视频处理技术形成"以人为中心"的智能家居系统。

智能家居远程控制系统的构建与物联网的飞速发展有着密切联系，该控制系统的推广可使人们生活质量得到极大改善。该系统借助物联网技术及网络传感节点对室内家居开展远程管理和控制。根本上讲，基于云平台智能家居远程控制系统的工作原理是在分离、压缩及传输所收集的来自云空间的外部控制信息前提下，对家居设备实施监测、管理与控制，进而实现用户与家居设备之间的人机交互与远程控制。

远程控制系统主要建立在 Wi-Fi 技术、蓝牙技术等无线通信技术基础上，将智能家居、控制系统进行连接，最终实现数据的远程传输与设备的无线控制。即使在异地也可轻松管理设备，实现全自动化，让生活更加智能化。远程智能化家居控制系统现已应用于生活中，业主无须回家即可实现对家用电器的有效控制，有效提升了生活的质量。基于云平台的远程控制的基本原理是以网络和数据为基础，用户通过手机以无线形式读取设备的状态数据，并结合自身实际需求，借助无线网络向内置家电中的无线模块发送指令，完成动作，比如智能空调的开、关、温度调整以及智能门锁的自动开关等。智能家居远程控制系统可看作是一个由各种家装设施和网络控制设施构成的控制系统，远程控制是家居智能化的核心理念。随着"物联网"网络技术和智能家居电气设备的飞速发展，实现电器互联互通，通过家电控制器、家庭网关等将家电与广域网互联，从而实现随时随地的远程控制已经成为现实。

网络控制的嵌入式无线智能家居远程控制系统是未来智能家居的发展方向，其能提供国际标准化接口和网络连接控制功能，进而通过嵌入式无线智能家居实现人们所需的智能家居远程控制。一般来讲，智能家居应具有的系统智能控制功能主要有防盗报警功能、防灾报警功能、求助报警功能、远程控制功能、定时控制功能、短消息收发功能、联动控制功能、服务功能等，图 7-7 为刘少强等总结的典型智能家居系统结构。

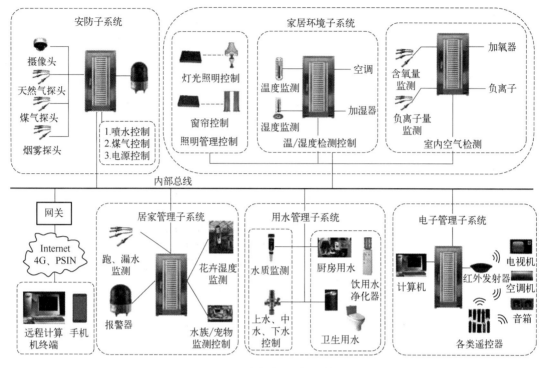

图 7-7 智能家居系统结构

① 防盗报警功能：通过智能家居控制器接入各种探头、门磁开关，并根据实际需要进行布防，可探知并警告闯入的"不速之客"，保护人们生命财产安全。安防是智能家居的首要功能，当处于监控状态的探测器探测到家中有人走动，会通过蜂鸣器和语音实现本地报警，同时将报警信息传到安保中心等。

② 防灾报警功能：通过烟雾、煤气和水浸等探测器全天候监控可能发生的火灾、燃气泄漏和溢水、漏水，并在报警时联动关闭气阀、水阀，为家庭构建坚实的安全屏障。

③ 求助报警功能：通过智能家居控制器接入各种求助按钮，使家中老人、小孩在遇到紧急情况时通过启动求助按钮快速进行现场报警和远程报警，及时获得各种救助。

④ 远程控制功能：通过电话或网络远程控制家用电器、对安防系统进行布防、撤防等；通过家居监控网络，监控家居安全，在外的家人通过网络查看家中场景并与居家人员继续对话。

⑤ 定时控制功能：通过无线遥控器或控制面板操作，预先设置家电的定时启停时刻。例如，实施热水器、空调等家用电器的定时开启，达到更好的节能效果。

⑥ 短消息收发功能：通过控制面板显示接收网络短消息，采用手机接收智能家居控制器发送的状态信息，并向其返回控制指令。

⑦ 联动控制功能：采用自动或面板操作启动，可实现对智能家居的联动控制。例如，探测到燃气泄漏时，自动打开排风扇并关闭燃气管道总闸；监测到家中老人、小孩在遇到紧急情况时自动拨通求助电话，并自动发送家庭住址信息。

⑧ 服务功能：智能家居通过与小区智能系统联网，可实现水表、电表、气表、热表数据远传、一卡通等智能化服务。

智能家居的发展基本可分为家居自动化、单品智能、互联智能、人工智能智慧家庭四个阶段。家居自动化是智能家居的初级阶段，其显著特征是实现了窗帘、家电等设备的自动控制。单品智能阶段主要以产品为中心，例如智能灯泡、智能门锁等产品独立存在，无法互相联通。单品功能虽然多，但是核心功能不突出，无法全方位满足消费者实际需求。互联智能阶段主要通过物联网技术，实现智能家居产品的互联互通，并组成系统，实现集中管理和控制，体现了场景化特点。人工智能智慧家庭阶段主要以用户为核心，将智能家居与人工智能深度结合，通过大数据采集与分析，采用深度学习等技术深度挖掘智能化，实现家庭智慧化。

随着移动互联网与电商、金融、媒介等融合创新，智能硬件、软件层出不穷，智能家居产品空间渗透范围更广、操作更加简单化、控制途径更加集约化和远程化。智能化家居的产品形态主要分为智能家居系统和智能单品，智能家居系统主要从事感应、链接和控制管理工作，智能单品主要对传统家居产品赋予智能化功能。其中智能家居系统即智能管家，又称智能家居主机，相当于整套智能系统的大脑，目前一般通过"智能主机"形式实现，主要起到中控作用，实现对家中所有家电产品和终端设备的统一调度控制。目前多个国内智能家居行业充分利用自身智能家居设计与制造能力，推出体积小、功耗低、性能稳定的智能主机产品，实现智能家居产品的控制功能以及用户数据收集功能。智能单品种类繁多，例如，智能锁具是目前市场上的热门产品，由于其安全性能高、无须钥匙辅助等优点备受青睐，基于与智能主机以及智能摄像头的联动，能够对开锁者同时进行声纹、指纹与人脸识别等多重验证，在不影响开锁时长的前提下最大程度加强了锁具的安全性能；利用智能摄像头的图像识别功能，能够在门口附近出现可疑人物时对消费者提出警告等。此外，智能灯具、智能窗帘、智能音箱等智能化的产品已经走进许多家庭中。

家居系统的控制网络可通过数据通信、网络通信等多种方式保证用户能够实时控制家居设备。与普通住宅相比，智能家居有无线远程控制、可拓展性、智能安防、高效节能环保等优点：

① 无线远程控制。远距离控制家居设备是智能家居的特色之一。住宅安装智能家居系统，用户可在工作的同时，通过移动终端实时监测、控制家中电气设备，不仅节省了时间，也可以使人们的生活更加安全舒适。

② 可拓展性。在现有智能家居系统的插座处安装相应模块装置，不仅可以与现有家电设备进行互联，也可和新添加的电气设备建立连接，以满足用户的多样化需求。

③ 智能安防。确保用户住宅安全是智能家居的核心要务。家庭内部电气设备的各种传感器，能够全天候感应家庭内部环境，为用户提供最新家居环境报告，保障用户的生命财产安全。

④ 高效节能环保。智能家居系统通过温湿度和光线传感器对家庭住宅周边环境进行数据监测，把测量数据反馈至智能家居控制系统，家用电气设备根据控制系统的指令进行自动调节，确保家用电气设备高效运行。

7.2.5　智慧乡村

信息技术的快速发展和广泛应用对社会治理、居民生活、产业发展等社会经济各领域都产生了深远影响，快速改变着城乡居民的认知、观念和生活生产方式。近年来，"智慧"理念在国内外乡村发展实践中的应用逐渐得到社会各界的重视，呈现出迅猛发展势头。信息化背景下，推进智慧乡村发展，提高乡村数字化水平，是缩小城乡数字鸿沟、促进城乡融合发展、实现乡村振兴的重要途径和趋势。

智慧乡村是指以物联网、云计算、大数据和移动互联等新兴信息技术为依托，通过在农村产业经营、乡村治理、居民生活、资源环境等多领域的智慧化应用，充分发挥人的智慧解决农村地区面临的矛盾与问题，全面服务于乡村振兴和可持续发展的创新发展形态。袁政等从空间形态、互动体验、融合功能等方面总结了智慧乡村的主要基本特征：

① 空间形态——人+物+网的连接。互联网平台打破了地域性隔阂，来自不同专业技术背景的工作人群可以轻松便携地进行线上合作，不再受空间距离制约。在空间形态上呈现分散化布局，通过网络将人与人、人与物相连接。传统乡村单一的社会空间结构不再适应时代需求，未来乡村互联网工作环境将呈现"创客+产业+互联网"休闲化特征，工作环境、休闲空间和宜居空间边界发生模糊，将出现紧密联系的复合形态。

② 互动体验——参与和互动。互联网技术改善了信息流通方式，从单向变成了双向甚至多向。互联网时代的"参与互动"将极大调动人们多种意义感官，更加受到人们的追捧和喜爱。乡村记忆和文化的传承不再停留在走马观花，丰富的互动参与将会给参观者留下更深刻的印象，同时也为儿童打造寓教于乐的数字文化体验空间。

③ 融合功能——跨界融合，连接一切。"跨界融合，连接一切"是"互联网+"的精神核心内涵，如"互联网+金融"产生了众筹项目，"互联网+农业"实现了精准灌溉，互联网的出现促进了其他产业跨界融合。以乡村农业生产、交通和居住三大传统空间为基础，在智慧乡村规划结构中纳入旅游休闲、创客物流和农田观光等新兴功能，打造产业复合，游居完备的乡村功能型融合模式。

智慧乡村建设主要指依托大数据、云计算和物联网等新兴技术，构建综合型、服务型的乡村发展模式，从而促进乡村协调发展。从城乡一体化角度考虑，智慧乡村建设应包括智慧农业、智慧农民、智慧医疗、智慧交通四方面内容。若聚焦于智慧化的实际应用，则智慧化的基础设施、智慧化的民众应用、智慧化的产业应用等三个方面是智慧乡村建设的基本内容。

物联网发展改变了乡村的商业发展模式。在传统农村社会，商业模式主要是通过简单的集市、供销社层级以及游街串巷的方式来实现农民的买卖需求。物联网通过新一代信息技术的全面感知、分析和应用，实现了对乡村管理和运行的智能化，而这种模式所带来的效果是智慧高效、低碳环保的新模式和新业态。作为现代科技发展的载体，物联网在给农民带来便利的同时，也为其开辟了新的就业方式。"微商"与"电商"是最常见的方式。

物联网在改变乡村商业发展模式的情况下，也在逐渐改变着乡村生活方式。随着物联网的发展，乡村生活方式也发生了变化。生活方式从广义层面来讲，包括生产活动方式、精神活动方式、消费方式等；狭义的生活方式包括衣、食、住、行等各方面。在物联网出现之前，人们主要按照传统模式进行生产生活、活动消费，物联网改变了大多数人的这一行为，最突出的表现主要体现在物流领域的应用，深刻改变了人们的生活方式。例如，人们可以通过物联网购买日常生活用品、足不出户即可享受到全国各地的优质商品。

7.3 环境监测传感网络设计

7.3.1 环境监测基本概念

近年来，随着无线传感器网络技术的迅猛发展，人们对于环境保护和环境监督提出了更高要求，越来越多的企业和机构致力于将无线传感器网络技术应用于环境监测系统中。从无线传感器网络的实际效果来看，无线传感器网络技术在推动经济社会发展、促进国家治理体系和治理能力现代化、满足人民日益增长的美好生活需要等方面发挥着重要作用。

当今经济飞速发展的同时，自然环境也遭受到前所未有的破坏，由此导致灾害性天气状况频发，如雾霾、酸雨、核辐射以及泥石流等，这些灾害的发生，使人类社会的经济发展以及人们身体健康受到严重影响，人们对此也日益重视起来。只有对环境进行高质量的监测，才有可能解决这些棘手问题。如今，诸多地区采用传统的监测技术，通过人工现场取样，将得到的信息以定期的读卡或有线传输等方式传递给监控中心进行分析。传统方法只能得到某一阶段内环境的质量指标，无法对环境进行实时监测，而且检测结果受人为影响因素较大。此外，得出的结果无法实现多区域共享。传统检测技术存在自动化程度低、操作复杂、费时费力、成本高、手段不灵活等问题。将无线传感网技术运用到环境监测中，有望较好地解决上述问题。物联网技术在大气环境监测、污水处理监测、重金属监测以及生态监测等方面具有广阔应用前景。为提高生态环境监测效率，可从构建完善与创新的生态环境监测管理体系、拓宽生态环境中物联网技术的应用范围以及加大力度研究物联网技术等方面着手。

7.3.2　物理环境监测

物理环境通常指研究对象周围的设施、建筑物等物质系统。空气环境质量与人体健康和舒适程度密切相关，通过对物理环境进行监测，进而对其进行适当调节，可有效保障人员身体健康或设备的正常运转。物理环境监测传感器主要功能是对包括环境噪声、温湿度、水位、土壤水分及电导率等物理量进行监测。

（1）环境噪声监测

噪声一般是指令人不愉快或不希望有的声音，已成为现实生活中的一种严重公害。对环境噪声进行监测的目的主要是了解城市声环境质量，控制、减少噪声的危害。环境噪声体系是一个复杂的噪声污染系统，涉及大量环境信息，具有时间性、动态性以及明显的空间分布等特点。因此环境噪声监测系统应具有全天候、无人值守、系统自动校准、可固定或移动等特点。在嵌入式计算机的控制下，环境噪声监测系统的前端噪声传感器可自主工作。环境噪声状态通过数据采样装置传输到数据预处理机，经过数据处理后传送给无线通信模块，自动将数据传送至管理中心，形成噪声地图，可帮助管理人员直观了解不同区域的噪声分布和噪声污染情况。

监测噪声的噪声传感器实际上是传声器，传声器用膜片作为接收器来感受声压，将声压变化转换成膜片振动。根据膜片感受声压方式的不同，传声器可分为压强式传声器、压差式传声器、压强和压差组合式传声器三类，在噪声测量中常用压强式传声器。一般情况下，环境噪声监测系统的噪声传感器由前端探头、信号调理模块、数据采集处理模块和远程无线通信模块等模块构成。其结构如图 7-8 所示。

（2）水位/液位监测

对水位/液位的监测在实际生活、生产中具有重要意义，例如，通过对水库水位/液位的监测可实时掌握水库蓄水量，为水库水量的调度提供第一手资料。水位传感器可分为非接触型和接触型两类。非接触型水位传感器主要有微波雷达液位传感器、超声液位传感器和光纤液位传感器等；接触型水位传感器主要有电容式、浮体式、磁致伸缩式以及电位计式液位传感器等。水位监测系统主要以传感器技术为核心，通过相关接口技术和通信网络组成一个在线自动监测模块，实现水位测量功能，并反映出水质状态并实时上传监测数据。液位测量过程需要监测的物料对象种类繁多，装置使用环境恶劣，不仅要求装置测量精度高、稳定性好，还要抗干扰能力强、对温度及压力适应性强、便于连接以及可远程控制。液位传感器类型和测量形式应依据所测对象性质和不同的测量要求而定。例如，对液体分层分离、液渣沉淀分离多层液位的自动测量，应选择电容式和磁致伸缩式液位传感器，然而微波雷达、超声这类非接触式液位传感器则无法满足测量要求。

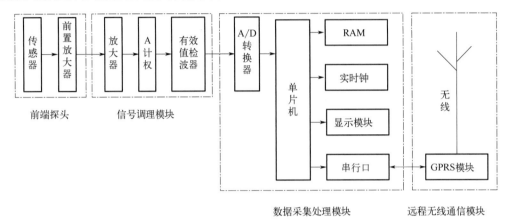

图 7-8　环境噪声监测系统前端噪声传感器结构

（3）环境光监测

光是一种电磁辐射能。环境光传感器是一种能够检测环境中的光信号并能够将其处理转化成对应的输出电压信号的传感器。随着数码相机、笔记本电脑、智能手机等便携式电子产品的大量涌现，极大改变了人们的生活方式。为更好满足客户的视觉体验，光电传感器广泛应用于笔记本电脑、智能手机等电子产品中。一方面，无论智能手机还是笔记本电脑等，其显示屏的耗电量在整个系统耗电量中占有很大比例，利用环境光传感器根据环境光的改变有效调节显示屏的亮度可以有效节省耗电量，延长了电池的使用时间；另一方面，当手机置于较强的环境光下，显示屏背光需要增强，在光线较暗时，背光则需要减弱，以免对眼睛产生刺激，上述手机背光的调节主要通过光传感器实现。目前光传感器中常用的光电探测器主要有光电池、光电倍增管、自扫描光电二极管阵列和电荷耦合器件等。环境光传感器在感测周围光线的同时，可使芯片自动调节显示器背光亮度，降低产品功耗、提升用户对产品的使用舒适性，使产品智能化控制达到更高水平。

（4）土壤水分监测

土壤是由土壤固体物质、空气、束缚水和自由水等介电物质组成的。实验研究表明，虽然土壤的构成成分和质地有差异，但土壤介电常数与土壤的容积含水量呈非线性单指数函数关系。目前，基于土壤介电特性测量土壤水分的方法主要有时域反射法、时域传播法、频域反射法、驻波比法、高频电容探头法、甚高频晶体传输线振荡器法、微波吸收法等。采用介电法测土壤水分的基本原理是将土壤视为由空气、土壤颗粒和水三种介质构成的混合物，水的介电常数与土壤颗粒介电常数和空气介电常数差异较大，含水量增加使土壤介电常数显著变化，因此测出土壤介电常数即可得到土壤的含水量。

基于频域反射法的土壤水分传感器属非接触测量型传感器，测量对象及可测湿度范围广，是一种低功耗、高性能的固体物料水分测试系统。通过测土壤的介电常数（电容）随土

186

壤水分变化规律获得土壤体积含水量。此类传感器有多个探头，可应用于测量较深地下土壤水分的监测。由该传感器组成的一种农田环境无线土壤水分监测系统能够实时采集多路物料水分数据，具有方便、快速、不扰动土壤、工作频率和测量范围宽、不受滞后影响、准确度高等优势，可自动、连续地定点监测土壤的动态含水量。

（5）环境温湿度监测

石油，化工、航天、制药、档案保管、粮食存储等领域对环境温湿度具有较高要求，温湿度是生产生活中重要的环境指标之一，不仅人员需要维持适宜的温湿度，各类机械、仪器也需要处于合适的温湿度环境中才能良好运行，因此，对环境温湿度的监测尤为重要。

目前环境温湿度监控系统主要采用的是温湿度传感器与温湿度测控仪智能一体化设计，具有模块化结构、分散布置、实时处理、可靠性高等特点，系统兼容性高，可与各种带标准通信接口的设备以及上级监控网络联网运行，进而提高系统可靠性与稳定性。环境温湿度监测系统可广泛应用于基站机房、厂房、库房、各种温室大棚、粮库、养殖等领域，具有广阔的应用前景。例如，对教室、办公室、公寓等日常学习、生活场所进行环境温湿度监测，根据监测结果对环境温湿度进行调节，有助于保障人员学习工作状态，提升工作环境舒适度。在变电站、机房等重要设备运行场所，进行环境温湿度监测，有助于维持设备运行状态，延长设备使用寿命等。

温湿度传感器是实现环境温湿度监测的关键部件。温湿度无线传感器是一种基于混合信号处理器的新型低功耗数字化仪表，该传感器集传感技术、计算机技术、通信技术于一体，采用内置或外置的温湿度传感器，可采集、显示环境温湿度测量数据，通过通信接口将采集数据传送至计算机，由计算机对采集数据进行各种处理。典型的温湿度监测系统主要采用传感技术、网络技术、数据管理技术等，对多个监测点位进行温湿度数据监测管理。典型的实验室环境温湿度监测系统如图 7-9 所示。

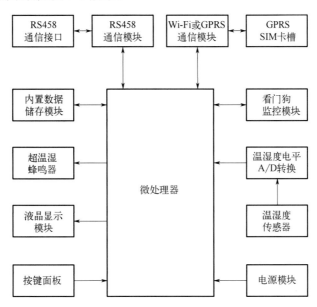

图 7-9　温湿度检测控制模块结构图

多点环境温湿度采集与控制网络监控系统主要应用于对多个生产设备的温湿度进行分散采集和控制，在工业生产中有广泛的应用前景。此种分散控制包括对温湿度的检测及运算处理、控制策略的实现、控制信息的输出以及温度的实时控制等，实现各回路或生产过程长期可靠、无人干预自主运行。该系统具有集中管理特点，即将各点工作状态、设定值、控制参数等信息上传至管理计算机，以实现对各点的实时监控，能对多地的温湿度进行实时巡检。不仅能显示检测结果，而且温湿度超出允许范围后可自主报警。由成都信息工程学院吴渊设计的多路温湿度检测系统框图如图 7-10 所示。主控机负责控制指令发送，控制各从机进行温湿度采集，收集测量数据，并对测量结果进行整理、显示。该系统具有实时检测功能，能够同时检测 4 路环境参数；此外，可由主控机分别设置各从机的温湿度报警上下限，主机、从机均具有声光报警功能，可显示从机记录的 24h 内环境温湿度变化曲线与平均值。

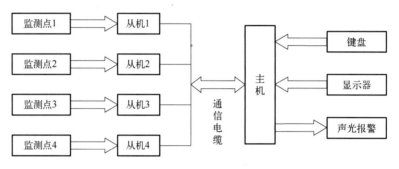

图 7-10　多路温湿度检测系统框图

（6）电导率监测

电导率传感器主要应用于液体的电导率测量，是电力、化工、环保、食品、半导体工业等工业生产与技术开发中必不可少的监测装置，主要用于对工业生产用水、人类生活用水、海水特性、电池中电解液性质等的检测。根据测量原理与方法的不同，电导率传感器可分为电极型、电感型及超声波型三大类。电极型传感器根据电解导电原理采用电阻测量法测电导率，其电导测量电极在测量过程中表现为一个复杂的电化学系统；电感型传感器依据电磁感应原理实现对液体电导率的测量；超声波式电导率传感器根据超声波在液体中的变化进行测量。目前电极型与电感型传感器的应用较为广泛。

7.3.3　化学环境监测

化学环境是指由土壤、水体、空气等组成因素所产生的化学性质，给生物生活以一定作用的环境。化学环境监测传感器是对环境中化学量的监测，主要包括有害气体浓度监测、pH值监测、溶解氧监测、总有机碳监测、废水金属离子监测、污染源微量元素监测等。

① 环境监测中常用的化学监测方法。化学测试在环境监测中应用广泛，该方法在环境质量评价、环境保护计划制定等方面具有重要意义。目前，环境监测中常用的化学监测方法主要有：化学发光监测技术、原子吸收监测技术、等离子体发射光谱监测技术、离子色谱监测技术以及分光光度监测技术。化学发光检测技术主要是通过催化剂催化化学发光材料，从而将其转化为一种被激活的催化剂，当此种结构恢复至稳定状态时，会释放出大量光子，通过信号测量装置，可以准确地测量出目标产品的浓度。该方法是目前使用较为广泛的一种化学环境检测技术。原子吸收监测技术的原理是通过气体原子吸收特定波长，进而得到相应光谱图。该方法可从微观层面分析砷、硒、锑等污染物成分。等离子体发射光谱监测技术主要

是通过等离子体的反馈，来判断被检测物的浓度。离子色谱监测技术主要是通过仪器来实现离子的交换和分离，采用光谱进行分类，进而获得相关数据。分光光度监测技术的主要原理是不同物质吸收光谱的波长有所不同，根据吸收的光波可检测硝酸盐离子、铬酸盐离子、铜离子、氰根离子等杂质。

② 有害气体浓度监测。化工厂产生的 SO_2、NO_2 等有毒有害气体对人体的危害极大，对有害气体进行浓度监测，一方面可以有效避免工厂中有毒有害气体的泄漏，避免造成重大生命财产安全损失，另一方面也可通过监测的数据改善人们居住环境。有毒有害气体监测是通过可检测有害气体浓度的传感器来检测所处环境中的目标气体的成分和含量的。通过监测空气中的 SO_2、NO_2、CH_4、CO_2 等气体浓度来自动监测环境空气质量状况，自动监测系统需要实时连续采集、处理和存储监测数据，并定时或随时向中心传输监测数据和设备工作状态信息。实现对不同区域的污染源定位和治理。传统方法中对有害气体浓度监测主要遵循以下方法：污染物浓度提纯→仪器检定→简谱整理→数据整理。由于气体成分复杂，采用传统的化学传感器进行有害气体检测时，所需设备数量多、功耗大、准确度低。因此，需要用气相色谱检测系统检测有害气体浓度。该系统以智能仪器化的传感器组件替代传统单一的化学传感器，具有较高灵敏度，可测量多种气体的色谱，可有效满足物联网用传感器体积小、重量轻、低功耗、分辨率高、易操作、可远程输出结果等要求。

③ 水质监测。水质监测主要是包括 pH 值、溶解氧量、电导率、总有机碳（TOC）、废水金属离子、浊度等一系列参量的综合性检测，通常用水质监测系统来完成。水质监测系统主要以在线自动分析仪为核心，采用传感器、计算机自动测控技术及相关专用分析软件和通信网络组成一个综合性的在线自动监测系统，通过对上述参量的检测，连续、及时、准确地监测目标水域的水质及变化，统计水质状态并实时上传监测数据。水质监测所用传感器包括测量上述各参量的传感器。在对 pH 值进行监测时，主要采用 pH 传感器，使用最多的是玻璃电极，其次是金属/金属氧化物电极、醌/氢醌电极等。溶解氧是指溶解在水中分子状态的氧，水中溶解氧的含量与空气中氧的分压、水温都有密切关系。自然情况下，水温是主要影响因素，水温越低，水中溶解氧量越高。在水质监测和水处理中，溶解氧常用于评价水质及水体自净化能力，是必须监测的重要指标之一。目前，测定溶解氧的常用方法有碘量法、荧光法、氧电极法、电导法、电位法、气相色谱法等。

7.3.4　环境监测机器人系统

在高温、高湿、高毒、高压等恶劣环境中对目标物进行长期监测是环境监测领域中急需解决的难题；随着人工智能的飞速发展，智能机器人在环境监测中的应用日益广泛。智能机器人使环境检测变得更加简单、便捷，对于一些较难实现的检测过程也可使用相应的智能机器人系统实现环境监测，采用机器人进行环境监测，既提高了工作效率，又降低了特殊场景下环境监测工作的风险。

环境监测机器人系统涉及多传感信息耦合技术、导航和定位技术、路径规划技术、机器人视觉技术、智能控制技术以及人机接口技术等关键技术，上述关键技术直接影响到环境监测机器人系统的智能程度。

① 多传感信息耦合技术。多传感器信息融合是指综合来自多个传感器的感知数据，以产生更加可靠、准确、全面的信息，经过融合的多传感器系统能够更加完善、精确地反映检测对象的特性，消除信息的不确定性，提高信息可靠性。由于需要综合处理多个传感器的感

知数据,多传感信息之间经常存在信息耦合问题,因此多传感信息解耦补偿是多传感信息耦合研究热点之一。目前主要的解耦补偿方法有传递函数矩阵分析法和人工神经网络方法以及插值解耦法等。

② 导航和定位技术。在自主移动机器人导航中,无论局部实时避障还是全局规划,均需精确感知机器人或障碍物的当前状态及位置,以完成导航、避障及路径规划等任务。环境感知是导航和定位的前提,环境感知所采用的传感器主要包括毫米波雷达、激光雷达、摄像头等传感器。

③ 路径规划技术。最优路径规划主要是依据某个或某些优化准则,在机器人工作空间中找到一条从起始状态到目标状态、可以避开障碍物的最优路径。路径规划主要考虑的因素有路段长度、道路、速度、障碍物等。随着计算机技术的发展,深度学习等智能算法被应用于路径规划技术领域,为机器人在复杂工作环境下实现最优路径规划提供了技术支持。

④ 机器人视觉技术。环境监测机器人视觉系统的主要功能包括图像获取、图像处理分析、输出、显示等,其核心任务是特征提取、图像分割和图像辨识。机器人视觉技术主要包括机器人视觉系统标定、目标识别与定位以及基于视觉引导的机器人控制等。

⑤ 智能控制技术。随着车载芯片算力的增强,促使先进的控制理论与方法以及深度学习在机器人智能控制方面的应用成为现实。智能控制方法不仅可以提高机器人移动速度与精度,还可降低机器人能量消耗,提高工作效率,智能化比例积分微分控制与模糊逻辑优化控制等先进控制方法已成功应用于机器人智能控制领域,取得了良好效果。

⑥ 人机接口技术。人机接口,也被称为人机界面或用户接口,主要研究如何使人方便自然地与计算机交流,随着机器人技术的发展,人机接口技术取得了突破性进展。为满足自适应要求,需构造自适应人机接口系统,主要包括用户模型、领域模型以及交互模型等。

7.4 健康监护传感网络设计

7.4.1 健康监护基本概念

快节奏生活导致人们的健康状况得不到有效的监控护理、突发疾病不能及时治疗,严重危害了身体健康。随着人们对生活质量和医疗保健普适性需求的进一步提高,医疗卫生资源的利用和覆盖不均衡问题日益突出。采用先进的物联网技术实现远程健康监护服务,有助于最大限度降低疾病给患者和亚健康人群带来的危害,提高人们生活品质。基于家庭的健康监护概念在此背景下应运而生,通过规范的通信设施和接口协议整合住宅内部的自动化传感设备,组成家庭健康监护环境,获得基本的健康检测安全保障。

健康医疗电子监控系统主要以疾病预防为主,以消费者需求为导向。现在面向家庭的医疗测量仪器主要有血压计、血糖仪、体重计、体温计、助听器、人体成分分析仪、心电图监测仪、胰岛素泵、肺活量计等。这些监测仪既可用于普通保健,也可用于慢性病的实时监测。健康监护的关键是将监测仪器测得的数据及时传输给专业医疗机构或医务人员,进而得到相应的诊疗方案。家庭健康医疗监控系统市场的发展既能缓解人口老龄化、看病难等问题,减少家庭医疗费用支出,也能提高人民生活质量及满意度,给家用医疗设备电子行业的发展带来新契机。

7.4.2　常见生理参数的测量及其特殊性

心电、脑电、肌电等生物电参数以及体温、血压、呼吸、血流量、脉搏、心音等非电量参数是生物医学测量的主要人体生理参数。对上述生理参数的测量实质上是测量温度、压力、流量、频率、力、位移等非电类物理参数。测量过程中，人的生理信号通过传感器转换成电信号，经电路放大转换为数字信号，经计算机处理后便可得到相关生理参数信息，医生根据测得的相关生理参数信息可对患者身体状况进行相应诊断。

① 人体生理信息测量。人体包括各种生物电和其他物理、化学信息，即所谓生理参数。人体生理参数本身具有显著的离散性特点，被测人体系统处于某种不同状态时，某一生理参数可能会有较大变化范围。此外，同一生理参数在用于不同目的时其测量也会有所不同。生理参数的突出特点是强度很微弱，电压大多在微伏级，频率范围大都在变化缓慢的低频段，因此，常见生理参数的测量值一般是落在一定的范围之内。

② 生物医学测量的强噪声背景。强噪声背景是生物医学测量最显著的特点。噪声主要来自两方面：外部环境和人体自身，外部环境是主要影响因素。人体的神经系统、循环系统、呼吸系统等子系统外在表现互不相关、各自独立，但相互之间保持有机联系，以维持生命。测量过程中，一种生理参数会受其他参数影响，相对被测参数，其他参数可视为干扰或噪声，有时甚至会将被测信号淹没。人体正常活动和肌体运动也会造成机械性外部干扰；各生理系统之间存在的许多反馈环路和内部关系都是未知影响因素，在一定程度上也会影响生物医学的测量准确度。人体是一个各子系统相对独立但又存在复杂联系的有机体，不同于工程系统的物理参数测量，人体系统的测量过程不可能随意暂停生命活动，也无法直接排除其他器官或组织的影响；另一方面，不同人群的外部形态与内部组织不尽相同，生理参数值分布范围较广。因此，正确的测量方案与有效的数据处理方法对测量结果具有重要影响。

③ 测量的安全性。采用电子仪器获取人体信息或对人体施加某种物理作用，通常情况下仪器与人体必须紧密连接，因此，测量过程中需要专业人员进行精密操作。必须优先考虑测量安全性，是医生测量的限制条件。此外，为获取与疾病诊断和治疗相关的生物体信息，需要采用各种能量施加于人体组织，人体对能量的种类、施加部位、强度、作用时间以及频率、波形等的承受能力也不同，需要明确的安全规定，尤其在多种装置同时测量时，必须充分注意如何防止发生电击危险。

④ 测量的精确度和可靠性要求。生命体的测量对精确度和可靠性的要求较高，测量精度不够或由于可靠性差而产生误差，将在诊疗上造成严重危害。此外，体内测量或有创测量，比体外测量更需考虑安全可靠性。例如，用于体内的医用遥测胶囊以及体内电极、导管等，一旦测量过程中发生问题，能与生物组织产生反应，引起溶血，造成细菌感染等。因此，在对生理参数进行测量时，必须保证测量器械的可靠性。

7.4.3　生理压力测量

人体的器官和组织除了产生生理压力外，还会因重力和大气压产生非生理压力。但大气压的波动会对绝对压力的测量造成一定影响。生理压力测量可分为直接测量与间接测量两种。

① 血压测量。血压是一种常用且重要的生物医学测量指标，在临床检查、病人监护以及生理研究工作中，血压的测量都提供了极其重要的依据。血压的脉动性随血管直径减小而

降低，同时血压值也逐渐减小到接近零。考虑到安全性与便携性，在物联网应用中，宜采用间接式血压测量。从临床角度看，危重病人和休克病人等低血压病人的血压难以检测，需采用无创伤的测量方法。柯氏音法、示波法、超声法和脉搏延时法是目前比较常用的四种间接测量法，临床上使用的仅有柯氏音法，示波法是在柯氏音法基础上进行的改进。上述两种方法是间接式血压测量的主要方法。

② 其他生理压力测量。其他生理压力测量可参照血压测量，在测量系统传感器的选用方面，可以选择硅压阻式压力传感器完成系统构建。

7.4.4 脑电测量

人的中枢神经系统主要由神经细胞与神经胶质细胞两种细胞构成。神经细胞具有接收刺激和传导兴奋的作用，胶质细胞对神经细胞有支持、营养和保护作用。人大脑皮质中存在频繁电活动，大脑皮质的神经元有自发生物电活动，因此大脑皮质经常具有持续的节律性电位改变，称为自发脑电活动。临床上采用双极或单极记录方法在头皮上观察皮质电位变化，记录的脑电波称为脑电图，记录的直接在皮质表面引起的电位变化称为皮层电图。

生物医学电极按工作性质可分为检测电极和刺激电极两类。检测电极主要用于测量生物电位；刺激电极主要用于研究可兴奋组织的传导与反应规律。按照电极使用条件，可将电极分为宏电极和微电极。宏电极是外形较大的电极，主要用于测定生物体较大部位的电位或向生物体较大部位上施加电刺激；微电极是一种尖端细小、力学性能好、能检测细胞电活动的电极。脑电图信号复杂，为消除其他生物电信号的干扰，测量时需将较多的电极集中放置在大脑表面一个较小区域内，因此脑电图的导联是获得精确测量结果的关键。

7.4.5 肌电与体温测量

肌电图是反映肌肉-神经系统生物电活动的波形图，可用于检测肌肉生物电活动，判断神经肌肉系统机能和形态变化，有助于神经肌肉系统的研究或提供临床诊断。从肌细胞外用电极导出肌肉运动单位的动作电位，并送入肌电图仪加以记录，便可获得肌电图。

人的体温可以直接反映身体机能的变化，临床上通过体温测量可以快速筛查某些症状。体温的测量可采用接触式与非接触式两种方式。接触式测量主要采用体温计直接接触人体进行体温测量；非接触式测量主要利用人体的热辐射实现。物联网中，将温度测量仪器接入监控系统，便可实现体温的远程测量与实时监控。不同的测量仪器应用场合有所不同，例如，红外辐射计和红外热像图主要用于皮肤表面温度测量；微波辐射计主要测量微波频段的热辐射，可用于人体表皮以下组织的温度测量。

参考文献

[1] 刘少强，张靖. 现代传感器技术——面向物联网应用 [M]. 北京：电子工业出版社，2016.

[2] 刘爱军. 物联网技术现状及应用前景展望 [J]. 物联网技术，2012，2（01）：69-73.

[3] 魏艳伟. 基于传感网的智能家居技术研究 [D]. 北京：北京理工大学，2015.

[4] 黄迪. 物联网的应用和发展研究 [D]. 北京：北京邮电大学，2011.

[5] 朱江. 新型智能家居传感网研究 [D]. 大连：大连理工大学，2012.

[6] 胡向东. 物联网研究与发展综述 [J]. 数字通信，2010，37（02）：17-21.

[7] 孔俊俊，郭耀，陈向群，等. 一种基于智能物体的物联网系统及应用开发方法 [J]. 计算机研究与发展，2013，

50（06）：1198-1209.

[8] 张浩，和敬涵，尹航，等. 电网孤岛重构的云计算策略 [J]. 中国电机工程学报，2011，31（34）：77-84.

[9] 高聚银. 基于云平台的智能家居系统设计与实现 [D]. 哈尔滨：哈尔滨工业大学，2013.

[10] 李倩. 基于物联网对智能家居远程控制系统设计 [J]. 电子技术与软件工程，2019（05）：2.

[11] 常倩，李瑾. 乡村振兴背景下智慧乡村的实践与评价 [J]. 华南农业大学学报（社会科学版），2019，18（03）：11-21.

[12] 袁宇阳. 信息化背景下智慧乡村的特征、类型及其实践路径 [J]. 现代经济探讨，2021（04）：126-132.

[13] 李麒，杨大雷. 远程智能运维——核心要素和内涵 [J]. 宝钢技术，2019（06）：17-20.

[14] 徐小力，王红军. 大型旋转机械运行状态趋势预测 [M]. 北京：科学出版社，2011.

[15] 高金吉. 工业互联网赋能装备智能运维与自主健康 [J]. 计算机集成制造系统，2019，25（12）：3013-3025.

[16] 孙其博，刘杰，黎羴，等. 物联网：概念、架构与关键技术研究综述 [J]. 北京邮电大学学报，2010，33（03）：1-9.

[17] 许剑剑，梅杰，Zulfiqar Hussain Pathan，等. 物联网发展驱动因素分析与前景初探 [J]. 北京邮电大学学报（社会科学版），2016，18（06）：52-57.

[18] 高晓，周明杰. 智能家居发展现状与开放平台探索 [J]. 中国电信业，2020（07）：52-57.

[19] 王岩. 智能家居发展现状及未来发展建议 [J]. 电信网技术，2018（03）：15-20.

[20] 董兵兵，梁金水. 浅谈智能家居发展现状及前景 [J]. 智能城市，2019，5（04）：21-22.

[21] 袁政，杨小军. "互联网+"背景的智慧乡村建设新途径 [J]. 艺术与设计，2017，2（10）：71-73.

[22] 周广竹. 城乡一体化背景下"智慧农村"建设 [J]. 人民论坛，2015（32）：130-132.

[23] 秦良芳，翁彬，牟伟. 智慧乡村建设研究综述 [J]. 社会科学动态，2021（08）：64-70.

[24] 张晓丽. 物联网与智慧乡村建设 [J]. 中国商论，2020（04）：26-27.

[25] 王彦彦，赵丽，白永红. 基于 Android 手机智能控制系统的研究与实现 [J]. 现代计算机（专业版），2017（01）：46-50.

[26] 董萍. 基于 Android 的智能家居控制系统的设计与实现 [J]. 河北北方学院学报，2017，33（07）：19-23+31.

[27] 王清清，李晓勇，余强国. 基于 Android 手机终端的智能家居远程控制系统 [J]. 中国科技信息，2013（12）：98+107.

[28] 屈伟明. 基于物联网的智能家居远程控制系统设计与实现 [J]. 电子技术与软件工程，2014（05）：100+208.

[29] 陈煜昂. 探析智能家居远程控制系统的设计 [J]. 科技创新导报，2017，14（25）：146-147.

[30] 张晨，王玉槐，韩齐，等. 基于 OneNET 云平台的智能家居远程控制系统设计 [J]. 信息技术与信息化，2020（10）：223-226.

[31] 张蕾. 基于物联网的智能家居远程控制系统设计 [J]. 科技资讯，2019，17（35）：14-15.

[32] 李榕桂. 论基于物联网智能终端的智慧运维管理的研究 [J]. 科学技术创新，2020（09）：94-95.

[33] 房方，梁栋炀，刘亚娟，等. 海上风电智能控制与运维关键技术 [J]. 发电技术，2022，43（02）：175-185.

[34] 王冰，李洋，王文斌，等. 城市轨道交通智能运维技术发展及智能基础设施建设方法研究 [J]. 现代城市轨道交通，2020（08）：75-82.

[35] 王俊民. 环境保护中环境监测的作用及意义 [J]. 低碳世界，2017（36）：6-7.

[36] 朱勇. 简析环境监测仪器设备的期间核查研究 [J]. 中国设备工程，2022（18）：150-152.

[37] 云端. 燃煤电厂 PM2.5 减排技术与装备探讨 [J]. 中国环保产业，2014（05）：15-18.

[38] 王心海. 无线传感网技术在环境监测中的研究与应用 [J]. 信息与电脑（理论版），2018（08）：165-166.

[39] 王普红，乔治宏，胡运立，等. 无线传感网络关键技术及在环境监测中的应用 [J]. 自动化技术与应用，2021，

40（12）：116-120.

[40] 刘宇飞. 环境监测在环境保护中的价值研究［J］. 皮革制作与环保科技，2021，2（21）：35-36.

[41] 张艳倪. 一款高精度数字环境光传感器 XD1407［D］. 西安：西安电子科技大学，2014.

[42] 曾兆麟. 环境光传感器在智能终端中的应用软件设计［J］. 科技视界，2013（26）：365-366.

[43] 顾简，施云波，修德斌，等. 基于 GPRS 的环境温湿度监测系统设计［J］. 电子设计工程，2011，19（03）：61-64.

[44] 丁兰，曹延磊. 环境温湿度实时监测系统的研制［J］. 安徽电子信息职业技术学院学报，2011，10（05）：17-19.

[45] 寿文杰. 温湿度无线传感器的校准及物联网络应用［J］. 工业计量，2010，20（S2）：33-35.

[46] 陈星宇. 基于 ZigBee 的计量检测环境温湿度监测无线传感系统［D］. 南宁：广西大学，2019.

[47] 钱晓鹏，朱浩然. 实验室环境温湿度监测系统［J］. 科技创新导报，2017，14（15）：151+153.

[48] 吴渊. 多点环境温湿度监测系统［J］. 电子测量技术，2010，33（05）：109-114.

[49] 马春凤. 无线通信技术热点及发展趋势［J］. 山东煤炭科技，2008（01）：38-39.

[50] 孟利华，闵琴，蔡雨欣，等. 智能机器人在湘西环境监测中的应用［J］. 科学技术创新，2019（34）：68-69.

[51] 谢欣. 智能机器人控制系统技术在环境监测中的应用［J］. 环境与发展，2020，32（10）：86-87.

[52] 李新生. 大型风电机组状态监测系统研究［J］. 科技创新导报，2014，11（04）：20.

[53] Caselitz P，Giebhardt J，Mevenkamp M. On-line fault detection and prediction inwind energy converters［C］// Proceedings of the EWEC. 1994，94：623-627.

[54] 秦旭斌. 面向海上风电系统状态监测的长距离传感节点设计［D］. 杭州：浙江大学，2014.

[55] 李虎. 大型风电机组振动状态监测系统开发［D］. 北京：华北电力大学，2009.

[56] 王妍，魏莱. 构建智慧海洋体系，建设世界海洋强国［J］. 今日科苑，2021（11）：66-73.

[57] 王燕，南欣，刘邦凡. 着力海洋信息化 推进我国智慧海洋发展［J］. 经济研究导刊，2018（34）：169-170.

[58] 韩义民，李肖肖，栗俊杰，等. 引领海洋开发的新走向——智慧海洋［J］. 经济研究导刊，2018（25）：27-28.

[59] 张羽，宋积文，陈胜利. 海洋信息装备发展现状及重点［J］. 海洋信息，2018，33（03）：62-65.

[60] 张雪薇，韩震，周玮辰，等. 智慧海洋技术研究综述［J］. 遥感信息，2020，35（04）：1-7.

[61] 冯焱彬，温国曦. 智慧海洋，通信先行——5G 海面超远覆盖技术及应用场景探究［J］. 通信世界，2022（16）：47-49.

[62] 郑婷婷. 人工智能在智慧海洋建设中的应用［J］. 中国海洋平台，2021，36（05）：59-62.

[63] 周立，谢宏全，董春来，等. 海洋物联网展望［C］//地理信息与物联网论坛暨江苏省测绘学会 2010 年学术年会论文集，2010：11-13.

[64] 姜晓轶，潘德炉. 谈谈我国智慧海洋发展的建议［J］. 海洋信息，2018（01）：1-6.

[65] 李金桦. 基于移动物联网的动态心电实时监测、管理和服务系统［D］. 杭州：浙江大学，2016.

[66] 梁家耀，黄用忠，刘国志，等. 个人健康物联网云监护系统［J］. 物联网技术，2022，12（08）：78-80.

[67] LEHMANN E D，HOPKINS K D，GOSLING R G Assessment of arterial distensibility by automatic pulse wave velocity measurement［J］. Hypertension（Dallas，Tex.：1979）. 1996，27（5）：1188-1191.

[68] 李超. 家庭式医疗健康监护系统的研究与实现［D］. 成都：电子科技大学，2020.

[69] 苏婉霞. 社区老年慢性病患者护理服务需求调查分析［J］. 齐齐哈尔医学院学报，2008（02）：225-226.

[70] 张桂红，孙善宝，姜凯. 家庭健康医疗监控系统市场发展现状及趋势分析［J］. 信息技术与信息化，2019（01）：147-149.

[71] 周红. 基于物联网的远程健康监护服务系统设计与实现［D］. 上海：复旦大学，2010.

［72］叶廷东，黄国健. IEEE1451 智能传感器多传感信息自校正方法研究［J］. 传感技术学报，2013，26（02）：211-215.

［73］周毅. 环境监测中化学监测的应用［J］. 化工设计通讯，2022，48（06）：191-193+199.

［74］马飞跃，王晓年. 无人驾驶汽车环境感知与导航定位技术应用综述［J］. 汽车电器，2015（02）：1-5.

［75］钱玉宝，余米森，郭旭涛，等. 无人驾驶车辆智能控制技术发展［J］. 科学技术与工程，2022，22（10）：3846-3858.

［76］李国清. 基于物联网技术的生态环境监测应用研究［J］. 冶金管理，2022（19）：12-14.

［77］尹钟舒，洛向刚，杨成，等. 物联网（IoT）：国内现状和国家标准综述［J］. 网络安全技术与应用，2022（09）：108-111.

［78］GB/T33474—2016 物联网　参考体系结构.

［79］潘雪涛，温秀兰. 现代传感技术与应用［M］. 北京：机械工业出版社，2019.

第8章

现代传感技术在无人车中的应用

8.1 无人车传感技术发展

8.1.1 无人车发展现状

　　无人车是一种利用传感器、信号处理、通信、计算机等技术实现无人驾驶的智能车辆。二十世纪五十年代，国外最早开始无人车的研究，美国国防高级研究计划局在八十年代开展自主式地面车辆项目并研制无人驾驶汽车，后来又举办无人车挑战赛，一些高校和科研机构开始研究无人车技术，涌现出一批优秀的参赛者。谷歌作为互联网公司也积极进行无人驾驶领域的研究，初期主要通过激光雷达作为主要传感器，结合谷歌地图开始实地路测，后期通过加强无人驾驶车的环境感知技术，提升视觉识别能力，并推出多种车型，如图8-1所示。

(a) 测试车型　　　　　　　　　　　　(b) 概念车型

图 8-1　谷歌无人车

　　新能源汽车代表企业特斯拉公司对智能化电动车的研发进度位于领先地位，公司旗下的Autopilot自动驾驶系统的软硬件已经搭载于特斯拉智能电动车上市，系统可以对道路上车辆与行人进行检测，并完成超车与停驻等动作。特斯拉Autopilot组建初期的成员主要来自包括加州伯克利、卡内基梅隆、康奈尔、麻省理工在内的几所高校，以及大众汽车位于加州的实验室，这些地方都有着很好的智能驾驶研发的传统和氛围。到2014年10月Autopilot Hardware第一个版本发布，其组成套件包括一个单目摄像头、一个毫米波雷达、超声波传感器、移动计算平台以及高精度电子辅助制动和转向系统。相较谷歌研发无人驾驶技术一步到位的思路不同，特斯拉采取渐进式迭代的发展思路，设计之初就采用硬件先行、软件更新的原则，随着车辆换代，硬件几乎每两年更新一代，而软件的更新频率要高很多，几乎是每一个月更新一次，每次更新会包含整个车辆的新功能，比如车道保持功能、自适应巡航和防碰撞预警功能、自动转向和侧方位泊车功能等。奥迪公司于 2015 年 1 月在美国加利福尼亚州完成由硅谷出发行驶至拉斯维加斯的长达九百多公里的无人驾驶汽车道路测试。测试所用车辆为奥迪公司研发的搭载多传感器与中央控制器的无人驾驶概念车，展现其在无人驾驶领域的成果。除此之外，德国奔驰公司联合其他企业对高精地图领域进行布局，而宝马公司则与英特尔公司合作，共同推出无人驾驶汽车。

与国外相比，我国的无人驾驶技术研究起步得较晚，最早是在二十世纪八十年代，由国防科技大学、北京理工大学、浙江大学等高校在第八个五年计划期间联合成功研制我国第一辆自主行驶测试样车 ATB-1，在此基础上又推出 ATB-2 和 ATB-3，增加遥感控制、环境识别和障碍物检测等功能。二十世纪初，国防科技大学成功研制出第四代无人车，并与一汽集团共同合作完成红旗无人驾驶平台试验，为我国无人驾驶关键技术奠定基础。近年来，我国无人驾驶政策密集出台，关注点从智能网联汽车细化至无人驾驶汽车，进一步明确自动驾驶战略地位与未来发展方向。企业的竞争也愈加激烈，互联网公司在无人驾驶领域不断投资，许多传统车企在技术方面也不断更新迭代，生产出能够实现不同程度自动驾驶的汽车。百度作为国内首批布局无人驾驶技术的企业之一，于 2015 年完成首次多种混合路况下的自动驾驶，此次测试实现多次跟车减速、变道、超车等复杂的驾驶动作，最高车速达 100km/h。百度无人车装配有高像素摄像头、激光雷达等传感器，百度研发的 Apollo 无人驾驶系统拥有高精度地图定位、环境感知、智能决策与控制等模块，兼顾路径规划和预测周围环境的功能，如图 8-2（a）所示为搭载 Apollo 系统的百度无人车。随着自动驾驶技术的进步，国内许多高校也自主开展无人车技术研究，如图 8-2（b）所示为北京信息科技大学现代测控技术教育部重点实验室研制的无人车。

(a) 百度无人车　　　　　(b) 北京信息科技大学无人车

图 8-2　国内无人车示例

8.1.2　无人车传感器技术发展

实现自主导航是智能驾驶的基础，这就需要获取车辆与外界环境的相对位置关系，通过车身状态感知确定车辆的绝对位置，所以导航定位传感技术是无人驾驶的关键技术之一。卫星导航和惯性导航是目前研究比较深入的导航方式，现如今组合导航定位方法中，最常用的组合搭配是 INS/GNSS（inertial navigation system/global navigation satellite system）组合导航定位，利用卫星导航的定位误差收敛性可以校准惯性导航发散的误差，惯性导航可以在卫星信号较弱或消失时补偿卫星定位的轨迹，通过组合导航定位的方式实现两者的优势互补。

卫星导航系统由导航卫星、地面观测站和信号接收机三个独立部分组成，其原理是通过测量卫星到信号接收机的距离，综合多颗卫星数据计算接收机所在地理位置信息。卫星导航系统可以为用户提供时间和三维状态下的速度和位置信息，可以提供全天候的位置信息，但也会受环境的影响，抗干扰能力差。目前全球卫星导航系统 GNSS 主要有 GPS（global positioning system）、北斗卫星导航系统、格洛纳斯卫星导航系统以及伽利略卫星定位系统。GPS 是由美国国防部研制的全球首个定位导航服务系统，空间段主要分布在 6 个轨道面上，由 24 颗导航卫星组成，在地球上或近地空间可连续同步观测至少 4 颗卫星，从而实现全球、全天候连续导航定位。GPS 采用的是数字通信的编码技术，具有良好的抗干扰性和保密性。北斗卫星导航系统是中国自行研发、独立运行的全球卫星定位与通信系统，是继美国 GPS、俄罗斯的格洛纳斯卫星系统之后第三个成熟的卫星导航系统，空间段包括 5 颗静止轨道卫星和 30 颗非静止轨道卫星。北斗导航系统可以为用户提供高精度定位与计时等服务，并于 2020 年正式向全球提供导航服务。与其他全球卫星导航系统相比，其具有以下优点：第一，北斗卫星系统的高轨卫星数量最多，空间段采用三轨道混合导航定位，使得定位精度更高；第二，具备双向通信能力，将通信与定位功能融合，拓展了导航系统的应用场景，在国防和交通等领域发挥着巨大的作用；第三，北斗卫星系统的授时精度更高，为高精度导航提供更可靠的时间保障。

惯性导航系统简称惯导，由陀螺仪和加速度计构成，通过测量运动载体的加速度和角速度数据，并将这些数据对时间进行积分运算，从而得到速度、位置、姿态和航向。第一代惯性技术出现在二十世纪三十年代，其理论基础是牛顿力学定律。第二代惯性技术始于二十世纪的四十年代，研究的内容由惯性仪表技术向着惯性导航技术方向发展。第三代惯性技术产生于二十世纪七十年代初，此阶段已经形成新型陀螺、加速度计以及惯性导航系统。现阶段，

图 8-3　惯性传感器

惯性技术发展到第四代，其发展目标为得到更高的可靠性、精度、数字化、小型化且低成本的导航系统，并扩大应用领域。遵循惯性导航组合安装模式，其能够划分成两种，即捷联式惯性导航系统和平台式惯性导航系统。捷联式惯导系统采用数学方法建立坐标系，不需要使用相关的物理平台，具有可靠性强、结构简单、体积小的特点，但对微处理器和算法要求较高。相比较而言，平台式惯性导航系统存在可靠性差、结构复杂、体积大等缺点，会对导航精度产生负面影响，因此，平台式惯导系统逐渐被捷联式惯导系统所取代。图 8-3 为北纬传感公司生产的 IMU700 惯性传感器。

MEMS（micro-electro mechanical system）是指微机电系统，随着技术的持续发展，新设计的 MEMS 惯性传感器具有体积小且精度适中的特点，使得基于惯性传感器的惯性信息测量技术应用到更多领域。诺贝尔物理学奖得主 Richard 最早在 1959 年提出 MEMS 惯性器件的概念，随后在 1969 年推出硅微型压力传感器。最早的 MEMS 陀螺仪是由美国 CSDL 实验室于二十世纪末研制。

我国对于 MEMS 微机械技术的研究始于二十世纪九十年代，MEMS 技术研究被列入 863 计划中的重大专项，诸如航天 704 所、清华大学、北京大学、哈尔滨工业大学、北京航空航天大学等多家知名研究所与高校参与该项目的研究。针对采用低精度 MEMS 惯性传感器进行载体状态测量时输出结果精度不够的问题，研究人员从 MEMS 微机械技术的基本理论研究入手，通过建立特定的算法模型和实验仿真分析予以解决。尽管我国在该领域的研究已经取得一定的成果，但是相较于国外的成熟产品还具有一定的差距。

二十一世纪以来，MEMS 惯性器件逐渐向组合导航方向发展，INS/GNSS 组合导航成为一种更加成熟的导航模式。因为一些研究者发现可以使用惯性传感器在 GNSS 信号丢失时估计运动情况，进而确定每个时刻的位置，这种方法得到的定位精度比单一使用 GNSS 定位有着明显的提升。

在复杂环境下，无人车的导航定位需要进行针对性的优化。2005 年，无人车越野挑战赛中斯坦福大学的 Stanley 夺得冠军，其团队使用双天线 GNSS 融合惯性传感器的组合惯性导航系统和轮式编码器来计算车辆的实时位置，从而解决因局部位置 GNSS 信号不稳定产生位置跳变的问题。

除导航定位技术外，环境感知也是自动驾驶的关键技术，自动驾驶系统主要通过环境感知传感器获取周围的环境信息，结合车辆的导航定位信息，由决策系统作出决策，规划出行路径并控制车辆按规划路径行驶。

视觉传感器主要为成像装置与光学器件，能够对周围环境实时监测，实现对车辆、行人、交通标志等目标的识别和测量。此外，其还可感知到汽车周边的障碍物以及可驾驶区域，理解道路标志的语义，从而对当下的驾驶场景进行完整描述。无人驾驶技术中的视觉传感器是环境感知技术的重要信息源。当前无人车技术的视觉传感器设备主要是相机，具体分为事件相机、全景相机、深度相机、双目相机和单目相机等。单目相机只有一个感光元件，每一帧只能获取单幅场景图像，所以基于单目相机的传感技术只能获取无人车的相对位姿信息。2003 年，由英国帝国理工学院提出了一种基于单目相机的定位系统，实现通过手持单目相机计算获取相对位姿变换。双目相机配置有两个感光元件，可以进一步获取场景的深度信息，也能够测量出环境的绝对尺度，如图 8-4 所示。深度相机是适用于室内环境下的一种视觉传感器，深度相机可以获得物体三维结构信息和表面的颜色信息。2011 年，英国帝国理工学院和微软研究院提出一种基于深度相机传感器的定位方法，不仅可以实现高精度相机定位，也可以进行稠密建图。

(a) 单目相机   (b) 双目相机

图 8-4 视觉传感器

在软件和硬件不断成熟的背景下，车载相机与软件算法的结合使车载相机在无人驾驶领域中更加智能化。以相机为主导的无人车环境感知技术方案在自动驾驶企业中越来越受到青睐，比如美国的特斯拉电动车公司，在传感器装配方案中使用纯视觉系统，为保证能够在各种复杂工况下运行，使用多个环绕车身的相机，负责多种距离与视角的感知，通过算法实现对道路场景中的动态目标距离的探测。如今，很多科研单位和企业依靠摄像头来进行无人车道路场景中的车道线识别、障碍物识别、路况信息提取、地图构建等工作。比如，清华大学在 2003 年推出的智能车集成了相机雷达等传感器系统，采用分层架构实现障碍物检测、车辆自动跟踪、辅助驾驶等；中国科学院的"智能先锋号"无人车视觉传感器，用于二维图像信息获取，通过图像匹配和融合算法感知前方道路信息；北京理工大学采用高性能彩色相机和双目相机，利用嵌入式计算平台实现无人车的立体视觉和全景成像；国内企业如百度、比亚迪、小鹏汽车等，其车载感知系统都包含多种视觉传感器用于辅助驾驶功能。

　　超声波检测是一种成熟的传感技术，广泛应用于交通、医药、机器人等领域，采用这种传感技术的传感器称为超声波传感器。由于其发射和接收声波的工作模式与经典电磁雷达相似，故又称超声波雷达。超声波雷达传感器结构简单、体积小、成本低，可以通过机械波进行探测，然而，超声波在空气中传播时，其能量会大大衰减，因此很难获得准确的距离信息。对于环境感知系统，超声波雷达只能用于对感知精度要求不高的场合，如倒车雷达的检测任务。二十世纪六十年代，诺丁汉大学盲人运动研究所的 Tony Hayes 将超声波检测技术应用于盲人引导设备，偶然间应用于汽车的助停功能。几十年后，这项技术被各大汽车公司广泛采用，超声波雷达也被人们熟知。在初始阶段，超声波雷达仅提供距离报警功能，在倒车时，超声波雷达根据实时测量的距离，发出不同频率的提示音，协助驾驶员判断车辆与障碍物的距离。随着停车辅助系统的不断升级，超声波雷达在系统中的作用也发生改变。

　　毫米波雷达指工作在毫米波波段的雷达，波长为 1～10mm，频域为 30～300GHz，波长介于光波和厘米波之间。毫米波雷达是测量物体相对距离和相对速度的高精度传感器，早期被应用于军事领域，随着雷达技术的发展与进步，毫米波雷达传感器开始应用于汽车电子和无人机等多个领域。车用毫米波雷达的工作原理是毫米波雷达发射调频连续波，由接收反射波与发射波的时间差计算出目标距离。通过信号处理器分析发射与反射信号的频率差异，基于多普勒原理，可以精确测量目标相对于雷达的运动速度，进一步通过算法实现多目标分离与跟踪。车用毫米波雷达的研究始于二十世纪六十年代，主要是在发达国家内展开。早期车用毫米波雷达发展缓慢，直至七十年代，毫米波技术得到很大进展，毫米波雷达首先应用于军用系统中，如防空系统、导弹制导系统。八十年代初期，美国一些研究机构和企业逐渐开始投入毫米波雷达技术研究，毫米波雷达进入高速发展时期，一些欧洲国家也开始车载毫米波雷达的研制，关于汽车毫米波防撞雷达研究开始活跃起来，基于单脉冲和连续调制波两种类型的雷达在美国和日本生产的汽车中广泛应用。二十一世纪初，奔驰率先开始采用基于毫米波雷达的自主巡航控制系统，后来随着汽车市场需求增长，车载毫米波雷达开始进入蓬勃发展期，目前各个国家对车载毫米波雷达分配的频段各有不同，但主要分为 24GHz 毫米波雷达和 77GHz 毫米波雷达。通常 24GHz 左右频段的雷达是中短距离检测，用来实现盲点检测、辅助变道等功能，而 77GHz 雷达作为长距离检测通常用于实现紧急制动和碰撞预警等功能。

　　毫米波雷达的优势在于体积小、重量轻、抗干扰能力强，兼有微波制导和光电制导的优点，其毫米波导引头穿透雾、烟、灰尘的能力强，具有全天候全天时的特点。但毫米波雷达也存在一定的缺点，比如测量角度受限、采样的点比较稀疏、分辨率比较低、对环境比较敏感，这些都会降低毫米波雷达的探测距离。

　　激光雷达是自动驾驶汽车中非常重要的传感器之一，它利用激光器测距原理，通过发射与接收装置的旋转，实现对周围环境及所处空间状态的感知。激光雷达按其结构和类型可分为单线和多线两种。多线激光雷达的各条激光光束具有一定的俯仰角，可实现表面扫描。车用激光雷达的系统结构主要包括激光发射器、激光接收器、光学元器件、驱动装置、信号处理芯片部分等，主要工作原理是根据激光遇到障碍物后的折返时间，计算目标与自己的相对距离。激光光束可以准确测量视场中物体轮廓边沿与设备间的相对距离，这些轮廓信息组成点云并绘制出三维环境地图，精度可达到厘米级别。激光雷达可以区分真实场景中的物体，实现在三维立体的空间中建模，检测静态物体以及精确测距。1980 年，美国的 TopScan 公司成功开发机载激光雷达，用于测绘地面的地形，随着技术的进步，激光雷达已经被应用于民用领域，成为无人驾驶汽车进行环境感知的常用传感器。2005 年，世界上第一款由美国 Velodyne 公司生产的 64 线车载激光雷达亮相，该公司随后推出一系列产品，如 16 线/32 线超小型激光雷达和 128 线高分辨率激光雷达。谷歌的无人驾驶汽车就是激光雷达应用的典型代表，该车使用一台由 Velodyne 公司提供的 64 位三维激光雷达将周围环境绘制成一幅三维地图，并与谷歌的高精度地图相结合，利用计算机以及云端网络进行大数据处理，最终实现自动驾驶功能。全球激光雷达主流厂商仍然以外企为主，国内也有一批比较有影响力的激光雷达生产企业，比如速腾聚创、北醒光子、镭神智能、北科天绘等。在万物互联的时代，激光雷达技术作为物联网架构的底层技术也得到更广泛的应用，随着自动驾驶领域从试验阶段逐步过渡到实用阶段，车载激光雷达技术也将得到进一步的完善和发展。

激光雷达虽然可以采集丰富的三维点云结构信息，能够提供精确的距离信息，在夜间也能很好地工作，但不能提供颜色信息。它获得详细数据的能力也很有限。图像传感器可以获取障碍物的空间几何信息，感知障碍物的颜色和纹理，但在雨雪、光照变化的情况下会影响图像效果。所以，激光雷达与图像传感器的融合也是解决车辆识别问题的有效方法。

雷达传感器如图 8-5 所示。

(a) 超声波雷达　　　(b) 毫米波雷达　　　(c) 激光雷达

图 8-5　雷达传感器

8.2　无人车传感器的种类及应用方法

无人驾驶技术涉及环境信息和车内信息的采集与处理，包括各种软件和硬件技术，是一项庞大且复杂的技术工程。根据使用的不同场景和功能划分，无人车传感器主要包括视觉传感器、雷达传感器、组合导航相关传感器及其他状态测量相关传感器。

8.2.1　视觉传感器

车载摄像头是高级驾驶辅助系统（advanced driver assistance system，ADAS）的主要视觉传感器，是较为成熟的车载传感器之一。摄像头的作用原理为：将三维空间的点映射到二维成像平面。相机针孔模型如图 8-6 所示。

其中 $O\text{-}x\text{-}y\text{-}z$ 为相机坐标系，O 为相机光心，也就是针孔模型里的针孔，空间中一点 P 经小孔投影后在成像平面 $O'\text{-}x'\text{-}y'$ 形成点 P'。

视觉传感器属于被动触发式传感器，被摄物体反射光线，由镜头采集图像之后，经镜头聚焦到 CCD/CMOS 芯片上，CCD/CMOS 根据光的强弱积聚相应的电荷，经周期性放电，产生表示一幅幅画面的电信号，经过电路放大、AGC 自动增益控制，经模数转换由图像处理芯片处理成数字信号，从而实现对车辆周边路况的感知。

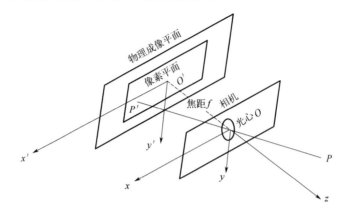

图 8-6　相机针孔模型

其中感光元器件一般分为 CCD 和 CMOS 两种：CCD 的灵敏度高，噪声低，成像质量好，具有低功耗的特点，但是制作工艺复杂，成本高，应用在工业相机中居多；CMOS 价格便宜，性价比很高，应用在消费电子中居多。为了满足不同功能的视觉需求，有很多不同种类的摄像机。

视觉传感器能够得到丰富的纹理特征信息，相比毫米波、激光雷达，采用图像数据能够实现车道线检测，交通标识符检测等功能。

（1）普通 RGB 相机

RGB 相机可以构成单目、双目、多目相机。传统的单目相机做前视感知，一般 FOV 较小，景深会更远，能够探测远距离障碍物。单目相机的测距精度较低，为米级到十米级不等，但测距范围可以做到很大，只要能检测到目标就能估计出距离。

双目相机利用视差原理计算深度，通过两幅图像因为相机视角不同带来的图片差异构成视差，如图 8-7 所示。双目立体视觉在测距精度上要比单目相机做深度估计准确很多，但测距范围受基线长度影响，一般可以做到 300～400m 的测距距离。双目相机系统可以获得视差，从而估计障碍物的距离。这种系统对模式识别的依赖度较小，只要能在目标上获得稳定的关键点，就可以完成匹配，计算视差并估计距离。但双目相机系统也有以下缺点。首先，某些情况下关键点无法获取，比如在自动驾驶中经常引发事故的白色大货车，如果其横在路中央，视觉传感器在有限的视野中很难捕捉关键点，距离的测算就会失败。其次，双目视觉系统对

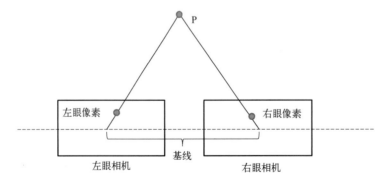

图 8-7　双目相机模型

摄像头之间的标定要求非常高，一般来说都需要有非常精确的在线标定功能。最后，双目系统的计算量较大，需要算力较高的芯片来支持，一般都会采用 FPGA。双目系统的成本介于单目和激光雷达之间，目前也有一些 OEM 开始采用双目视觉来支持不同级别的自动驾驶系统，比如斯巴鲁、奔驰、宝马等。

（2）多目相机

多目相机采用多个不同焦距单目摄像机的组合，弥补了视野范围和景深不可兼得的问题。由宽视野的摄像头感知近距离范围，中视野的摄像头感知中距离范围，窄视野的摄像头感知远处目标。

图 8-8   四目相机

相比于双目相机，多目相机有以下优点：一是通过增加不同类别的传感器，比如红外摄像头，来提高对各种环境条件的适应性；二是通过增加不同朝向、不同焦距的摄像头来扩展系统的视野范围。如图 8-8 所示为四目相机。

（3）红外相机

普通的 RGB 相机在光线昏暗的环境中无法进行有效观测，而红外相机可通过接收红外光成像，实现在昏暗环境下的路况感知。红外相机利用普通 CCD 摄像机可以感受红外光的光谱特性，配合红外灯作为照明源达到夜视成像的效果，通常在芯片表面加滤光涂层或在镜头中加滤光片滤掉人眼不可见的光以恢复原来色彩，具有夜视效果。近红外线的绕射能力虽然可以穿透烟雾、墨渍、涤纶丝绸之类的材料，但是并不能穿透所有丝织物，所以红外相机是做不到对人体的透视功能的。

结构光原理为：相机对探测目标发射一束光线，根据返回结构光图案来计算距离。TOF 全称 Time-Of-Flight，通过对目标发射脉冲光，根据返回光的时间来确定距离，直接获取整个图像的像素深度。

RGB-D 相机通常会生成一一对应的彩色图和深度图，可以通过深度图和彩色图生成点云（PCL），原理如图 8-9 所示。

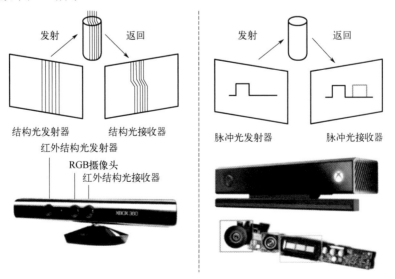

图 8-9   RGB-D 相机原理

主动式红外相机的感知范围可以通过调整补光强度来控制，感知距离也可以做到几百米，被动式红外相机接收由物体散发出来的红外光成像，成像效果相比较于主动式较差。

红外相机如图 8-10 所示。

除了上述几种摄像机，还有事件摄像机、结构光摄像机、全景摄像机等，在无人驾驶的感知中目前涉及较少。

8.2.2 雷达传感器

雷达传感器主要分为毫米波雷达、激光雷达以及超声波雷达。毫米波雷达和激光雷达两者本质的区别是在所用的波上，波长不同。毫米波雷达属于毫米波，通常是 4～12mm；激光雷

图 8-10 红外相机

达用的是激光，波长通常在 900～1500nm 之间。毫米波雷达使用的无线电波与光波相比，遇到障碍物时无线电波更容易被吸收，所以其有效工作距离更远。而超声波雷达使用超声波，超声波雷达也称倒车雷达。

（1）毫米波雷达

毫米波雷达发射无线电波，然后接收反射回来的信号，根据电磁波返回的飞行时间计算目标的相对距离。根据多普勒原理，当发射的无线电波和被探测目标有相对移动，回波的频率会和发射波的频率不同，通过检测频率差计算目标的相对速度。

根据测距原理可以将毫米波雷达分成脉冲测距雷达和连续波测距雷达，由于调频连续波技术成本低廉、技术成熟并且信号处理复杂度低，所以 FWCW 调制方式的毫米波雷达成为主流。内部结构主要包括收发天线、射频前端、调制信号、信号处理模块等。

毫米波雷达如图 8-11 所示。

图 8-11 毫米波雷达

常用的车载毫米波雷达按照频率分为 24GHz、77GHz 和 79GHz 三类，也有少数地区研究其他频率的毫米波雷达，比如日本主要采用 60GHz。频率越低，绕射能力越强，信号损失越小。通常 24GHz 毫米波雷达用于近距离探测，77GHz 的毫米波雷达用于远距离探测。79GHz 的毫米波雷达频率更高，波长更短，分辨率更高，所以在远距离测距、测速上性能优于 77GHz，并且由于体积较小，是将来发展趋势。

在具体应用上，毫米波雷达可分为近距离雷达（SRR）和远距离雷达（LRR）两种。近距离雷达安装在车辆四周的边角和车辆后方，常用 24GHz 的毫米波探测 40m 以内的目标。远距离雷达安装于车辆前保险杠上，常用 77GHz 的毫米波探测 200m 以内的目标并和摄像头的目标输出做后融合。

毫米波雷达测量距离远，通常能达到 200 多米，并且受天气影响较小。电磁波在雨雪、大雾、粉尘中具有良好的穿透性，但是也有其不足之处，比如：

① 对某些材质回波弱，比如行人、锥桶或塑料制品等识别率较差；

② 对金属材质特别敏感，导致虚警率很高；

③ 采样稀疏导致原始数据噪声大，目标抖动；

④ 径向目标探测较准，但是切向目标敏感度差；

⑤ 原始数据只有距离和角度信息，缺乏目标高度信息。

（2）超声波雷达

超声波雷达根据声音在空气中传输的时间来判断障碍物的距离，在 5m 以内的精度能达到厘米级范围。其原理是利用超声波在空气中的传播速度，测量声波在发射后遇到障碍物反射回来的时间，根据发射和接收的时间差计算其到障碍物的距离。主流的工作频率有 40kHz、48kHz、58kHz 三种。

如图 8-12 所示为倒车雷达示意图。

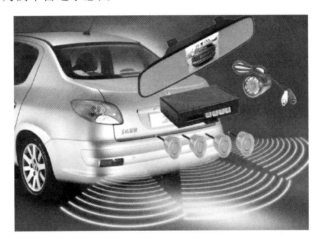

图 8-12　倒车雷达示意图

针对泊车场景一般在车辆周围安装 12 颗超声波雷达，车辆前后各安装 4 颗短距离超声波雷达，左右各安装 2 颗长距离超声波雷达。

超声波近距离传感器（UPS）测量范围一般在 3m 以内，安装在车辆的前后保险杠处用于倒车时探测近处障碍物，常用于倒车报警功能。

超声波远距离传感器（LRUS）测量范围一般在 5m 以内，安装在车辆左右各两颗，用于探测近处障碍物并判断空车位，常用于泊车辅助功能。

超声波雷达受到雨水、粉尘、泥沙的干扰较小，在空气中穿透性强、衰减小，短距离探测精度较高，常用于泊车场景。但是也有其不足之处，比如：

• 声波的传输容易受到天气温度的影响，高低温情况下测距误差较大；

• 声速相比光速较慢，车速较快时超声波测距无法跟上汽车车距的实时变化，误差较大；

• 超声波雷达的输出是在视野范围内的距离值，无法准确给出目标位置。

（3）激光雷达

激光雷达是主动测量传感器，通过对外发射激光脉冲来进行物体检测和测距。根据测距方法的不同可以分为三角法测距（图 8-13）、TOF 法测距、相干法测距三类。市面上用得比较多的还是 TOF 测距的激光雷达。

基于 TOF 测距的激光雷达通过激光器以不同的角度发送多束激光,遇到障碍物后反射回来由接收器接收,最后激光雷达通过计算激光发射和接收的时间差,计算障碍物的相对距离,并根据接收到的强度信息分析障碍物的材质。

激光雷达从工作方式上可以分为机械式激光雷达、混合固态激光雷达与固态激光雷达(图 8-14)。机械式激光雷达通过底部旋转电机带动激光束进行 360°扫描,每扫描一圈得到一帧激光点云数据,扫描一圈的时间称为一个扫描周期。通过测量激光信号的时间差和相位差来确定距离,并根据每条扫描线的角度和扫描旋转角度构建极坐标关系。

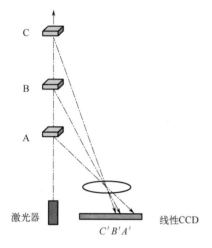

图 8-13 三角测距原理

图 8-14 固态激光雷达

混合固态激光雷达将机械式的外部旋转元器件做到了设备内部,比如 MEMS 技术直接在硅基芯片上集成体积十分精巧的微型扫描镜,并通过 MEMS 扫描镜来反射激光器的光线,从而实现微米级的运动扫描。

固态激光雷达比如相控阵技术,通过调节相位偏移来改变激光束的发射方向,从而实现整个平面的扫描。其原理是相控阵发射器由若干发射接收单元组成一个矩形阵列,通过改变阵列中不同单元发射光线的相位差,可以达到调节射出波角度和方向的目的。

大多数激光雷达采用 905nm 波长的光源,也有部分远距离探测雷达使用 1550nm 的波长。波长越长功率越大,即功率大小决定探测距离的远近。针对多个激光雷达相同波段干扰问题,可以采用连续波调频技术解决。

激光雷达可以分为单线、16 线、32 线、64 线、128 线等多种类型,线数越多单位时间内采样的点数就越多,分辨率越高。单线激光雷达常出现在机器人领域,用于扫地机避障等功能;16 线激光雷达在园区小车上出现较多,用于 SLAM 或者近距离障碍物检测;32 线和 64 线激光雷达点云更加稠密,多用于深度学习技术,具有很好的周围环境感知能力。

激光雷达分辨率包括水平角分辨率和垂直角分辨率,机械式激光雷达水平角分辨率一般在 0.08°,垂直角分辨率根据线数的不同有较大的变化,16 线激光雷达的垂直角分辨率为 2°,呈现出的一帧点云较为稀疏。

激光雷达视场角包括水平视场角和垂直视场角,机械式激光雷达的水平视场角为 360°,

垂直视场角一般在 20°～50°之间。固态激光雷达达不到全视野范围，水平视场角通常小于 100°，垂直视场角通常在 20°～70°之间。

激光雷达的采样频率在 5～20Hz 之间，一般默认 10Hz，线数越多，每一帧的点数越多。比如 16 线激光雷达，按照 10Hz 采样，每帧大约 30000 个点。

激光雷达对光照变化不敏感，不受夜晚场景的影响，可以全天候工作，测距精度相比其他传感器都要高，具有一定的抗干扰能力，感知周围信息量较为丰富；但是也有其不足之处，比如受雨雪、雾天、粉尘等气候影响性能下降，对某些低反射特性的材料测距精度不佳，硬件价格昂贵等。

8.2.3　组合导航

组合导航是以计算机为中心，将多个导航传感器的信息加以综合和最优求解，然后输出导航结果。组合导航是近代导航理论和技术发展的结果。通常情况下，组合导航中的一种导航系统提供短时精度高的信息，另一种导航系统提供长期稳定性高的信息。每种导航系统都有各自的独特性能和局限性。把几种不同的系统组合在一起，就能利用多种信息源，互相补充，构成一种有冗余度和导航准确度更高的多功能系统。所以，将惯性导航、无线电导航、天文导航或卫星导航等多种或两种系统组合在一起，形成的一种综合导航系统，称之为组合导航系统。组合导航系统比单一的导航系统在导航精度上具有更大的优势。

实现组合导航一般有两种方法：

第一种是采用经典的负反馈控制方法，通过多种导航系统的测量值的差值来不断修正系统误差。单个导航的测量误差源一般是随机的，因此误差抑制效果较差。

第二种是采用现代控制理论中的最优估计算法，比如 Kalman 滤波算法、最小二乘算法、最小方差算法等，融合多种导航系统的测量值，推导出信息的最优估计。这种方法估计精度较高，远远优于第一种方法。

（1）卫星导航系统

全球卫星导航系统也叫全球导航卫星系统（global navigation satellite system，GNSS），是能在地球表面或近地空间的任何地点为用户提供全天候的三维坐标和速度以及时间信息的空基无线电导航定位系统。包括一个或多个卫星星座及支持特定工作所需的增强系统。

卫星导航系统通过测量出已知位置的卫星到用户接收机之间的距离，然后综合多颗卫星的数据就可知道接收机的具体位置。要达到这一目的，卫星的位置可以根据星载时钟所记录的时间在卫星星历中查出。而用户到卫星的距离则通过记录卫星信号传播到用户所经历的时间，再将其乘以光速得到。由于大气层电离层的干扰，这一距离并不是用户与卫星之间的真实距离，而是伪距。为了计算用户的三维位置和接收机时钟偏差，伪距测量要求至少接收来自 4 颗卫星的信号。通过接收机时钟得到时间差，从而知道四个信号从卫星到接收机的不准确距离（含同一个误差值，由接收机时钟误差造成），用这四个不准确距离和四个卫星的准确位置构建四个方程，解方程组就得到接收机位置。

卫星在空中连续发送带有时间和位置信息的无线电信号，供接收机接收。由于传输的距离因素，接收机接收到信号的时刻要比卫星发送信号的时刻晚，通常称之为时延，因此，也可以通过时延来确定距离。卫星和接收机同时产生同样的伪随机码，一旦两个码实现时间同步，接收机便能测定时延；将时延乘上光速，便能得到距离。卫星发送的无线电信号采用扩频的调制方式。

（2）惯性导航系统

惯性导航系统（INS）由一组惯性传感器和导航信息处理器组成。惯性导航系统分为平台式和捷联式（Strap down）两种。惯性导航系统不依赖于外部信息、也不向外部辐射能量。其工作环境不仅包括空中、地面，还可以在水下。基本工作原理是以牛顿力学定律为基础，通过测量载体在惯性参考系的加速度，将它对时间进行积分，且把它变换到导航坐标系中，就能够得到在导航坐标系中的速度、偏航角和位置等信息。

惯性导航系统没有严格的分类，但一般可分为六类：战略级、海洋级、航空级、中级、战术级和汽车级。战略级系统是最先进的，广泛应用于军事领域。海洋级系统主要用于宇宙飞船、潜水艇和大型船只中，每天的漂移误差约为 1.8km 甚至更少，成本在 100 万美元左右。航空级系统被应用于军用飞机和一些商业飞机中，每小时漂移误差小于 1.5km，成本在 10 万美元左右。中级系统应用于直升机和小型飞行器中，每小时漂移误差大约在 150km，成本 2 万美元左右。战术级系统应用于导弹、无人机中，这样的系统一般只要求在短期惯性导航中具有足够的精度并具有一定的误差校正能力，该系统成本在 5000 美元左右。汽车级系统是最便宜的，精度也是最低的。

惯性导航系统有如下优点：

① 由于它是不依赖于任何外部信息，也不向外部辐射能量的自主式系统，故隐蔽性好，也不受外界电磁干扰的影响；

② 可全天候、全时间地工作于空中、地球表面乃至水下；

③ 能提供位置、速度、航向和姿态角数据，所产生的导航信息连续性好而且噪声低；

④ 数据更新率高、短期精度和稳定性好。

惯性导航系统的缺点如下：

① 由于导航信息经过积分而产生，定位误差随时间而增大，长期精度差；

② 每次使用之前需要较长的初始对准时间；

③ 设备的价格较昂贵；

④ 不能给出时间信息。

（3）GPS/INS 组合导航

惯性导航系统是一种全自主的导航系统，可以输出超过 200Hz 的高频信号，并且具有较高的短期测量精度，除了提供位置与速度之外，它还可以提供姿态信息。但由于算法内部存在积分，惯性传感器的误差会不断累积，使得长期导航误差无限制增长。

相反，GNSS 具有良好的长期精度，导航误差大致为几米，设备成本低于 100 美元。但是，它短期精度与输出频率较低。一个常规的接收机通常无法提供姿态信息，除非采用一些额外的硬件或软件。此外，全球卫星导航系统需要依靠至少 3 颗卫星（4 颗）的信号，而卫星信号通常会受到高层建筑、树木、隧道、大气以及多路径效应的干扰。

从上述特点来看，INS 与 GPS 具有较好的互补特性，将二者集成可以得到比单一导航系统稳定性更好、精度更高的导航方案。INS/GPS 的组合导航系统可以输出高频率的导航参数信息（位置、速度、姿态），并且在长、短期的导航过程中均能具备较高精度。采用基于卡尔曼滤波的最优估计方法，对 GPS 和 INS 定位导航信息进行融合，可以得到可靠的导航解。GPS 能够防止惯性数据漂移，INS 能在 GPS 信号中断时提供位置、速度、姿态信息。

8.2.4　其他状态测量单元

（1）转角传感器

汽车电控技术进步推动了汽车传感器技术的发展，其中电动助力转向系统和电子稳定系统是当前汽车电控技术的热点，而在控制过程中转向盘转角传感器则是其最重要的部分。通过计算转向盘转角的位置和转角变化速率来预测驾驶员的操作意图，从而为 ESP 或 EPS 控制单元提供控制动作的依据。此外，转角传感器还应用于油门开度的测量等方面，为车辆横纵向控制提供了数据基础。

传统的转角传感器基于多种原理，如光电效应、霍尔效应、电阻分压效应等。根据原始信号编/解码方式的不同，转角传感器可以分为绝对值转角传感器和相对值转角传感器。

简单的转角传感器包括：

① 变阻器式转角传感器，将转角的测量变为电阻变化的测量；

② 电容式转角传感器，将转角的测量变为电容变化的测量；

③ 磁阻式转角传感器，将转角的测量变为感应电动势变化量的测量。

这些传感器普遍存在测量精度不高、抗干扰性能差等缺点，而且在反复使用的过程中，会出现老化、磨损等问题，进一步降低了测量精度。所以，简单的转角传感器一般应用于角速度慢、旋转方向不频繁变化的工作场景。

光电转角传感器主要由发光器（发光管光敏三极管）、遮光齿盘和控制电路组成。光电转角传感器的核心部件是光电耦合器，光电耦合器不仅有输入输出电隔离、抗干扰强、响应速度快、灵敏度高、无触点、可靠性好、体积小、耐冲击及容易与逻辑电路配合等优点，而且开发设计者还可根据已选用的光电耦合器和不同的实际需要，自行研制和安装光电转角传感器。

光电转角传感器是一种数字脉冲式传感器，输出的是脉冲信号。遮光盘在光耦器件的凹槽中转动，槽口进入凹槽时，红外线可以通过；槽口离开凹槽，红外线被阻挡。安装遮光盘的旋转轴每转 1 周，光敏三极管就能接收到与槽口数一样多的脉冲信号，由脉冲的个数可反映出角位移的大小。脉冲经过光电传感器电路的施密特整形器后，送到可逆计数器进行检测。遮光盘的一个槽口先后通过光耦器件的凹槽可产生两个脉冲信号（设为 A、B）。A 脉冲送至可逆计数器的 CP 端，B 脉冲送至可逆计数器的 U/D 端，可逆计数器进行加/减计数的控制。加减计数的控制不是利用专用电路进行控制的，而是利用光电转角传感器产生的脉冲进行控制，即 U/D = 1（加计数）或 U/D = 0（减计数），从而检测出角位移的大小。遮光盘按不同方向旋转，产生的脉冲相位不一样。可逆计数器由此进行加计数或减计数，由电路或电脑可判断出遮光盘的旋转方向。

光电角传感器常应用在汽车转向器和数字式速度表中。

① 汽车转向器。转向器常采用光电转角传感器作为动力转向传感器，检测转向器轴的旋转方向及旋转速度。在转向器的主轴上设有一个遮光盘，夹于遮光盘两侧的是两组光电耦合组件，光电耦合组件安装在转向管柱上。当转向轴转动时，遮光盘也随之转动。遮光盘整个圆周上均匀地开有许多槽，遮光盘上的槽与齿使光电耦合组件之间的光断续地通断。光电耦合组件的光敏三极管或者导通或者截止，传感器控制电路产生的脉冲反映光敏三极管导通和截止的速度，脉冲信号的相位差反映转向轴的旋转方向，电路或电脑由此脉冲可检测出转向轴的旋转速度和方向。

② 数字式速度表。光电转角式车速传感器上有光耦部件（发光二极管、光敏元件）和遮光盘。遮光盘由速度表电缆驱动。速度表电缆轴每转 1 圈，传感器就有若干个脉冲输出。车速决定脉冲频率，脉冲信号经整形后输入到速度表内的计数电路中计数，同时在记忆电路中被记忆下来。记忆电路的输出信号再加到显示电路上，速度表根据传感器输出的脉冲数显示车速。

转角传感器的选择标准：

① 频率响应特性。角度传感器的频率响应特性决定了被测量的频率范围，必须在允许频率范围内保持不失真的测量条件。实际上传感器的响应总有一定延迟，延迟时间应保证越短越好。传感器的频率响应高，可测的信号频率范围就宽，而由于受到结构特性的影响，机械系统的惯性较大，导致频率响应高的传感器可测信号的频率范围收窄。在动态测量中，应根据信号的特点（稳态、瞬态、随机等响应特性）选择合适的转角传感器，以免产生过大的误差。

② 灵敏度。通常，在角度传感器的线性范围内，角度传感器的灵敏度越高越好。灵敏度高时，与被测量变化对应的输出信号的值比较大，有利于信号处理。同时，传感器的灵敏度高，与被测量无关的外界噪声也容易混入，也会被放大系统放大，影响测量精度。因此，要求传感器本身应具有较高的信噪比，尽量减少从外界引入的干扰信号。传感器的灵敏度是有方向性的。当被测量是单向量，而且对其方向性要求较高时，应选择其他方向灵敏度小的传感器；如果被测量是多维向量，则要求传感器的交叉灵敏度越小越好。

③ 稳定性。传感器使用一段时间后，其性能保持不变化的能力称为稳定性。影响传感器长期稳定性的因素除传感器本身结构外，主要是传感器的使用环境。因此，要使传感器具有良好的稳定性，传感器必须要有较强的环境适应能力。在选择角度传感器之前，应对其使用环境进行调查，并根据具体的使用环境选择合适的传感器，或采取适当的措施，减小环境的影响。

④ 线性范围。角度传感器的线性范围是指输出与输入成正比的范围。理论上讲，在此范围内，灵敏度保持定值。传感器的线性范围越宽，则其量程越大，并且能保证一定的测量精度。在选择传感器时，当传感器的种类确定以后首先要看其量程是否满足要求。但实际上，任何传感器都不能保证绝对的线性，其线性度也是相对的。当所要求测量精度比较低时，在一定的范围内，可将非线性误差较小的传感器近似看作线性的，这会给测量带来极大的方便。

（2）轮速传感器

随着汽车市场的保有量连续多年高速增长，人们对于汽车驾驶安全技术的要求也越来越高，尤其是主动安全技术。无论是如今应用广泛的防抱死系统（antilock brake system，ABS）、车身电子稳定系统（electronic stability program，ESP），还是逐渐兴起的高级驾驶辅助系统（advanced driver assistance system，ADAS），汽车防撞预警系统（front collision warning system，FCWS），都需要准确地获取当前轮速，或者通过汽车电子控制单元（electronic control unit，ECU）对轮速信号进行逻辑计算，估算出汽车速度。

轮速传感器（wheel speed sensors，WSS）的主要功能是检测车轮的速度，并将速度信号输入 ABS/ESP 的控制单元，ABS/ESP 控制单元通过对轮速传感器信号的处理得到车辆的速度及各车轮转动速度、状态的信息。随着汽车电子技术的不断发展以及总线通信技术在车辆上的不断普及，轮速传感器经历了被动传感器、主动传感器、智能传感器的发展阶段。转速传感器主要分为被动轮速传感器与主动轮速传感器。

被动轮速传感器一般指电磁式轮速传感器。利用电磁感应把被测对象的运动转换成线圈的自感系数和互感系数的变化，再由电路转换为电压或电流的变化量输出，实现非电量到电量的转换。

由电磁感应定律可知，通过回路面积的磁通量发生变化时，回路中会产生感应电动势 E：

$$E = K\frac{\mathrm{d}\varPhi}{\mathrm{d}t} = \frac{v}{f(\delta)}\qquad(8\text{-}1)$$

N 匝线圈对应的感应电动势 E 可以表示为：

$$E = NK\frac{\mathrm{d}\varPhi}{\mathrm{d}t} = \frac{v}{f(\delta)}\qquad(8\text{-}2)$$

式中，K 为比例系数，一般取 1；$\varPhi$ 为磁通量；$\mathrm{d}\varPhi/\mathrm{d}t$ 为线圈的磁通量变化率；v 为齿圈转速；δ 为传感器与齿圈气隙。

磁通量的变化决定了感应电动势的输出，磁通量的变化频率决定了感应电动势的输出频率。

当车轮运动时，齿圈随半轴转动，齿圈的齿形变化引起齿圈与永久磁铁间隙的变化，继而对磁通量造成影响，感应线圈中的感应电动势随之变化。通过对输出电势的频率统计，可知车轮转速为：

$$n = Pf\,/\,z\qquad(8\text{-}3)$$

式中，n 为车轮转速；P 为比例系数，根据单位调整；f 为感应电动势频率；z 为齿轮齿数。

虽然电磁式轮速传感器具有结构简单、成本低的特点，但由于其较差的低速检出性、频率特性和抗干扰性，以及较大的产品体积与铁磁体目标齿轮一起的结构构成，增大了车辆轮毂单元体积，增加了结构质量。随着装配霍尔元件/磁阻元件的主动式轮速传感器大量应用而带来的成本上的降低，电磁式轮速传感器已经淡出乘用车应用领域，目前基本上只在商用车ABS 系统中保持应用。

主动式轮速传感器主要通过芯片内的霍尔元件/磁阻元件，利用车轮带动铁磁体目标齿轮（或磁轮）在轮速传感器头部附近转动并产生磁通量的交变，通过元件芯片内部的信号处理电路将磁场的变化转换成调制数字脉动电流输出。ABS/ESP 系统通过采样电阻将调制数字脉动电流转换为数字电压脉冲信号，从而得到轮速数值。

霍尔式轮速传感器原理基于霍尔效应，由霍尔组件结合电子元件组成。霍尔元件外加与电流方向垂直的磁场时，霍尔元件的两端会产生电势差，即霍尔电势差 U_H：

$$U_{\mathrm{H}} = \frac{IB}{ned} = K_{\mathrm{H}}IB\qquad(8\text{-}4)$$

式中，I 为输入电流；B 为磁感应强度；n 为自由电子浓度；e 为电荷电量；d 为霍尔元件厚度；K_{H} 为霍尔系数，定义霍尔元件的灵敏度，是仅与元件材料有关的常量。

U_{H}、I 和 B 三者确定其中两个，另一个参数也就确定。自由电子浓度 n 受温度影响较大，在实际应用中需要消除温度变化造成的影响。

车轮运动时，霍尔式轮速传感器检测到磁通量的大小变化。通常传感器内部包含两个霍尔元件，运动过程中产生具有一定相位差的波形，两波形经差分放大，实现精度和灵敏度的提高。车轮转速为：

$$n = Pf\,/\,z\qquad(8\text{-}5)$$

式中，f 为霍尔电压的信号频率。

可变磁阻式轮速传感器基于磁阻效应。与霍尔效应类似，在磁阻效应元件上接通电流和通过磁场，这里的磁场与电流成角度 α 设置，这样磁场耦合到磁阻效应元件（一般为铁磁材料制作的薄板，称之为韦斯磁畴）方向的磁通量的变化率发生变化，从而改变元件的电阻（系数）。

当外部磁场与磁阻元件中的电流之间的夹角 α 发生变化时，如图8-15所示，磁阻元件电阻 R 变化，有：

$$R = R_0 \times \left(1 + \frac{\Delta R}{R_0}\cos^2\alpha\right) \tag{8-6}$$

式中，R_0 为磁场方向垂直于薄板时电阻大小；$\Delta R/R_0$ 为不同铁磁材料的磁阻系数；当 $\alpha=90°$ 时，磁阻元件电阻 R 最小；当 $\alpha=0°$ 时，磁阻元件电阻 R 最大。

磁阻元件一般后接电桥进行信号处理，惠斯通电桥如图8-16所示。磁阻元件作为 R_x，根据电桥原理，R_x 的变化引起 R_1 和 R_3 两端电压差 ΔV 的变化，通过 ΔV 实现对 R_x 变化率的放大。经惠斯通电桥信号处理后 R_1 和 R_3 两端电压差 ΔV 可以表示为：

$$\Delta V = V_{cc}\frac{R_2 R_x - R_1 R_3}{(R_1 + R_2)(R_3 + R_x)} \tag{8-7}$$

车轮转速为：

$$n = Pf / z \tag{8-8}$$

式中，f 为电压的信号频率。

主动式轮速传感器以其优良的频率响应特性、低至0km的低速检出特性、强大的抗干扰能力，以及可以提供紧凑的轮毂单元结构（磁环与轮毂轴承整合）以有效降低轮毂单元的质量等优势，已经全面在乘用车领域应用。

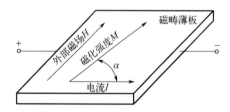

图8-15　磁阻元件电流与磁场方向示意图

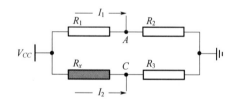

图8-16　惠斯通电桥示意图

8.3　基于多传感器融合的环境感知技术

多传感器融合指将相机、激光雷达、GPS、惯导等多种传感器数据进行融合处理，从而实现无人车对车辆行驶环境进行感知。在本节，将以参加全国大学生无人方程式比赛的MCT无人方程式赛车为研究对象进行综合介绍。

大学生方程式比赛由汽车工程学会（SAE China）和中国机械工程学会（CMES）支持和组织，旨在鼓励大学生独立设计、制造一辆方程式赛车并用于竞速比赛。这项赛事在欧洲、美国和中国的大学中得到广泛推广。发展至今，大学生方程式竞赛由传统的发动机驱动的方程式和纯电动方程式赛车两部分组成。近年来，随着无人驾驶车辆在学术上的技术突破和在商业中的广泛应用，无人驾驶车辆和方程式赛车融合的发展方向进一步促进大学生方程式竞赛的发展。2017年，世界首届无人驾驶方程式大赛在德国霍芬海姆成功举办，此后，每年会有来自全世界的超过 120 支队伍参赛，比赛的动态项目包括八字环绕赛，直线加速赛和高速循迹赛，比赛中常用的传感器如表 8-1 所示。图 8-17 为北京信息科技大学 MCT 无人方程式车队参加 2020 年中国大学生无人驾驶方程式比赛与所有车队的合影。

表 8-1　常用传感器比较

功能	激光雷达	毫米波雷达	摄像头
车道线识别	√	×	√
路沿检测	√	×	√
障碍物相对位置、距离检测	√	√	√
障碍物运动状态判断	√	√	√
障碍物识别与跟踪	√	√	√
障碍物分类	×	×	√
红绿灯、交通标志识别	×	×	√
SLAM 地图创建及定位	√	×	√

图 8-17　2020 年中国大学生无人驾驶方程式大赛（湖北襄阳）

从硬件成本、功能需求、多目标检测、驾驶安全等多方面考量，MCT 无人方程式赛车选用一台速腾 32 线激光雷达和一台四目相机作为环境感知车载传感器，完成锥桶信息感知、车道线检测及路径规划的任务，系统的框架如图 8-18 所示。

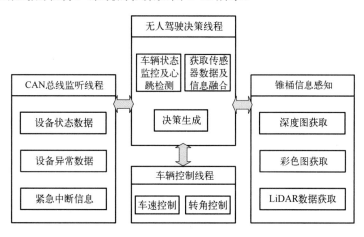

图 8-18　无人驾驶系统略图

8.3.1 基于激光雷达的环境感知

激光雷达是一种精确获取三维位置信息的传感器，可识别周围物体的形状、距离、姿态，为车辆定位导航、路径规划和决策控制提供信息。

MCT 无人车选用速腾 32 线激光雷达，安装在车身最前方中间位置。以 MCT 无人方程式赛车为例，安装方式如图 8-19 所示。

图 8-19 MCT 无人方程式赛车实车展示图

（1）点云数据地面拟合

在实际的应用中，由于激光雷达支架工件加工带来的误差，雷达数据会在竖直方向上产生一定的漂移，故在使用前需要对地面信息进行拟合操作，减小误差影响。具体操作步骤如下：

① 雷达运行后手动选择三组以上地面点坐标；

② 设平面方程如式（8-9）所示，其中 A、B、C、D 为待求系数，代入所选择的地面点求解出地面 P 平面方程；

$$Ax + By + Cz + D = 0 \tag{8-9}$$

③ 设定与平面 P 距离为 d 的点进行聚类并得到地面点集 M，利用最小二乘法优化平面参数；

④ 根据地面法向量求解旋转矩阵 $R^{3\times3}$；

⑤ 利用式（8-10）对点云进行旋转，其中 X 为点云的原始三维坐标信息，X' 为旋转后坐标信息，R 为旋转矩阵。

$$X' = XR \tag{8-10}$$

雷达数据在拟合前后的对比图如图 8-20 所示。

（2）激光雷达数据降采样

由于激光雷达会在运行过程中受环境复杂程度影响造成点云密度过大，大量的点云输入会使得处理器在处理点云过程中速度变慢，处理时间无法满足无人驾驶方程式赛车感知系统对实时性的要求。因此经激光雷达初步采集到的点云必须使用算法对其进行降采样处理，常用的算法有均匀下采样、随机下采样和体素下采样三种。

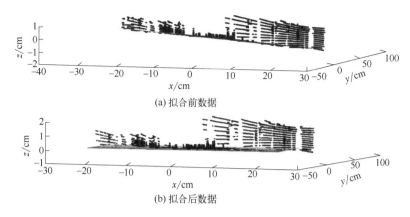

(a) 拟合前数据

(b) 拟合后数据

图 8-20　初始点云数据处理前后对比图

① 均匀下采样：均匀下采样是指在所有点中，每隔固定个数点进行一次采样。样本按点输入的顺序执行，始终会从标号为 1 的点开始计算，而不是随机选择。显然点输入顺序不同，得到的结果也会不一样。因此，这种方法比较适合有序点云的降采样，如果点云本身不均匀，那么以固定点数采样很有可能造成某一部分的点云没被采样到。

② 随机下采样：随机下采样顾名思义，就是在所有点中随机地采集指定数量的点，这种算法每个点被采集到的概率是相同的。在各种下采样算法中，随机下采样是处理速度最快的，但其对数据均匀性的依赖程度也是较为显著的，点云密度大的区域内输入的点比较多，这个区域内被采样的概率就更大，因此原来密度大的地方，采样后，密度还是较大。

③ 体素下采样：体素下采样是通过输入点云数据创建三维体素栅格，然后在每个体素内，用体素中所有点的重心来近似显示体素中其他点，这样该体素内所有点就用一个重心点最终表示，从而将输入点云统一创建成经过下采样的点云。该算法与随机下采样相比，可以在向下采样的同时不破坏点云本身几何结构。

通过实践比较，为了满足硬件实时性的要求，MCT 无人车队采用体素下采样的方式在保证密度不影响识别结果的前提下降低点云数量。

（3）雷达里程计定位技术

在车辆的实时定位系统中生成里程计是必不可少的部分，在过去的研究中，已经提出很多的使用雷达的点云数据来计算车辆的里程计的方法，这些方法主要有三个不同的类别：

① 基于点云数据的配准方法：配准的目的是实现一对点云能够对齐在同一坐标系下，从而可以计算出两次扫描之间的点云的变换，在自动驾驶定位场景下，这是一种很好的离线的构建高精地图的方法，因为该方法考虑使用点云数据中的所有点进行配准，可以将这种方法归纳为稠密的方法，但这种方法由于太慢而实时性较差。

② 基于点云特征点的方法：这种方法来源于 2D 图像特征提取和匹配方法，原理是根据 3D 点云的特征点的提取，计算连续帧之间的位移，这种方法的准确性和实时处理还是可以的，但是对快速运动不够鲁棒。这种方法仅仅使用在点云中提取的特征点来代表一帧的点云数据进行配准，可以归纳为稀疏的方法。

③ 基于点云数据的深度学习的方法：深度学习在决定车辆的定位问题上的研究正获得越来越多的关注，其效果与传统学习算法相比要好很多，其中很多算法都采用与图片目标检测相似的算法框架。

综合硬件条件、车速等因素，MCT 无人车队采用基于点云特征点的方法进行雷达里程计的定位。

（4）激光雷达感知方案

MCT 无人方程式车队基于算法实时性与实际应用性，采取欧几里得聚类算法方案实现锥桶检测及距离感知，具体而言，是通过点与点之间的欧氏距离进行聚类，设点 A（x_1，y_1，z_1）和点 B（x_2，y_2，z_2），两点之间的欧氏距离 d_E 为：

$$d_E = \sqrt{(x_1 - x_2)^2 + (y_1 - y_2)^2 + (z_1 - z_2)^2} \tag{8-11}$$

欧氏聚类算法步骤如下：

第一步，根据所采集到的地面点云对平面进行拟合，消除竖直方向上的误差；

图 8-21　聚类效果图

第二步，随机地选取空间中的一个点，通过 KD-tree 邻近搜索算法得到 K 个邻近点，并建立点集 P；

第三步，在集合 P 中，任意两点之间的欧氏距离小于既定阈值的便聚类到另一个集合 Q 中，当集合 Q 中的点数不再增加时，那么整个欧氏聚类迭代过程便结束；否则就必须在集合中重新选取除初始点以外的点，然后不断重复以上聚类流程，直至集合中点的数量不再变化为止；

最后，求解出每个锥桶的几何中心，并发布中心三维坐标 $[x, y, z]$。

聚类效果如图 8-21 所示。

8.3.2　基于机器视觉的环境感知

无人方程式比赛要求环境感知算法能够正确识别代表临时道路两侧的红色和蓝色锥桶，以及标识道路起始和终止的黄色锥桶，因此，使用基于 YOLOv4 网络的深度学习算法进行锥桶识别。

（1）YOLOv4 模型简介

YOLOv4 网络的结构包括三个主要部分：骨干网络、颈部网络和头部网络，如图 8-22 所示。

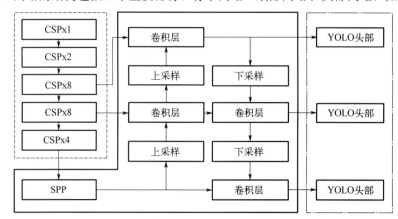

图 8-22　YOLOv4 网络结构图

CSPDarknet53 是 YOLOv4 算法的主干网络，使用跨阶段部分连接（CSP）网络结构，该结构可在保持准确性的同时减少模型计算量。CSPDarknet53 中的激活函数是 Mish 激活函数，如式（8-12）所示。

$$Mish = x \times \tanh[\ln(1+e^x)] \tag{8-12}$$

颈部网络包括空间金字塔池网络（SPP）和路径聚合网络（PANet）。SPP 网络在 CSPdarknet53 的输出特征层上执行三次卷积运算，然后分别实现四种不同规模的最大池处理，其结构如图 8-23 所示。PAN 网络接收三个特征图输入，包括一系列上采样和下采样，目的是特征的重复提取。头部网络生成预测结果。它输出三种尺寸的特征图。每个特征图被划分为尺寸为 $S \times S$ 的网格，每个网格预测 3 个边界框，以及边界框的四个调整参数、置信度和分类概率。

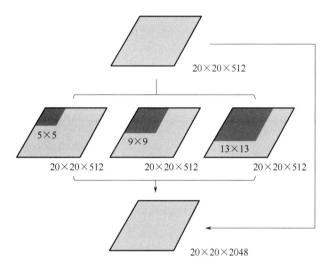

图 8-23　YOLOv4 网络结构图

在训练过程中使用带有动量优化（momentum optimizer）的随机梯度下降（SGD）算法。随机梯度下降的每次迭代使用一个或一批样本来更新参数，用于减少训练时间。梯度下降方向主要是之前累积的下降方向，但是略微偏向当前时刻下降方向。

（2）数据集准备与网络训练

使用交通锥桶模拟常见的临时道路，在早晨、正午和傍晚多种光照情况下，共采集 2358 张彩色图像，并在其中人工标记红色、蓝色和黄色交通锥桶，然后将该数据集随机分为训练集、验证集和测试集，分别包含 1697 张、425 张和 236 张图像（比例约为 7∶2∶1）。同时，实验中采集的深度图像有 1304 张，由人工标记其中的交通锥桶，然后随机分为训练集、验证集和测试集，分别包含 938 张、235 张和 131 张图像（比例约为 7∶2∶1）。

在训练过程中，对图像数据进行随机的数据增强，包括角度旋转和 HSV 值变化，图像在 −5°～5° 之间被随机旋转，并且 HSV 通道中的值被随机噪声化，用于色调、饱和度和亮度调整，H 通道的值被随机施加 [−0.05，0.05] 之间的倍数，S 通道和 V 通道中的数据随机乘以或除以 1.5，使用的批处理数量为 64，图像分辨率为 416×416，最大迭代次数为 6000，最终交通锥桶图像检测结果如图 8-24 所示。

图 8-24　交通锥桶图像检测结果

（3）相机与激光雷达数据融合

使用基于视觉的方法对锥桶进行深度估计时，容易受光照变化及尺度漂移等因素的影

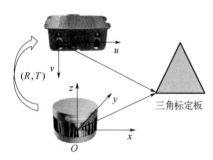

图 8-25　传感器坐标系定义

响，因此使用激光雷达与相机进行数据融合，可以得到更精确的深度值。为实现两者数据融合，需求解激光雷达传感器到相机传感器的投影矩阵，以四目相机与 16 线激光雷达数据融合为例，首先建立各传感器的自身坐标系，各个传感器的坐标系可以简化成图 8-25 所示。图中 u，v 为建立的相机像素坐标系。为便于计算，可将世界坐标系和激光雷达坐标系设为同一个坐标系，即将激光雷达坐标系定义为 xyz，将激光雷达中心设为坐标原点 O，雷达上方设为 z 轴正方向，前方设为 y 轴正方向，右侧为 x 轴正方向，上述的建立的三个坐标系均符合右手准则。

激光雷达坐标系和相机坐标系有如下空间变换关系：

$$Z_c\begin{bmatrix}u\\v\\1\end{bmatrix}=\begin{pmatrix}\dfrac{1}{dx}&0&u_0\\0&\dfrac{1}{dy}&v_0\\0&0&1\end{pmatrix}\begin{pmatrix}f&0&0&0\\0&f&0&0\\0&0&1&0\end{pmatrix}\begin{pmatrix}R&T\\0^T&1\end{pmatrix}\begin{bmatrix}X_L\\Y_L\\Z_L\\1\end{bmatrix}\tag{8-13}$$

式中，$(X_L，Y_L，Z_L)$ 为目标物相对激光雷达位置；$(X_c，Y_c，Z_c)$ 为目标物相对相机的位置；$(u，v)$ 为像素坐标系；$(x，y)$ 为图像坐标系；R 为 3×3 旋转矩阵；T 为三维平移矩阵；f 为相机焦距。

使用激光雷达和相机分别获取同一时间、空间的交通锥桶信息并通过空间同步原理求解激光雷达到相机的投影矩阵，标定场景如图 8-26 所示。

可根据标定场景中的交通锥桶信息求解相机与激光雷达的空间投影矩阵，为计算方便，将式（8-13）改写为如下方程：

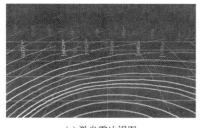 

(a) 激光雷达视图　　　　　　　　　　　(b) 相机视图

图 8-26　空间同步标定场景

$$Z_i \begin{bmatrix} u_i \\ v_i \\ 1 \end{bmatrix} = \begin{pmatrix} m_{11} & m_{12} & m_{13} & m_{14} \\ m_{21} & m_{22} & m_{23} & m_{24} \\ m_{31} & m_{32} & m_{33} & m_{34} \end{pmatrix} \begin{bmatrix} X_{wi} \\ Y_{wi} \\ Z_{wi} \\ 1 \end{bmatrix} \tag{8-14}$$

式中，(X_{wi}, Y_{wi}, Z_{wi}) 为第 i 个交通锥桶的三维点云坐标；(u_i, v_i) 为第 i 个交通锥桶的图像坐标；Z_i 为第 i 个交通锥桶在相机坐标系下的深度值；m_{ij} 为投影矩阵第 i 行第 j 列元素。

为同时获取交通锥桶颜色和位置信息，根据上述所得投影矩阵，将交通锥桶的三维激光点云检测结果投影至图像中，判断投影后的像素坐标是否与使用 YOLOv4 算法检测到的交通锥桶图像像素坐标重合，若两者像素坐标重合或满足一定误差，则将该三维激光点云坐标作为交通锥桶的最终位置信息。

8.3.3　基于视觉的同时定位与地图构建（SLAM）

SLAM（simultaneous localization and mapping）即同时定位与地图构建。目前有关 SLAM 的研究已经有近四十年的历史，在机器人和计算机视觉等领域一直是研究热点。SLAM 通常指在没有任何先验环境信息的情况下，搭载特定传感器的载体在运动过程中对周边环境进行重建，同时估计自身的位置与姿态。

目前 SLAM 技术采用相对定位方案居多，基于视觉的 SLAM 是其中主流方案之一，该方案所需传感器只有摄像头，可将其分为单目、双目和 RGB-D 深度相机三类。对于单目相机，由于其缺乏对场景深度感知的能力，在定位过程中需要对场景尺度进行初始化，同时还要避免出现尺度漂移等问题；双目相机可以通过对极几何原理获得场景的绝对尺度；RGB-D 相机可以感知环境深度。由于单目相机与双目相机的场景深度感知能力存在一定误差，在对运动载体进行位姿估计时，随着运动时间的增加，场景尺度会随之增大，最终系统定位误差也会增加。RGB-D 相机的深度感知能力易受阳光的照射的影响，因此多用于室内环境。同时纯视觉 SLAM 对图像质量较为敏感，当载体快速运动而导致图像模糊、环境光照变化、场景纹理特征不明显等情况发生时，整个 SLAM 系统会随运动时间的增加而产生严重的累积漂移，导致最终的位姿估计精度并不理想。为了提高运动载体的位姿估算能力、建图功能及复杂环境下的稳定性，同时弥补视觉 SLAM 的不足，利用多种传感器进行数据紧耦合的方式成为当前研究 SLAM 的热点。如图 8-27，为采用 ZED 立体相机及其内部的 IMU 器件，实现基于视觉-惯性融合的三维稀疏点云地图构建，相比高精度激光雷达与高精度惯性导航器件，其成本有了可观的降低，同时还能进一步利用摄像头模拟人眼获取环境中丰富的语义信息。

图 8-27 稀疏 3D 点云地图

（1）视觉前端

在以视觉为主的 SLAM 模型中，通常将 SLAM 分为视觉前端和后端优化，其中视觉前端负责根据两帧相邻图像的特征信息，从几何上估计出相机的粗略位姿，从而给后端优化提供较好的初始值。按是否对图像进行特征提取，可将视觉前端分为特征点法和直接法两种。其中特征点法是指从图像中提取具有代表性的像素点，当相机处于运动状态时，其视角发生少量变化，这些像素点的特征保持不变，因此这类像素点也被称为特征点。

特征点通常包含了关键点与描述子两部分信息，其中关键点描述了像素点在图像中的位置、朝向及大小等信息，描述子通常由人为设计，且用向量表示描述子是目前的主流方式，它描述了关键点与周围像素块的存在的联系。若两张图像中特征点对应的描述子符合人们所设计要求，如两个描述子的向量模比较接近，则认为这两个点是同一个特征点，由于它具有独特性，因此最后可以用关键点信息来表达同一个特征点。ORB-SLAM 系列是目前使用特征点法作为视觉前端的热门 SLAM 框架，它从图像中提取的特征点称为 ORB 特征点，其中 O 是 oriented 的缩写，表示 ORB 特征中的关键点包含了方位特征信息。RB 是 rotated brief 的缩写，表示 ORB 特征的描述子具有旋转特征。ORB 特征是在 FAST 检测子的基础上做的进一步改进，它可改善 FAST 特征的无方向问题，并且使用二进制描述子，加快图像特征的提取速度。

总体上，提取 ORB 特征，本质仍是提取 FAST 角点，如图 8-28 所示，其主要检测图像中像素灰度差异较大的地方。特征点提取完成后需要进一步对它们进行帧间匹配，在 ORB-SLAM 系列中通常使用特征点的二进制描述子向量进行匹配，该向量通常由 128 个 0 和 1 组成，其中 0 和 1 是为方便对比图像像素之间大小关系而设计的一种度量方法，如第一帧图像中某处像素值的大小为 x，第二帧图像中某处像素值的大小为 y，若 x 的值大于 y 的值，描述子向量对应位置取 1，否则取 0。在对特征点进行匹配时，使用汉明距离来度量二进制描

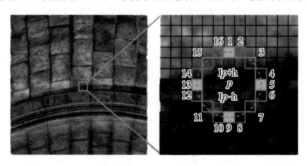

图 8-28 FAST 角点

述子之间的距离，该距离也反映了两个特征点之间的相似程度。通过统计描述子向量中不同位数出现的次数，判断这两个特征点的相似程度是否满足给定阈值，如果满足，则认为它们是同一个特征点。在对图像进行特征点提取时，通常会对提取到的特征点进行预处理，例如采用 RANSAC 方法对异常特征点进行剔除，采用四叉树结构对特征点从空间上进行优化管理，对于特征点数量非常多的情况，可以采用近似最近邻算法进行快速匹配。该算法的实现已集成到 OpenCV 库中。

对两帧图像进行特征点提取后，可通过对极几何原理估算出两帧图像之间的相对运动，其原理如图 8-29 所示，其中 P 为两帧图像匹配到的特征点，该特征点投影到第一帧图像 I_1 中的像素坐标记为 F_1，投影到第二帧图像 I_2 中的像素坐标记为 F_2。C_1 与 C_2 为该两帧图像对应的相机坐标系原点，则连接点 P，C_1，C_2 所构成的平面被称为极平面。C_1 与 C_2 的连线被称为基线，基线分别与图像 I_1、I_2 相交，交点 E_1 与 E_2 被称为极点。极平面与两帧图像之间各有一条相交线，这条线被称为极线。

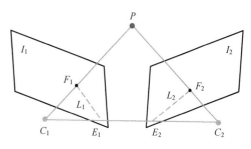

图 8-29　对极几何原理图

用三维矩阵 $\boldsymbol{R}$ 和平移向量 $\boldsymbol{t}$ 表示两帧图像对应相机坐标系的相对运动，设平移向量 $\boldsymbol{t}$ 的反对称矩阵形式为 $\boldsymbol{t}^{\wedge}$，相机内参为 K，由于对极几何中，C_1、C_2、P 三点共面，因此可得到对极约束等式：

$$\boldsymbol{F}_2^{\mathrm{T}} \boldsymbol{K}^{-\mathrm{T}} \boldsymbol{t}^{\wedge} \boldsymbol{R} \boldsymbol{K}^{-1} \boldsymbol{F}_1 = 0 \tag{8-15}$$

在对极约束等式中，把 $\boldsymbol{t}^{\wedge}\boldsymbol{R}$ 单独取出来，其运算结果是一个 3×3 的矩阵，该矩阵被称为本质矩阵，对本质矩阵进行奇异值分解，可以解算出 R 和 t，也即恢复出两帧图像之间的相对位姿。

（2）后端优化

在视觉前端中通过提取并匹配两帧图像中的特征点，恢复出相机的运动状态，而当相机运动时间较长时，则位姿估计会存在累积误差，导致在大规模场景下几乎无法实现高精度定位，因此通常将前端估计出的位姿视为粗略的估算结果，而将它作为位姿初始值提供给后端，后端的主要工作是针对历史帧的所有位姿进行全局一致性优化。由于 SLAM 系统本身是一个具有高度非线性性质的系统，因此后端主要使用非线性优化的方法减小位姿累计误差。

高斯-牛顿法是最常用的非线性优化方法之一，假设待优化的目标函数为 $h(\boldsymbol{x})$，这里的 $\boldsymbol{x}$ 是一个高维向量，它包含诸如位姿、特征点等所有待优化变量，$\boldsymbol{x}$ 也被称为状态变量。

首先对目标函数进行一阶泰勒展开：

$$h(\boldsymbol{x}+\delta\boldsymbol{x}) \approx h(\boldsymbol{x}) + \boldsymbol{J}\delta\boldsymbol{x} \tag{8-16}$$

式中，$\boldsymbol{J}$ 表示目标函数 $h(\boldsymbol{x})$ 关于 $\boldsymbol{x}$ 的导数。由于 $\boldsymbol{x}$ 是高维向量，最终所得到的 $\boldsymbol{J}$ 是一个 $m \times n$ 的矩阵，该矩阵也被称为雅可比矩阵。

高斯-牛顿法的目标是通过多次迭代，找到一个增量 $\delta\boldsymbol{x}$，使得 $h(\boldsymbol{x}+\delta\boldsymbol{x})$ 达到最小，因此可以通过计算目标函数对应一阶展开项的二范数，来构建一个最小二乘问题，将非线性的目标函数线性化：

$$\delta\boldsymbol{x}^* = \arg\min_{\delta\boldsymbol{x}} \frac{1}{2} \| h(\boldsymbol{x}) + \boldsymbol{J}\delta\boldsymbol{x} \|^2 \tag{8-17}$$

对上述新的目标函数进行展开并计算关于 δx 的导数，根据极值条件，可以得到：

$$J^{\mathrm{T}}J\delta x = -J^{\mathrm{T}}h(x) \tag{8-18}$$

上述方程被称为增量方程，其中 δx 是需要被求解的状态变量，在实际工程中，上述方程常记为：

$$H\delta x = b \tag{8-19}$$

这里的 H 也被称为海瑟矩阵，它描述状态变量之间的约束关系。关于增量方程的求解成为 SLAM 后端优化的核心，而在实际工程中，最终得到的 H 矩阵维度往往是非常高的，少则几百维，多则上千维，若通过计算 H 矩阵的逆，进而求解变量 δx，其计算量也将变得非常庞大。因此为加快增量方程的求解速度，可以利用 H 矩阵的稀疏特性，采用舒尔消元的方法对 H 矩阵进行分块处理，这个过程在 SLAM 工程中也被称为边缘化。

8.4　基于多传感器融合的导航与控制技术

导航与控制技术作为无人方程式赛车实现自动驾驶的关键部分，其主要分为定位技术、导航技术与控制技术三部分，其中定位技术的关键在于利用车身传感器或者卫星定位系统实现车辆位置与运动状态的确定，为后续的控制提供车辆的状态信息；导航技术的关键在于使用全局路径规划算法与局部路径规划算法规划出一条合理的指引路径引导车辆的方向，其主要分为全局路径与局部路径；控制技术则将规划出的指引路径与车辆当前位置的偏差比较，通过发布控制指令对动力电机与转向电机进行控制，实现车辆对引导路径的跟踪，最终实现自动驾驶的目的。

8.4.1　定位技术

定位技术的主要功能是确定无人方程式赛车的航向角与位置，由于采取的定位方式不同，主要分为相对位置与绝对位置。相对位置通过里程计、惯性测量单元（inertial measurement unit，IMU）等传感器测量方程式赛车在移动过程中的状态变量，其不用依赖全局定位信号，工作频率高，但存在累积误差的特点，往往在车辆短时间行驶过程中使用，或者在长时间行驶过程中起辅助校正作用。绝对定位包括磁罗盘、GNSS（global navigation satellite system）等。磁罗盘通过感知地磁场测量车辆的绝对航向，但是容易受到外界以及自身高压设备的电磁干扰。GNSS 依靠卫星信号的传输与接收进行工作，容易受到建筑物、高山树木等干扰，且容易周期性失效，在使用过程中往往需要对其数据进行特殊处理，因此方程式赛车多采用惯性测量单元与 GNSS 的组合定位方法，其中 GNSS 每隔一段时间对惯性测量单元的数据进行修正。

通过在方程式赛车上安装卫星定位终端与天线，通过与多个卫星的连接与数据传输实现车辆当前位置的经纬度获取。为了使方程式赛车对经纬度坐标所形成的路径进行跟踪，需要将经纬度坐标转换为平面笛卡儿坐标系下的坐标。常用的地球经纬度与平面坐标的转换方法有米勒投影、墨卡托投影、横轴墨卡托投影、高斯-克吕格投影等。

墨卡托投影，是正轴等角圆柱投影，由荷兰地图学家墨卡托（G.Mercator）于 1569 年创立。其假想一个与地轴方向一致的圆柱切割于地球，按等角条件，将经纬网投影到圆柱面上，将圆柱面展开后，即可获得经纬度坐标在平面地图上的投影。由于经过墨卡托投影后的经线是均匀分布的，在此主要介绍维度的变换方法。经过墨卡托投影后的 y 坐标可以通过公式（8-20）获得：

$$y = \text{sign}(\phi) \times \ln[\tan(45° + |\phi/2|)] \tag{8-20}$$

式中，ϕ 为纬度且 $-90° < \phi < 90°$；$\phi < 0$ 时，$\text{sign}(\phi) = -1$；$\phi = 0$ 时，$\text{sign}(\phi) = 0$；$\phi > 0$ 时，$\text{sign}(\phi) = 1$。但是这种投影算法使得赤道附近的纬线较密，极地附近的纬线较为稀疏。在投影的过程中，地球两极的极点会被投影到无穷远，所以这种投影不适合在高纬度地区的使用。

横轴墨卡托投影，亦称 UTM 坐标系统，其使用基于网格的方法标记南纬 80° 至北纬 84° 之间的所有位置，每 8° 作为纬度区间的区分间隔，每个纬度区间以一个英文字母表示，由南向北数以 "C" 至 "X" 编排，具体表示如表 8-2 所示。

表 8-2　UTM 坐标系统维度区间编排表

纬度	字母表示	纬度	字母表示
南纬 80°～南纬 72°	C	0°（赤道）～北纬 8°	N
南纬 72°～南纬 64°	D	北纬 8°～北纬 16°	P
南纬 64°～南纬 56°	E	北纬 16°～北纬 24°	Q
南纬 56°～南纬 48°	F	北纬 24°～北纬 32°	R
南纬 48°～南纬 40°	G	北纬 32°～北纬 40°	S
南纬 40°～南纬 32°	H	北纬 40°～北纬 48°	T
南纬 32°～南纬 24°	J	北纬 48°～北纬 56°	U
南纬 24°～南纬 16°	K	北纬 56°～北纬 64°	V
南纬 16°～南纬 8°	L	北纬 64°～北纬 72°	W
南纬 8°～0（赤道）	M	北纬 72°～北纬 84°	X

在经度区间，每 6° 编排为一个区间，将地球由西向东编排为 60 个区间，并用数字 1～60 表示。经度与纬度编排后，将其重叠可获得一系列的方格及与其相对应的方格坐标，而一点的方格坐标指该点由方格西南角起计算向北和向东的距离。

为了能够更精确地将经纬度投影到笛卡儿坐标平面上，高斯-克吕格投影通过按照一定经差将地球椭球面划分成若干投影带的方法限制长度变形，成为减少投影误差的比较有效的方法。

8.4.2　导航路径指引

导航技术的最终目标是根据车辆运动过程中的状态信息与环境信息，在可通行区域内生成一条引导性的轨迹，其中包括车辆未来某个时间节点的位置、速度等信息，其中包括路径规划与路径平滑策略两部分。其中，当前国内外使用的经典的路径规划算法有 RRT、Dijkstra、人工势场法、蚁群算法等。由于无人方程式赛车比赛的环境为锥桶引导的临时道路，其感知获得的信息为不定数量的离散临时锥桶的位置，且赛道的可行驶道路区域不可提前预知，因此在方程式赛车的路径规划模块中主要应用满足离散点规划的 Delaunay 三角剖分算法。首先使用激光雷达获取环境点云信息，经过地面滤波以及传感器位置倾斜矫正后获取锥桶点云并计算锥桶中心坐标；使用 ZED 双目相机与 YOLOv4 目标检测算法框架检测锥桶并且获取锥桶颜色信息；将激光雷达获取的锥桶中心位置与 ZED 双目相机获取的锥桶颜色信息进行位置标定，最终进行融合得到每个锥桶的位置信息与对应的颜色信息。再对融合后的锥桶数据进行过滤，去除车辆后方的锥桶数据与距离过远的锥桶数据。使用三角剖分算法对输入的融合锥桶数据进行剖分，以剖分结果的边中点作为路径点，构建局部评估函数，并使用树搜索得出最佳的可行驶路径。其主要通过以下 8 步生成最优路径：

① 确定一个三角形区域，使所有点落在该区域内；

② 将区域内的点进行记录排序；

③ 置第一个点于三角形区域中，并连接该点与三角形的顶点，形成初始三角网；

④ 加一个新点到已有的三角网中（必须有一个三角形包围该点），连接新点与该三角形的顶点；

⑤ 若上一步形成凸四边形，则依最小内角最大化原则进行优化；

⑥ 完全遍历所有点则转第⑦步，否则转第③步；

⑦ 删去所有与初始三角形顶点有一个公共顶点的三角形，余下的即为所有点集的三角网；

⑧ 连接三角网中两端点满足左红右蓝锥桶颜色的三角网重点，生成最优路径。

另外，在三角剖分过程中，需要依据 Delaunay 三角网法则对剖分结果进行优化。其中 Delaunay 三角网为相互邻接而互不重叠的三角形的集合，每一个三角形的外接圆内不包含其他点，三角形的最小角最大。步骤示意如图 8-30 所示，其中黑点、红点与蓝点为初始三角形顶点，虚线为锥桶点之间的构建的三角网，红色与蓝色实线为左右锥桶拟合后的道路边界线，实际效果如图 8-31 所示。

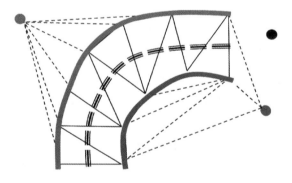

图 8-30　三角剖分步骤结果示意图

 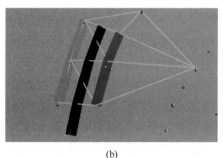

(a)　　　　　　　　　　　　　　(b)

图 8-31　三角剖分实际道路规划效果

8.4.3　控制技术

控制技术主要基于感知技术与规划技术，感知技术通过相机、激光雷达等传感器获取外界环境信息，并且提取关键信息进行识别与判断，比如无人方程式赛车通过相机与激光雷达识别锥桶的颜色与位置后将信息传入到规划模块，规划模块则根据环境的关键信息使用路径规划算法在上位机中求解最佳可通行区域与期望轨迹，无人方程式赛车使用的是三角剖分局部路径规划算法，再将此路径输入到控制模块中，控制器通过求解期望路径与车辆当前位置的偏差计算出最优控制指令，最后通过控制指令对无人方程式赛车的驱动电机、转向电机、制动系统进行控制，实现对期望行驶轨迹的跟踪。

随着车载芯片算力的加强，先进的控制理论与方法以及深度学习在实车上的应用成为可能。下面将以智能化比例积分微分（proportion integration differentiation，PID）控制及模型预测控制等落地实用的控制方法为例，论述其在无人驾驶汽车控制应用中取得的最新进展。

PID 控制，即比例-积分-微分，其由 P（比例单元）、I（积分单元）、D（微分单元）构成，控制效果主要受比例积分（proportion integration，PI）参数的影响。例如，采用 PID 对车辆进行纵向控制时，驱动电机转矩在比例参数的控制下，车辆可以快速地达到决策规划系统给出的期望速度，积分参数可以消除系统的稳态误差，使得实车速度无限逼近期望速度，微分参数用来抑制 PI 控制中的超调问题。

为了消除传统 PID 控制的局限性，改进型 PID 控制应运而生。为更好地控制无人方程式赛车，在以往的研究中引入了 PID 控制器来让车辆在行驶的过程中可以自行调节，其下层控制器可以采用 PID 对驱动电机转矩和制动执行器的输入量进行调节来实现车辆跟踪控制。

模型预测控制（model predictive control，MPC）的基本思想就是利用创建好的车辆模型、系统当前的状态和未来的控制量去预测系统未来的输出。通过滚动地求解带约束优化问题来实现控制目的。其中预测模型是 MPC 控制的基础，能够根据历史信息和控制输入预测系统未来的输出。滚动优化步骤通过实时在线运算进行求解，使某项性能评价指标最优来得到最优控制量。反馈校正是为了抑制由于模型失配或者环境干扰引起的控制偏差。在新的采样时刻，首先检测对象的实际输出，并利用这一实时信息对基于模型的预测进行修正，然后再进行新的优化。模型预测控制算法的框图如图 8-32 所示。

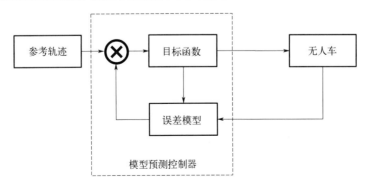

图 8-32　模型预测控制算法框图

8.4.4 控制模块设备

本节所介绍的方程式车辆控制部分主要涉及硬件（见图 8-33）有：①车载状态传感器；②整车控制器（vehicle control unit，VCU）；③上位机；④整车动力单元；⑤整车转向单元；⑥整车制动单元。

车载状态传感器由安全状态传感器及行驶状态传感器两部分构成。其中安全状态传感器由检测无人车的紧急制动系统（emergency braking system，EBS）、气路压力值的压力变送器、前后轮两路制动系统液压值的液压传感器、制动系统可靠性装置所需的电流传感器组成；行驶状态传感器主要由加速踏板传感器、转向角传感器、霍尔转速传感器、动力电机控制器、转向电机控制器及电池管理系统（battery management system，BMS）组成。

整车控制器根据车载状态传感器反馈数据，对车辆状态进行判断，并结合外部控制信号指令对上位机传达"Go 指令"或执行紧急急停指令。

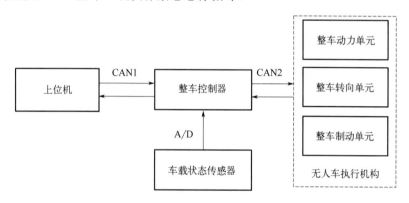

图 8-33　信号状态示意图

8.4.5 控制算法

所使用的控制算法通过仪表盘中的任务选择按钮，根据无人方程式赛车所参与的不同项目进行适当参数调整。其原因在于不同赛道考察无人车在不同工况下的控制能力，而针对不同路况需要调整多种感知设备的权重及上位机控制方案。例如在直线加速测试中，主要考验车辆的急加减速能力和走直线能力，因此更加依赖 GPS 及激光雷达数据，在车辆快速行驶时快速响应车辆的位姿变化；八字绕环测试主要对车辆高速过弯能力进行测试，应适当降低车辆行驶速度从而获取更精准的路径曲线；高速循迹测试则对车辆"大脑与脚"的控制准确性进行测试。

就无人车控制方式而言，已具有成熟的流程。即启动无人车开关后，整车控制器（VCU）将任务选择结果通过 CAN 总线上传至上位机，上位机根据所选任务切换控制模块，随后上位机的控制算法根据轨迹规划模块输出的目标点位置，通过车辆运动学模型和 MPC 控制器进行计算，经由 CAN 总线输出至各个执行机构。主要流程如图 8-34 所示。

车辆模型示意如图 8-35 所示，R 为后轮转向半径，P 为车辆瞬时转动中心，M 为车辆后轮轴心，N 为前轮轴心。此处，假设转向过程中车辆质心侧偏角保持不变，即车辆瞬时转向半径与道路曲率半径相同。

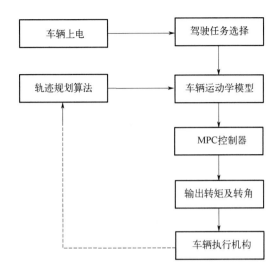

图 8-34 控制流程示意图

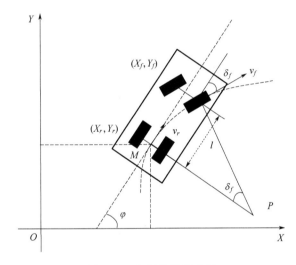

图 8-35 车辆模型示意图

在后轮行驶轴心 (X_r, Y_r) 处,速度为:

$$v_r = \ddot{X}_r \cos\varphi + \ddot{Y}_r \sin\varphi \tag{8-21}$$

前后轮的运动学约束为:

$$\begin{cases} \dot{X}_r \sin(\varphi + \delta_f) - \dot{Y}_r \cos(\varphi + \delta_f) = 0 \\ \dot{X}_r \sin\varphi - \dot{Y}_r \cos\varphi = 0 \end{cases} \tag{8-22}$$

根据前后轮的几何关系可得:

$$\begin{cases} X_f = X_r + l\cos\varphi \\ Y_f = Y_r + l\sin\varphi \end{cases} \tag{8-23}$$

基于横摆角速度和车速,可求出转向半径和前轮偏角:

$$\begin{cases} R = v_r / \omega \\ \delta_f = a\tan(1/R) \end{cases} \tag{8-24}$$

得到车辆运动学模型为：

$$\begin{bmatrix} \dot{X}_r \\ \dot{Y}_r \\ \dot{\varphi} \end{bmatrix} = \begin{bmatrix} \cos\varphi \\ \sin\varphi \\ \tan\delta_f / l \end{bmatrix} v_r \tag{8-25}$$

式中，X_f、Y_f、X_r、Y_r 为前后轴中心点坐标；φ 为航向角；δ_f 为前轮转角；l 为前后轮间轴距；v_r 为车辆当前速度。

考虑实际转向盘转角限制，将前轮最大转角限定为 25°，加速度限定为±1。

控制程序中引入车辆与期望轨迹的夹角 $\Delta\varphi$ 以及车辆与参考轨迹的横向偏差 ΔY。

$$\begin{cases} \Delta\varphi_{t+1} = \varphi_{t+1} - \varphi_{dest} \\ \Delta Y = y_{des} - y_t + v_t \times \sin\varphi_t \times dt \end{cases} \tag{8-26}$$

对模型预测控制器进行滚动优化求得其最优控制解：

$$J = \sum_{t=1}^{N} (\Delta\varphi_t - \varphi_{dest})^2 + (\Delta Y - \Delta Y_{des})^2 \tag{8-27}$$

为确保在控制车辆轨迹跟踪过程中车辆的姿态稳定性、跟踪效果稳定性、控制算法稳定性，算法在求解阶段对每次循环中的控制量进行约束。

$$\begin{cases} \min\{J[\xi(t)], u(t-1), \Delta U(t)\} \\ \text{s.t.} \Delta U_{\min} \leqslant \Delta U(t) \leqslant \Delta U_{\max} \\ U_{\min} \leqslant A\Delta U(t) + U(t) \leqslant U_{\max} \\ y_{h,\min} \leqslant y_h \leqslant y_{h,\max} \\ y_{s,\min} - \varepsilon \leqslant y_s \leqslant y_{s,\max} + \varepsilon \\ \varepsilon > 0 \end{cases} \tag{8-28}$$

其中，$J[\xi(t)]$ 表示输出量和期待输出量的差值；$u(t-1)$ 表示上一时刻控制量；$\Delta U(t)$ 表示上一控制时域与当前控制时域控制量的差值；y_h 为系统输出硬约束，包括最大前轮转角、最大车速、最大加速度；y_s 为系统输出软约束，包括横向加速度约束、侧偏角约束。

8.5 无人车传感技术的未来发展

尽管无人车技术在近年来得到飞速发展，但仍存在诸多问题亟待解决。第一，无人驾驶对定位技术的可靠性和安全性要求较高，需要达到厘米级别精度。因此，新的定位技术，如建立高精度地图、多传感器技术融合定位和无线通信技术辅助定位，是无人车定位技术需要进一步提升的重要领域。第二，当前的车载传感器技术及布置方案能保证在特定工况下实现有效的感知，但是在复杂交通环境以及极端天气情况下，无人车感知技术的准确性会受到影响，其鲁棒性还需要加强。第三，无人车的控制系统关系到车辆的安全，控制系统需要感知系统不断提供新的感知信息，对感知技术的实时性有很高的要求，例如摄像头感知过程中产生数据量远超其他类型的传感器，而且摄像头需要识别和估算的目标复杂繁多，所以基于目标检测与识别算法的优化研究也是未来有待解决的问题。第四，无人车领域的大量需求推动着激光雷达技术的快速发展，但车载激光雷达小型化、集成化、提供更高精度和分辨率，仍是硬件厂商研究的方向。第五，寻求一种新的定位方式也是无人车传感技术发展的方向，目前广泛应用的定位手段局限于卫星导航系统、惯性导航系统等传统导航方式上，通过利用新的定位技术可以提升无人车的定位精度。第六，尽管多传感器信息融合技术已取得一定成果，但该技术尚处于不断发展变化阶段。基于多传感器信息融合的环境感知技术可以发挥各传感器的优势，不仅能够提高系统容错率，还能获得更准确的感知信息，进而保证决策层的准确性，这是目前的研究热点，也是无人车传感技术发展必然趋势。无人车通过多种传感器获取环境信息，会产生多种形式的数据，比如图像数据和点云数据等。对于无人车，需要面对复杂环境处理多种数据并保持可靠输出，这就需要在传统技术手段的基础上寻求改进，即如何在感知层融入不同的算法，高效利用这些感知信息并且去除冗余信息，这也是无人车传感技术未来发展的核心问题。

智能传感器作为无人车控制系统中的重要部件，其性能将直接影响无人车控制系统的性能，未来智能传感技术将朝着高精度、微型化、高可靠性、低能耗、网络化、多功能化、低成本化、集成化、反应速度快等几个维度发展。

① 高精度。智能制造过程中涉及装备自动化，而装备自动化程度受限于传感技术的精度和灵敏度，因此不断提升精度是智能传感技术的基本趋势。

② 微型化。随着传统产业制造升级，轻量化及便于维修保护等需求不断增强，在满足基本性能的同时，不断为智能传感器减重、缩小体积成为产业升级的客观需求，因此微型化将是传感技术主要演变趋势。

③ 高可靠性。稳定性越好，信号越完整，传感技术的可靠性就越高，智能传感器应具备较强的抗干扰特征，以应对复杂工况下的数据准确采集和稳定传递需求，未来的产业发展对传感器可靠性的需求将逐步提高。

④ 低能耗。目前智能传感器大多是有源工况下运行，但未来智能传感技术将广泛应用于无源工况下，尤其是电网未覆盖的高山、深海、外太空等应用场景，而仅依靠太阳能或燃料电池又无法保证大功率传感器的稳定使用，因此低能耗甚至无源化也将成为未来智能传感技术的发展趋势。

⑤ 网络化。目前很多智能传感技术的应用场景没有复杂电路支撑，传感器采集信号后需要可视判断或近距离观测和触发传递，缺乏有效的信息传递机制，而网络化的智能传感器能实现重要信号的实时传递、便捷存储，避免频繁的人工运维和信号失真，网络化将是未来智能传感技术的发展趋势。

⑥ 多功能化。智能传感器是今后传感器发展的主流趋势，传感器的工作原理是基于物理、生物等效应以及定律进行的，社会进步还会催生很多的新技术和新设备。新技术以及新设备如果要在空间有限的汽车中应用，可能需要传感器等元件降低自身数量以及体积，因此今后传感器会实现功能的集合，一个传感器可能会承担很多不同的任务，具有更多的功能。未来对智能传感器的研究，不仅要实现技术的集合，而且要赋予传感器更多的新性能。

⑦ 低成本化。现阶段，我国汽车行业中大多使用的还是传统电子传感器，智能化传感器出现的时间较晚，发展历程短，技术不够完善，造价成本较高，导致其还没有得到大范围

的应用。例如当前无人驾驶汽车作为汽车研究的重点，没有得到大规模发展的原因之一就是传感器发展不完善。但是智能传感器一旦技术成熟，实现批量化生产后就能降低生产成本，获得较高的经济效益。因此需要技术人员加强对智能传感器的研发，早日实现量化生产，提升汽车行业的整体智能化水平，在智能传感技术门类逐渐齐全、性能逐渐满足产业基本需求后，逐步实现量产和全面普及，满足行业的需求，使智能传感技术既要好又要成本可控，因此降本增效将是未来一段时间的改进方向。

⑧ 集成化。智能传感器集成化分为两个方向，一种是利用集成电路技术及微机械加工技术等将多个功能相同的敏感元件集成在同一个芯片上扩大量程，或是利用集成技术将不同功能的敏感元件集成在同一个芯片上实现综合检测，同时测量不同的物理参数。另一种是利用微电子电路技术、接口技术等将传感器、信号调理电路和信号补偿电路等集成在同一个芯片上，来实现智能传感器的自动校准、改善智能传感器的性能。

⑨ 反应速度快。提高无人车传感器的数据信息检测精准度后，传感器可以立即将检测到的数据上传到总控制系统，然后结合总控制系统的相关指令控制性能。这一步骤花费的时间和传感器的反应速度有着直接的关系。在人工智能技术不断深入开发的背景下，在未来还将研究出更多先进的功能，并且可以有效应用到无人车行驶中。应用先进功能的基础条件就是不断提升无人车传感器的反应速度和准确率，这样才能达到各种功能使用要求。若传感器的反应比较缓慢的话，就算人工智能技术再先进，其使用功能再强大，也会严重制约这些功能的效率，阻碍无人车行业的健康发展。这说明了传感器反应速度不仅可以提高突发事故的处理能力，还可以充分发挥其他功能的作用，从而推动人工智能技术的发展。

智能装备性能的提升源自传感技术的科学应用。为满足智能装备不断变化和逐渐苛刻的应用需求，智能传感技术未来主要应用趋势有三个方面：同类智能传感器的集聚运用、多种传感器的组合应用、新型场景下的应用。

① 同类智能传感器的聚集效应。当单一智能传感器的性能无法满足系统的某一功能需求时，就需要同类智能传感器组合，通过冗余结构来满足系统对某项功能的性能需求。如无人车的感应雷达，当布置多个感应雷达在无人车的各角度时，就能实现位置感应的聚集效应，方便无人车同时感知四周障碍物。因此同类传感技术的聚集使用将是未来智能传感技术的一个重点应用趋势。

以装备丰富智能传感设备的自动驾驶车辆为例，自动驾驶车辆主要根据智能感知系统完成对障碍物、路标、指示牌等目标的自动识别，即智能感知系统是实现车辆自动驾驶的核心技术。车辆的智能感知能力主要依赖于视觉传感器、红外传感器、光敏传感器、陀螺仪等多元化的智能传感器的组合来完善功能，并且在各功能模块中同类智能传感装置的功能叠加、覆盖来保障安全。无人驾驶使用多重测距模式，即超声波探测、3D激光扫描和毫米波探测等多种测距类传感技术共同组成。自动驾驶车辆无法通过单一设备实现对外部环境的全面感知，必须依赖于不同装置的协调、配合来完成对多元化模态和多种维度输入信息的处置，而相关方面能力的提升正是智能传感技术发展过程中面临的客观挑战。

② 多种传感器的组合应用。智能化设备或系统往往涉及多元化的、不同层次的信号传递功能，需要使用到不同种类的智能传感器提供丰富的感知能力。如智能无人车同时设计了视觉、位置等不同的信号感知能力，以实现无人车对外部环境的综合感知和判断，则需要不同种类的智能传感器为无人车提供支撑，使得无人车系统形成更完善更全面的环境感知能力。

未来类似无人车的智能化系统将会需要应用更多种类的传感器。

③ 新型场景下的应用。将智能传感器集成到传统装备或系统，使其具备丰富的感知能力，就能实现传统装备的智能化升级。传统传感器已经无法适用于智能家居、自动驾驶、智能机器人等前沿应用场景，需要嵌入智能传感技术来丰富设备，以及系统对前沿技术应用场景的兼容。如将智能测距传感器与清洁车组合，使之具备避障能力。再比如当城市轨道交通车辆嵌入加速度、角速度信息采集、传递和分析等网络化智能传感技术后，便能实现车辆侧翻或横漂等异常状态下的主动防护，并且在主动防护失效时能及时地启动在线远程救援呼叫机制，最大程度保护驾驶员和车辆的安全。未来基于不同功能诉求的应用场景将会越来越专业化、细分化，随之而来的是智能传感技术的更普遍、更专业化的场景应用。

无人车（图 8-36）、机器人成为智能传感技术的重要应用对象，无人驾驶物流车、蜂群演出机器人等产品不断推动智能传感技术在新应用场景的发展。在现有的汽车辅助驾驶系统市场包括未来的全自动汽车驾驶系统市场、无人机和机器人等产品市场中，高清成像设备、激光雷达、毫米波雷达等智能传感器都具备较大的市场潜力，基于以上市场的智能传感技术的更新迭代将日新月异，智能传感技术将逐渐走向生产、生活的更多细分领域。

图 8-36　未来道路场景下的无人车

参考文献

[1] 贺祥林. 无人驾驶车辆路径跟踪横纵向控制策略研究 [D]. 长沙：湖南大学，2020.

[2] 张志勇. 关于惯性导航技术分析 [J]. 电子测试，2019（12）：132-133.

[3] 武健. 基于多个惯性传感器的姿态融合算法研究 [D]. 哈尔滨：哈尔滨工业大学，2015.

[4] 宁海宽. 复杂环境下基于地图的多传感器融合低速无人车定位 [D]. 武汉：华中科技大学，2019.

[5] 高波. 基于多传感器感知的辅助驾驶技术研究 [D]. 西安：西安工业大学，2021.

[6] 纪者. 基于超声波雷达的自动泊车系统研究 [D]. 北京：北京交通大学，2021.

[7] 魏振亚. 基于超声波车位探测系统的自动泊车方法研究 [D]. 合肥：合肥工业大学，2013.

[8] 张涛. 悬臂式掘进机定位方法研究. [D]. 上海：复旦大学，2012.

[9] 汤传国. 基于超声波测距的倒车雷达系统研究 [D]. 西安：长安大学，2015

[10] 朱常兴. 激光雷达技术及其在自动驾驶领域的应用 [J]. 自动化博览，2019，36（12）：6.

[11] 房晓东. 车辆视觉传感技术的发展现状及应用 [J]. 数码设计（下），2020，9（2）：40-41.

[12] 徐文轩，李伟. 无人驾驶汽车环境感知与定位技术 [J]. 汽车科技，2021（6）：9.

[13]《中国公路学报》编辑部. 中国汽车工程学术研究综述·2017 [J]. 中国公路学报，2017，30（06）：1-197.

[14] 马春黎，张大鹏. 无人驾驶汽车中环境感知的相关技术综述及专利分析 [J]. 科学技术创新，2020（15）：8-9.

[15] 乔新丽. 汽车电子技术中的智能传感器技术 [J]. 汽车实用技术，2021，46（18）：213-215.

[16] 郑富瑜. 基于低成本二维激光雷达的自动移动机器人 [D]. 广州：广东工业大学，2018.

[17] 肖珊. 车用轮速传感器的信号检测技术及其应用分析 [J]. 电子制作，2015（05）：69.

[18] 杨英杰. 轮速传感器的研究及应用 [J]. 汽车科技，2019（03）：28-32+27.

[19] 刘金龙，黄贤丞. 轮速传感器类型及信号处理 [J]. 传感器世界，2018，24（10）：20-25.

[20] 王玉宝. 汽车轮速传感器中智能芯片的应用 [J]. 汽车电器，2019（01）：5-10.

[21] 余成功. 提升变磁阻式角位移传感器测量结果稳定性的负反馈方法 [J]. 电子技术，2022，51（01）：18-19.

[22] 刘军，秦书剑，周海森，等. 汽车线控转向系统中转角传感器的研究 [J]. 重庆理工大学学报（自然科学），2014，28（07）：1-4.

[23] 王玉春，申兆亮，高尚宇，等. 光电转角传感器在汽车上的应用 [J]. 农机化研究，2001（03）：109-111.

[24] 姜菲菲. 智能传感器在汽车电子系统中的应用 [J]. 电子世界，2020（21）：195-196.

[25] 杨梦佳. 基于惯导与双目视觉融合的 SLAM 技术研究 [D]. 西安：西安科技大学，2020.

[26] 胡凯. 关于智能传感器的汽车电子技术应用研究 [J]. 时代汽车，2020（16）：153-154.

[27] Tobias E，Kristina E，Michael M，et al. Current and future requirements to industrial analytical infrastructure-part 2：smart sensors [J]. Analytical and Bioanalytical Chemistry，2020，412（4）.

[28] 李金畅. FSAC 赛车横向控制系统设计与研究 [D]. 广州：广东工业大学. 2019.

[29] 章炜. 机器视觉技术发展及其工业应用 [J]. 红外，2006（02）：11-17.

[30] 张煌，王国权，孙鹏. 基于信息融合的目标检测系统研究 [J]. 电子测量技术，2021，44（19）：28-35.

[31] Mur-Artal R，Montiel J M M，Tardos J D. ORB-SLAM：a versatile and accurate monocular SLAM system [J]. IEEE transactions on robotics，2015，31（5）：1147-1163.

[32] Campos C，Elvira R，Rodríguez J J G，et al. Orb-slam3：An accurate open-source library for visual，visual-inertial，and multimap slam [J]. IEEE Transactions on Robotics，2021，37（6）：1874-1890.

[33] Rosten E，Drummond T. Machine learning for high-speed corner detection [C] //Computer Vision-ECCV 2006：9th European Conference on Computer Vision，Graz，Austria，May 7-13，2006. Proceedings，Part I 9. Springer Berlin Heidelberg，2006：430-443.

[34] FISCHLER M A，BOLLES R C. Random Sample Consensus：A Paradigm for Model Fitting with Applications to Image Analysis and Automated Cartography [J]. Comm. ACM. 1981，24（6）：381-395.

[35] 黄岩，吴军，刘春明，等. 自主车辆发展概况及关键技术 [J]. 兵工自动化，2010，29（11）：8-13+26.

[36] Lavalle S M，Kuffner J J. Randomized kinodynamic planning [C] //IEEE International Conference on Robotics & Automation. IEEE，1999：473-479.

[37] Dijkstra E D. A note on two problem in connexion with graphs [J]. Numerische Mathematik. 1959（1）.

[38] Khatib O. Real-time obstacle avoidance for manipulators and mobile robots [J]. Internation Journal of Robotics Research，1985，1（5）：500-505.

[39] Dorigo M，Maniezzo V，Colorni A. Ant system：optimization by a colony of cooperating agents [J]. IEEE

Transactions on Systems，Man，and Cybernetics，Part B（Cybernetics）. 1996，26（1）：29-41.

［40］龚建伟. 无人驾驶车辆模型预测控制［M］. 北京：北京理工大学出版社，2014.

［41］汤传国. 基于超声波测距的倒车雷达系统研究［D］. 西安：长安大学，2015.

［42］肖宇麒. 智能传感技术的发展与应用［J］. 电子技术与软件工程，2021（01）：104-105.

［43］黄莹. 智能传感器的应用及其发展［J］. 科技创新与应用，2016（07）：99.

［44］钟靖东，林启航，张发晖. 试析人工智能时代汽车传感器的现状与发展［J］. 时代汽车，2022（13）：150-152.

［45］周文起. 无人驾驶汽车多传感器冗余下的数据融合算法研究［D］. 哈尔滨：哈尔滨工业大学，2021.

［46］马瑞林. 汽车电子技术中的智能传感器技术［J］. 内燃机与配件，2019（13）：2.

［47］李磊. 多传感器融合的智能车自主导航系统设计［D］. 成都：西南交通大学，2019.

［48］何云丰. 基于智能传感器的汽车电子技术应用分析［J］. 内燃机与配件，2020（01）：209-210.